青宁输气管道工程 EPC 总承包管理实务

主　编　杜广义　王中红
副主编　王召民　银永明　程振华　郑　焯

东南大学出版社
SOUTHEAST UNIVERSITY PRESS

·南京·

内 容 提 要

本书依托青宁输气管道工程 EPC 总承包建设过程实践经验,全面总结了设计方牵头的 EPC 联合体总承包管理模式的运行方式和工作流程,内容涵盖了工程总承包实施的全过程。全书分三篇。第一篇介绍了青宁输气管道工程的建设背景、EPC 总承包管理策划和实施成效。第二篇分别从设计、采办、施工、中间交接与试运行、风险管理、合同管理、费用控制等方面重点介绍了 EPC 联合体管理模式的实际运行情况。第三篇从管理、设计、施工三个方面对天然气长输管道建设的技术创新工作进行了总结和梳理。

书中内容涵盖了 EPC 项目从前期策划到管理过程中所涉及的各个重点环节,能够为天然气长输管道工程建设的 EPC 联合体总承包策划、管理、组织、实施等方面提供借鉴和参考。

图书在版编目(CIP)数据

青宁输气管道工程 EPC 总承包管理实务/杜广义,王中红主编.—南京:东南大学出版社,2023.1
ISBN 978-7-5766-0359-0

Ⅰ.①青… Ⅱ.①杜… ②王… Ⅲ.①输气管道—管道工程—承包工程—工程项目管理—中国 Ⅳ.①TE973

中国版本图书馆 CIP 数据核字(2022)第 227008 号

责任编辑:曹胜玫 责任校对:子雪莲 封面设计:王 玥 责任印制:周荣虎

青宁输气管道工程 EPC 总承包管理实务

出版发行:东南大学出版社
社 址:南京市四牌楼 2 号 邮编:210096 电话:025-83793330
网 址:http://www.seupress.com
电子邮箱:press@seupress.com
经 销:全国各地新华书店
印 刷:南京凯德印刷有限公司
开 本:787 mm×1092 mm 1/16
印 张:19
字 数:386 千字
版 次:2023 年 1 月第 1 版
印 次:2023 年 1 月第 1 次印刷
书 号:ISBN 978-7-5766-0359-0
审 图 号:GS 川(2022)199 号
定 价:108.00 元

《青宁输气管道工程 EPC 总承包管理实务》
编写人员及分工

主　　编：杜广义 王中红

副 主 编：王召民 银永明 程振华 郑焯

编写人员：（编写人员及分工见下表）

篇名称	篇章主编	章节名称	参编人员
第一篇 背景与策划	杜广义 王中红	1. 概述	银永明
		2. 青宁输气管道工程 EPC 联合体管理模式	程振华 刘秋丰
第二篇 EPC 联合体 管理实践	王召民 银永明 程振华	3. 项目设计管理	高锦跃 刘晓伟 方　云
		4. 项目采办管理	赵建伟 仝淑月 庞怡可
		5. 项目施工管理	刘成喜 王世宇 李　彬
		6. 工程中间交接与项目试运行	窦文林 孟晓飞
		7. 项目风险管理	王永胜 马明宇 崔友坤
		8. 项目合同管理	王向阳 白宝孺 潘　登
		9. 项目费用控制	刘冬林 苗慧慧
第三篇 科技创新与应用	郑　焯 高继峰 龚金海	10. 管理创新	刘天波 王　昆 段　磊
		11. 工程设计技术创新	唐兴华 朱永辉 赵宝才 吉俊毅 崔国刚 杨海锋 邱海滨 张新战 周利强 管荣昌 银俊宏 李晓安
		12. 管道施工技术创新	范　伟 尚小卫 王　辉 张暮凯 张正虎 温超月 唐　玮

前　　言

天然气长输管道是天然气产业中重要的组成部分,"十三五"期间我国产供储销体系建设取得阶段性成效,西南、西北、东南、东北四大进口战略通道全面建成,国内管网骨架基本形成,干线管道互联互通基本实现,气源孤岛基本消除。天然气"全国一张网"骨架初步形成。

青宁输气管道工程是国家"十三五"规划的重点天然气长输管道项目。工程起点为中石化青岛 LNG 接收站,终点为中石化川气东送南京输气站,途经山东省和江苏省 2 省、7 个地市、18 个县区,线路全长 531 km,管道设计压力 10 MPa,管径 1016 mm,设计年输气量 72 亿 m^3。项目建成后,可实现中石化华北天然气管道系统和川气东送管道系统的互联互通,成为"中东部地区干线环状管网"和"东部沿海输气通道"重要组成部分,提升中国东部沿海经济发达地区能源安全保障水平。

青宁输气管道工程全线采用 EPC 项目管理模式。在各级领导的关心指导下,经过多年的前期研究论证和工程建设者两年多的共同努力,青宁输气管道工程高标准、高质量建成投产。建设期间,各参建单位人员学习实践先进的 EPC 管理理念,积极创新大胆实践,高标准严要求抓项目管理,实现全流程标准化施工、全方位规范管理、全角度风险管控;采取各种环境保护、水土保持和节能降耗措施,实现绿色施工;积极采用国内外先进、成熟、适用的技术,采用新设备、新材料和先进的控制方式,提高项目的信息化水平,切实将工程建设成为"绿色工程、创新工程、高效工程、示范工程、和谐工程"。项目参建人员积极探索和实践,坚持理论和实践相结合,在深入研究传统的 EPC 管理模式基础上,建立适应的组织管理构架,专项管理和接口管理兼顾,使 EPC 联合体项目管理形成有机整体,为 EPC 联合体管理积累了丰富的经验,留下了宝贵的过程管理资产。中石化石油工程建设公司组织 EPC 联合体项目部编写出版本书,总结提炼 EPC 联合体管理实践经验,整理汇编过程管理资料,为今后的管道建设、EPC 联合体项目管理提供借鉴和参考。

全书共分为三篇十二章。第一篇背景与策划包括:第 1 章概述,介绍了我国天然气管道发展现状、未来发展方向以及青宁管道工程 EPC 项目的建设背景、建管模式、项目范围、特点和难点等;第 2 章介绍了 EPC 联合体管理模式的演变、组织机构及职责、项目管理成效等。第二篇共七章,主要介绍了 EPC 联合体管理实践,包括项目建设过程中的设计、采办、施工、中间交接与试运行、风险管理、合同管理、费用控制等。第三篇为科技创新与应用,介绍了项目实施过程中新方法、新技术、新工艺的应用,包括数字化管道设计管理、智能化管道建设、水网地区穿跨越施工技术的创新与实践。本书涵盖了项目从前期策划到建设过程中的各个重点环节,能够为长输管道工程建设的 EPC 联合体总承包项目管理提供策划、管理、组织、实施等方面的借鉴和参考。

本书主编杜广义、王中红负责确定全书编写大纲,明确编写人员,指导编写全过程并对全书统稿;副主编王召民、银永明、程振华、郑焯主要协助主编完成具体编写事宜,根据项目组织实施情况,落实大纲章节与编写内容的对应性,指导各章节内容的编写工作,并进行初稿的审查与调整。参加本书校核的人员有仝淑月、方云、龚金海等。EPC 项目部参建技术人员和管理人员都具有多年的国内外地面工程建设经验,参与编写部分章节并提供了基础资料支撑,为本书的成稿做出了突出贡献。各参建单位、有关专家积极协助指导,力求为工程建设和管理人员提供一部较为实用的工具书、参考书。同时本书编写得到了扬州大学赵庆华教授,张兵、周振国、刘欣等博士的大力支持,在此一并向各位专家、技术人员、管理人员和有关人员表示衷心的感谢。

基于工程项目的特殊性和唯一性,书籍难以涵盖 EPC 工程总承包项目所有管理内容。由于编者的水平、时间有限,书中难免有疏漏或错误之处,敬请广大读者批评、指正。

2022 年 12 月

目　录

第一篇　背景与策划

1 概述 ·· 3

  1.1 国内天然气长输管道工程现状 ······································· 3

    1.1.1 天然气长输管道行业市场现状分析 ····················· 3

    1.1.2 "十三五"期间国内重要的输气管道工程及建设模式 ····· 10

  1.2 国内输气管道发展面临的挑战及发展方向 ······················ 11

    1.2.1 国内输气管道发展存在的问题 ··························· 11

    1.2.2 国内天然气输气管道发展方向 ··························· 13

  1.3 青宁输气管道工程概况 ··· 14

    1.3.1 青宁输气管道工程建设背景 ····························· 14

    1.3.2 项目建设管理模式及建设总目标 ························· 18

    1.3.3 工程项目主要内容 ······································· 21

    1.3.4 工程建设标段划分及EPC承包商职责 ················· 23

    1.3.5 工程特点和难点 ··· 24

2 青宁输气管道工程EPC联合体管理模式 ························· 28

  2.1 EPC模式的概念和发展 ·· 28

    2.1.1 EPC模式 ··· 28

    2.1.2 EPC联合体模式 ·· 29

  2.2 青宁输气管道EPC联合体模式的组织保障和管理目标 ········ 31

    2.2.1 组织保障 ··· 31

    2.2.2 实现的管理目标 ··· 32

  2.3 青宁输气管道EPC联合体组织机构 ···························· 34

    2.3.1 组织机构及职责 ··· 34

    2.3.2 项目管理理念 ··· 38

2.3.3　EPC 联合体协议 ································· 40

2.4　青宁输气管道 EPC 联合体模式管理成效 ················· 41

　　2.4.1　圆满完成了 EPC 总承包合同内容和工程建设目标 ······ 41

　　2.4.2　以设计牵头的 EPC 联合体模式得到有效验证 ········· 42

　　2.4.3　设计牵头的龙头作用效果突出 ················· 42

　　2.4.4　EP、EC、PC 之间接口有效管控，提高了 EPC 管理整体成效 ·· 43

　　2.4.5　社会效益、经济效益显著 ··················· 45

第二篇　EPC 联合体管理实践

3　项目设计管理 ································· 49

3.1　设计团队 ·································· 49

3.2　设计内容与要点 ······························ 50

　　3.2.1　设计内容 ··························· 50

　　3.2.2　总体设计原则 ························· 50

　　3.2.3　管道线路设计 ························· 51

　　3.2.4　穿跨越设计 ·························· 52

　　3.2.5　站场设计 ··························· 57

　　3.2.6　"五化"建设 ························· 63

　　3.2.7　数字化交付 ·························· 64

3.3　设计计划管理 ······························ 64

　　3.3.1　工作分解结构 ························· 65

　　3.3.2　计划控制 ··························· 66

　　3.3.3　设计与采办、施工计划关联控制 ··············· 67

3.4　设计质量管理 ······························ 67

　　3.4.1　项目质量管理体系 ······················ 67

　　3.4.2　设计质量控制 ························· 68

3.5　设计投资控制管理 ···························· 70

　　3.5.1　设计投资控制工作流程 ···················· 70

　　3.5.2　设计投资控制措施 ······················ 71

3.6　设计 HSE 管控 ····························· 72

　　3.6.1　HSE 管控的环境要求 ····················· 72

　　3.6.2　HSE 管控的实施 ······················ 73

3.7　设计与采办、施工和试运行的接口控制 ………………… 74

　3.7.1　设计与采办的接口控制 ……………………… 74

　3.7.2　设计与施工的接口控制 ……………………… 76

　3.7.3　设计与试运行的接口控制 …………………… 78

4　项目采办管理 ……………………………………………… 80

4.1　项目采办概况 …………………………………………… 80

　4.1.1　采办范围 …………………………………… 80

　4.1.2　采办界面 …………………………………… 80

　4.1.3　采购标包划分 ……………………………… 81

4.2　采办管理体系 …………………………………………… 82

　4.2.1　采购原则 …………………………………… 82

　4.2.2　采办工作程序 ……………………………… 83

4.3　采办组织机构及岗位设置 …………………………… 83

　4.3.1　采办组织机构 ……………………………… 83

　4.3.2　采办岗位设置及职责 ……………………… 83

4.4　编制采购策略 …………………………………………… 85

4.5　采办计划管理 …………………………………………… 87

　4.5.1　项目采购目标及工作分解结构 …………… 87

　4.5.2　物资采购计划 ……………………………… 89

　4.5.3　主要管控措施 ……………………………… 91

4.6　采办质量管理 …………………………………………… 95

　4.6.1　采购质量目标及要求 ……………………… 95

　4.6.2　物资质量管理分级控制 …………………… 96

　4.6.3　质量管控措施 ……………………………… 97

4.7　催交、检验、运输和材料控制 ……………………… 101

　4.7.1　催交控制 …………………………………… 101

　4.7.2　运输管理 …………………………………… 103

4.8　中转站及仓储管理 …………………………………… 104

　4.8.1　中转站设置 ………………………………… 104

　4.8.2　仓储管理 …………………………………… 105

4.9　采购变更管理 …………………………………………… 107

4.10　采购合同管理 ………………………………………… 107

4.11　采办 HSE 管控 ……………………………………… 107

4.11.1 采办 HSE 管控的实施 ·································· 107

4.11.2 采办 HSE 管控遇到的问题及解决措施 ·············· 108

4.12 采办与设计、施工和试运行的接口控制 ···················· 110

4.12.1 采办与设计的接口控制 ···························· 110

4.12.2 采办与施工的接口控制 ···························· 111

4.12.3 采办与试运行的接口控制 ·························· 112

4.13 绿色低碳采购管理 ···································· 112

4.14 文件和记录控制 ······································ 113

4.14.1 文件管理 ·· 113

4.14.2 文件记录控制 ···································· 113

4.15 采办工作实施成效 ···································· 113

4.15.1 优化招标组织管理模式,提升采购效率 ············ 114

4.15.2 有序高效催交催运,保障施工进度 ················ 114

4.15.3 坚持打造廉洁阳光工程 ·························· 115

5 项目施工管理 ·· 116

5.1 施工范围及界面 ······································ 116

5.2 施工管理策划 ·· 116

5.2.1 施工管理内容 ···································· 116

5.2.2 施工管理难点 ···································· 117

5.2.3 施工管理指导思想 ································ 118

5.2.4 施工管理组织 ···································· 118

5.2.5 施工管理体系文件 ································ 121

5.3 施工进度管理 ·· 122

5.3.1 进度目标 ·· 122

5.3.2 进度管理体系 ···································· 123

5.3.3 进度计划管理 ···································· 123

5.3.4 进度控制措施 ···································· 127

5.3.5 进度管理效果 ···································· 131

5.4 施工质量管理 ·· 131

5.4.1 质量方针及目标 ·································· 131

5.4.2 质量管理体系 ···································· 131

5.4.3 质量控制流程及要点 ······························ 132

5.4.4 质量控制措施 ···································· 134

　　　5.4.5　质量管理效果 •• 136

　5.5　施工 HSE 管理 •• 138

　　　5.5.1　施工 HSE 管理的必要性 •••••••••••••••••••••••••••••••• 138

　　　5.5.2　施工 HSE 管理的实施 •••••••••••••••••••••••••••••••••••• 139

　　　5.5.3　施工 HSE 管理遇到的问题及解决措施 ••••••••••••••• 143

　5.6　施工与设计、采办和试运行的接口控制 •••••••••••••••••••••• 146

　　　5.6.1　施工与设计的接口控制 •••••••••••••••••••••••••••••••••• 147

　　　5.6.2　施工与采办的接口控制 •••••••••••••••••••••••••••••••••• 147

　　　5.6.3　施工与试运行的接口控制 •••••••••••••••••••••••••••••• 147

　5.7　EPC 联合体模式下施工管理取得的成果 •••••••••••••••••••• 148

6　工程中间交接与项目试运行 •• 149

　6.1　"三查四定"与工程中间交接 •••••••••••••••••••••••••••••••••• 149

　　　6.1.1　"三查四定"工作定义和原则 •••••••••••••••••••••••••• 149

　　　6.1.2　"三查四定"工作流程 •••••••••••••••••••••••••••••••••• 150

　　　6.1.3　工程中间交接程序、条件及内容 •••••••••••••••••••••• 150

　　　6.1.4　工程中间交接管理措施 •••••••••••••••••••••••••••••••••• 153

　　　6.1.5　青宁输气管道中间交接实施情况 •••••••••••••••••••••• 154

　6.2　项目试运行投产 •• 156

　　　6.2.1　试运行投产方案 •• 156

　　　6.2.2　试运行投产保驾 •• 156

　6.3　试运行与设计、采办和施工的接口控制 •••••••••••••••••••••• 166

　　　6.3.1　试运行与设计的接口控制 •••••••••••••••••••••••••••••• 166

　　　6.3.2　试运行与采办的接口控制 •••••••••••••••••••••••••••••• 167

　　　6.3.3　试运行与施工的接口控制 •••••••••••••••••••••••••••••• 167

7　项目风险管理 •• 168

　7.1　项目风险管理范围及流程 •••••••••••••••••••••••••••••••••••••• 168

　　　7.1.1　项目风险管理范围 •••••••••••••••••••••••••••••••••••••• 168

　　　7.1.2　项目风险管理流程 •••••••••••••••••••••••••••••••••••••• 168

　7.2　青宁输气管道工程项目风险管理体系 •••••••••••••••••••••••• 168

　　　7.2.1　风险管理的原则 •• 168

　　　7.2.2　风险管理的目标 •• 169

　　　7.2.3　风险管理组织机构 •••••••••••••••••••••••••••••••••••••• 169

　7.3　风险管理的实施 •• 169

7.3.1 风险识别 ┈┈┈┈┈┈┈┈┈┈┈┈┈┈┈┈┈┈┈┈┈┈┈┈ 169

7.3.2 风险评估 ┈┈┈┈┈┈┈┈┈┈┈┈┈┈┈┈┈┈┈┈┈┈┈┈ 171

7.3.3 风险控制 ┈┈┈┈┈┈┈┈┈┈┈┈┈┈┈┈┈┈┈┈┈┈┈┈ 184

7.4 青宁输气管道项目关键环节风险防控 ┈┈┈┈┈┈┈┈┈┈┈┈┈ 187

7.4.1 EPC 联合体模式风险控制 ┈┈┈┈┈┈┈┈┈┈┈┈┈┈ 187

7.4.2 项目设计过程风险控制 ┈┈┈┈┈┈┈┈┈┈┈┈┈┈┈ 188

7.4.3 项目物资保供风险控制 ┈┈┈┈┈┈┈┈┈┈┈┈┈┈┈ 189

7.4.4 项目施工关键工程风险控制 ┈┈┈┈┈┈┈┈┈┈┈┈┈ 190

7.4.5 项目实施过程中 HSE 风险的动态监控 ┈┈┈┈┈┈┈ 193

8 项目合同管理 ┈┈┈┈┈┈┈┈┈┈┈┈┈┈┈┈┈┈┈┈┈┈┈┈┈┈┈ 195

8.1 EPC 总承包合同风险识别及规避措施 ┈┈┈┈┈┈┈┈┈┈┈┈ 195

8.1.1 风险来源识别 ┈┈┈┈┈┈┈┈┈┈┈┈┈┈┈┈┈┈┈┈ 195

8.1.2 风险规避措施 ┈┈┈┈┈┈┈┈┈┈┈┈┈┈┈┈┈┈┈┈ 196

8.2 工程总承包合同管理内容 ┈┈┈┈┈┈┈┈┈┈┈┈┈┈┈┈┈┈ 196

8.3 合同变更管理 ┈┈┈┈┈┈┈┈┈┈┈┈┈┈┈┈┈┈┈┈┈┈┈┈ 197

8.3.1 工程变更程序 ┈┈┈┈┈┈┈┈┈┈┈┈┈┈┈┈┈┈┈┈ 197

8.3.2 工程变更的控制 ┈┈┈┈┈┈┈┈┈┈┈┈┈┈┈┈┈┈┈ 198

8.3.3 工程变更应注意的问题 ┈┈┈┈┈┈┈┈┈┈┈┈┈┈┈ 198

8.4 合同履行 ┈┈┈┈┈┈┈┈┈┈┈┈┈┈┈┈┈┈┈┈┈┈┈┈┈┈ 199

8.4.1 合同履约目标 ┈┈┈┈┈┈┈┈┈┈┈┈┈┈┈┈┈┈┈┈ 199

8.4.2 合同履约模式及联合体分工 ┈┈┈┈┈┈┈┈┈┈┈┈┈ 200

8.4.3 合同交底 ┈┈┈┈┈┈┈┈┈┈┈┈┈┈┈┈┈┈┈┈┈┈ 200

8.4.4 专项分包工作 ┈┈┈┈┈┈┈┈┈┈┈┈┈┈┈┈┈┈┈┈ 201

8.4.5 合同收尾工作 ┈┈┈┈┈┈┈┈┈┈┈┈┈┈┈┈┈┈┈┈ 202

9 项目费用控制 ┈┈┈┈┈┈┈┈┈┈┈┈┈┈┈┈┈┈┈┈┈┈┈┈┈┈┈ 203

9.1 EPC 项目费用理论 ┈┈┈┈┈┈┈┈┈┈┈┈┈┈┈┈┈┈┈┈┈ 203

9.1.1 全生命周期费用控制 ┈┈┈┈┈┈┈┈┈┈┈┈┈┈┈┈ 203

9.1.2 目标管理 ┈┈┈┈┈┈┈┈┈┈┈┈┈┈┈┈┈┈┈┈┈┈ 203

9.1.3 并行工程 ┈┈┈┈┈┈┈┈┈┈┈┈┈┈┈┈┈┈┈┈┈┈ 203

9.1.4 价值工程 ┈┈┈┈┈┈┈┈┈┈┈┈┈┈┈┈┈┈┈┈┈┈ 204

9.2 青宁输气管道工程各阶段费用控制 ┈┈┈┈┈┈┈┈┈┈┈┈┈ 204

9.2.1 青宁输气管道项目费用控制目标 ┈┈┈┈┈┈┈┈┈┈ 204

9.2.2 青宁输气管道项目投标及合同编制阶段费用控制 ┈┈┈┈ 205

9.2.3　全过程成本分解与目标控制 ……………………………………… 206

9.2.4　设计阶段费用控制 ………………………………………………… 207

9.2.5　采购阶段费用控制 ………………………………………………… 209

9.2.6　施工阶段费用控制 ………………………………………………… 210

9.2.7　竣工结算阶段费用控制 …………………………………………… 212

第三篇　科技创新与应用

10　管理创新 …………………………………………………………………… 217

10.1　多平台联动数字化质量监督管理技术 …………………………… 217

10.1.1　基于数字化的质量监督管理平台开发 ………………… 217

10.1.2　质量监督数字化平台的应用 …………………………… 218

10.2　端口前移数据联动采办管理技术 ………………………………… 219

10.2.1　管道项目物资采办的特点 ……………………………… 219

10.2.2　采办管理主要创新措施 ………………………………… 219

10.2.3　效果分析 ………………………………………………… 223

11　工程设计技术创新 ………………………………………………………… 224

11.1　输气管道站场工艺优化与标准化设计技术 ……………………… 224

11.1.1　常规工艺流程简介 ……………………………………… 224

11.1.2　站场工艺流程优化 ……………………………………… 224

11.1.3　效果分析 ………………………………………………… 226

11.2　全专业协同数字化设计技术 ……………………………………… 226

11.2.1　软件集成与二次开发 …………………………………… 226

11.2.2　协同设计 ………………………………………………… 227

11.2.3　数据库的建立 …………………………………………… 228

11.2.4　数据驱动的设计模式 …………………………………… 229

11.2.5　效果分析 ………………………………………………… 229

11.3　数字化交付与智能化管道建设技术 ……………………………… 231

11.3.1　输气管道工程数字化交付技术 ………………………… 231

11.3.2　智能化管道建设技术 …………………………………… 232

11.4　X70 钢管道材质优化与应用 ……………………………………… 234

11.4.1　非金属夹杂物优化 ……………………………………… 234

11.4.2　强度匹配优化 …………………………………………… 235

11.4.3 剩磁检测优化 ··· 235

11.4.4 扁平块控制技术 ··· 235

11.4.5 尺寸偏差分级 ··· 236

11.5 机载激光雷达航测技术 ·· 236

11.5.1 机载激光雷达测量系统工作原理 ···························· 236

11.5.2 机载激光雷达管线航测作业流程 ···························· 237

11.5.3 机载激光雷达航测技术效果分析 ···························· 240

11.6 交流杂散电流干扰防护技术 ·· 241

11.6.1 干扰源调查 ··· 241

11.6.2 数据采集 ··· 241

11.6.3 初步建模 ··· 242

11.6.4 软件模拟 ··· 242

11.6.5 结果分析及干扰防护 ·· 243

11.6.6 管道阴极保护智能化设计 ····································· 244

11.6.7 阴极保护在线监测技术 ······································· 245

11.6.8 效果分析 ··· 245

11.7 高水位地区深基坑作业安全监测技术 ······························ 246

11.7.1 深基坑作业位移监测技术 ····································· 246

11.7.2 深基坑作业监测平台研发 ····································· 249

11.7.3 基于 BIM 的深基坑安全疏散模型及仿真 ···················· 254

12 管道施工技术创新 ··· 256

12.1 连续定向钻穿越勘察技术 ·· 256

12.1.1 地形地质条件概述 ··· 256

12.1.2 工程需求与地质勘察分析 ····································· 257

12.1.3 工程勘察与效果分析 ··· 258

12.2 滩涂、湿地、水网地带大口径连续定向钻穿越施工技术 ············ 259

12.2.1 定向钻穿越技术难点分析 ····································· 260

12.2.2 定向钻穿越方案设计 ··· 261

12.2.3 定向钻穿越施工工艺要点 ····································· 261

12.2.4 效果分析 ··· 262

12.3 定向钻穿越磁性有线控向工艺技术 ································ 263

12.3.1 概述 ··· 263

12.3.2 定向钻穿越磁性有线控向工艺要点 ·························· 263

12.3.3 效果分析 ·· 266

12.4 海缆与主管道同孔同步回拖施工技术 ·········· 266

12.4.1 概述 ·· 266

12.4.2 穿越曲线与穿越方案设计 ·················· 267

12.4.3 海缆选型与海缆拖头制作工艺技术 ········ 268

12.4.4 海缆同孔同步回施工艺要点 ·············· 270

12.4.5 效果评价 ·· 271

12.5 复杂地质大口径长距离顶管穿越施工技术 ······ 272

12.5.1 概述 ·· 272

12.5.2 顶管穿越施工工艺要点 ····················· 274

12.5.3 主要机具设备 ······································ 276

12.5.4 效益分析 ·· 277

12.6 定向钻压密注浆施工技术 ························· 277

12.6.1 技术简介 ·· 277

12.6.2 定向钻压密注浆施工工艺要点 ············ 278

12.6.3 效果评价 ·· 280

参考文献 ·· 281

第一篇

背景与策划

1 概述

1.1 国内天然气长输管道工程现状

天然气是一种优质、高效、清洁的低碳能源,可与核能及可再生能源等其他低排放能源形成良性互补,是能源供应清洁化的最现实选择。加快天然气产业发展,提高天然气在一次能源消费中的比重,是我国加快建设清洁低碳、安全高效的现代能源体系的必由之路,也是化解环境约束、改善大气质量、实现绿色低碳发展的有效途径,同时对推动节能减排、稳增长惠民生促发展具有重要意义。

"十三五"期间,我国天然气市场处于快速发展中,年消费量屡创新高,产供储销体系建设快速推进。国家宏观经济向好、环保政策助推天然气消费量快速增长,由 1 932 亿 m³ 增至 3 240 亿 m³,天然气在一次能源消费中的比重提升至 8.4%;为提高能源供应安全,国家开展油气增储上产"七年行动计划",国产天然气快速增长,由 1 350 亿 m³ 增至 1 925 亿 m³;建成西南、西北、东南、东北四大进口通道,中俄管道投产运行,天然气进口高速增长,由 616 亿 m³ 上升至 1 403 亿 m³,对外依存度达到 43.2%;国家建立产供储销督办体系,天然气干线管道建设和运营里程快速增长,全国天然气干线管道总里程超过 8.6 万 km,一次输气能力超过 3 500 亿 m³/年;储气调峰设施建设快速推进,液化天然气(Liquefied Natural Gas,LNG)接收站布局逐步完善,管网设施互联互通程度显著提升,主干管网、区域性支线管网和配气管网建设速度加快。"西气东输、北气南下、海气登陆、就近供应"的全国管道联通"一张网"初步建成。

1.1.1 天然气长输管道行业市场现状分析

1.1.1.1 国内天然气长输管道供需现状分析

(1) 天然气产量稳步提升

近年来,我国天然气产量逐年增长,据国家统计局数据显示,2020 年我国天然气产量达到 1 925 亿 m³,同比增长 9.8%(图 1-1),增量 163.3 亿 m³,天然气连续四年增产超过 100 亿 m³,增储上产效果明显。页岩气、煤层气、煤制气等非常规气全面增产、贡献突出,其中煤制气产量

3

40 亿 m³，煤层气产量 65 亿 m³，页岩气产量超过 200 亿 m³。大庆、长庆、胜利、新疆等主力油气田产量持续增长。

2020 年，我国新增天然气探明地质储量达到 1.29 万亿 m³，其中天然气、页岩气、煤层气新增探明地质储量分别达到 10 357 亿 m³、1 918 亿 m³、673 亿 m³。油气发现主要来自西部油气盆地的新区带、新层系，四川盆地发现新的富含天然气区带，常压页岩气勘探取得新突破，为增储上产提供了新的资源基础。

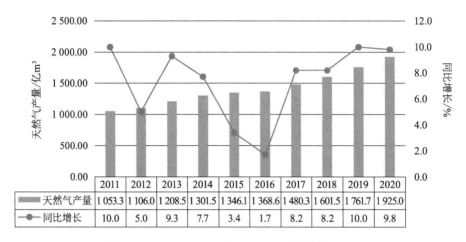

图 1-1　2011—2020 年国内天然气产量及增长情况

数据来源：国家统计局

（2）天然气消费增速趋缓

作为清洁能源，天然气燃烧过程中所产生的 CO_2 少于其他化石燃料，使得天然气在国内一次能源消费结构中也占据愈发重要的地位。纵观近十年，我国天然气消费总量仍呈稳步增长，已成为全球天然气消费大国。据统计，2020 年，国内天然气表观消费量为 3 240 亿 m³，比 2019 年表观消费量高出 173 亿 m³，同比增长 5.6%（图 1-2）。在疫情、经济和市场等综合因素影响下，天然气消费量继续保持增长态势，但增速较此前四年明显下降。

分领域看，发电用气量 571 亿 m³，同比增长 7.7%，主要由宏观经济回暖等因素带动；工业燃料用气量 1 290 亿 m³，同比增长 9.3%，增长的驱动力来自气价较低、减税降费等因素；城市燃气用气量 1 004 亿 m³，同比增长 5.1%，其中商业、服务业用气受疫情冲击明显下降；化肥化工用气量 400 亿 m³，同比增长 4.5%，其中化肥用气快速增长，甲醇用气大幅下降。

分地区看，东南沿海、中西部和环渤海地区天然气消费增长较快，增幅均在 10% 以上；环渤海地区是国内最大的消费区域，消费量约 746 亿 m³，消费增长主要来自居民和工业用气推动；长三角和东北地区天然气消费增长放缓。

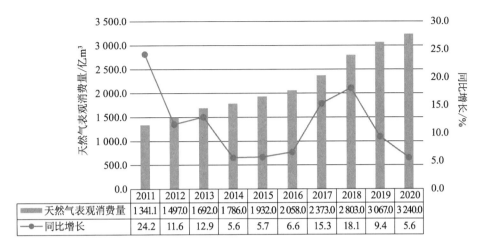

图 1-2　2011—2020 年国内天然气消费量及增长情况

注：2015 年、2016 年、2017 年数据系消费量及同比增长

数据来源：国家统计局、国家发展改革委

（3）天然气进口增速回落

2020 年，中国天然气进口量稳步增长，进口来源呈多元化特点。尽管受疫情叠加、国际油价暴跌、天然气市场遭受重创等因素影响，但随着我国有效防疫措施的实施，企业有序复工复产，天然气需求仍保持较快增长。海关数据显示，2020 年，中国天然气进口量 10 166.1 万 t（约 1 403 亿 m³），同比增长 5.3%（图 1-3）。其中，液化天然气进口量 6 713 万 t，同比增长 11.5%，气态天然气进口量 3 453 万 t（约 476 亿 m³），同比下降 4.9%。受国产气快速增长和需求增速放缓影响，天然气进口增速回落。天然气对外依存度约 43%，较 2019 年回落约 2 个百分点。

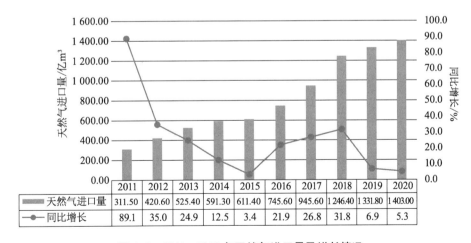

图 1-3　2011—2020 年天然气进口量及增长情况

数据来源：国家统计局、海关数据

我国 LNG 进口主体和进口来源均呈现出多元化的特点。进口主体中,"三桶油"以外的企业,如新奥集团、广汇能源等城市燃气和电力企业形成了 LNG 进口的第二梯队,2020 年进口量 724 万 t,进口量占比 11%,创历史新高。进口来源中,液化天然气进口来源国共 24 个,其中澳大利亚仍居首位,进口量占比 46%,卡塔尔居第二位,其后是马来西亚和印度尼西亚;管道气进口来源国前五名分别为土库曼斯坦、哈萨克斯坦、乌兹别克斯坦、缅甸、俄罗斯。

(4)管道长度

天然气管道的保障能力是天然气资源得到充分运用的前提之一,也是天然气行业发展的基石。目前,国内已建成由跨境管线、主干线与区域联络线、省内城际管线、城市配气网与大工业直供管线构建的全国性天然气管网,如西气东输一、二、三线,陕京、涩宁兰、中贵、中缅、川气东送、秦沈、哈沈等多条大口径的长输天然气管道,以及用于大区域资源调配的中贵联络线和冀宁联络线两大跨省联络线工程,已初步形成"横跨东西、纵贯南北、联通境外"的格局。随着中国天然气消费量的增长,天然气管道长度逐年增长,据统计,2020 年中国城市天然气管道长度达到 85.06 万 km,同比增长 10.76%(图 1-4)。

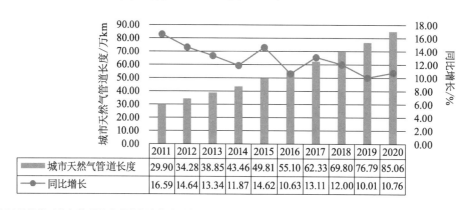

注:这里所指的天然气管道长度是指报告期末从气源厂压缩机的出口或门站出口至各类用户引入管之间的全部已经通气、投入使用的各类材质、管径的管道长度。不包括煤气生产厂、输配站、液化气储存站、灌瓶站、储配站、气化站、混气站、供应站等厂内的管道。

图 1-4　2011—2020 年天然气管道长度及增长情况

数据来源:国家统计局

2020 年,中国油气管道行业克服新冠肺炎疫情等外部环境不利影响,取得了重要进展。国家石油天然气管网集团有限公司(简称国家管网集团)全面接管三大石油公司相关油气管网资产,全国主要油气管道实现"并网运行","全国一张网"框架初步形成;中俄东线天然气管道中段(长岭—永清)和青岛—南京天然气管道相继建成投产;基础设施公平开放水平不断提高,广东省管网率先融入国家管网,"全国一张网"建设进入新阶段。截至 2020 年底,中国境内建成油气长输管道(专指长途输送油气的钢制管道)累计达到 14.4 万 km(图1-5),其中天然气管道约 8.6 万 km,原油管约 2.9 万 km,成品油管道约 2.9 万 km。

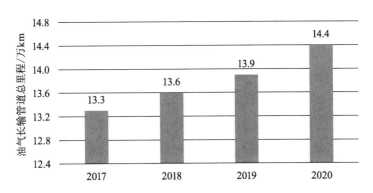

图 1-5　2017—2020 年中国油气长输管道总里程增长统计

资料来源：公开资料整理

2020 年，中国新建成油气长输管道总里程约 5 081 km，与上年相比，原油、成品油管道建设速度进一步放缓，天然气管道建设速度呈大幅增长态势（图 1-6）。其中，新建成天然气管道约 4 984 km，较 2019 年增加了 2 765 km；新建成原油管道 97 km，较 2019 年减少了 17 km；无新建成品油管道，较 2019 年减少了 901 km。

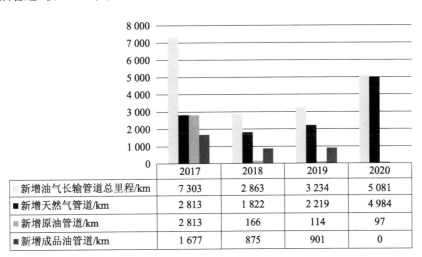

	2017	2018	2019	2020
新增油气长输管道总里程/km	7 303	2 863	3 234	5 081
新增天然气管道/km	2 813	1 822	2 219	4 984
新增原油管道/km	2 813	166	114	97
新增成品油管道/km	1 677	875	901	0

图 1-6　2017—2020 年中国油气长输管道各类型新增统计

资料来源：公开资料整理

从输送油气来看，据统计，2021 年我国管道输送油气里程为 13.12 万 km（管道输送油气里程指油、气、成品油等各类介质实际输送距离，是反映运输管线长度的指标，也是计算周转量的依据。对于有复线和备用线的地段，原则上按单线计算管道输送油气里程。双线同时输送又不能分开计量的情况下，管道输送油气里程为双线长度之和除以 2），同比增长 1.94%（图 1-7）。基本构建了以西气东输系统、陕京系统、涩宁兰系统、川气东送系统和中缅天然气管道为骨干的输气主体框架，在川渝、华北、长三角和珠三角地区形成了比较完善的区域性管网,而且随着中俄东线(北段)正式投产,中国西北、东北、西南和海上四大油气进口战略通道基本建成,实现了原油和天然气均能输送。

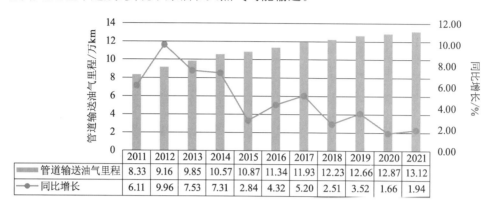

图 1-7   2011—2021 年管道输送油气里程及增长情况

数据来源:国家统计局

1.1.1.2   国内天然气长输管道储运现状分析

"十三五"期间,产供储销体系持续推进,四大油气进口战略通道全面建成,国内管网骨架基本形成,干线管道互联互通基本实现,"全国一张网"基本成型。

(1)管道建设速度大幅提升

截至 2020 年底,我国境内累计建成干线天然气长输管道约 8.6 万 km。2020 年,我国新建成天然气长输管道约 4 984 km,较 2019 年增加 2 765 km,天然气管道建设速度呈大幅增长态势。2020 年续建或开工、2021 年及以后建成的天然气管道总里程预计为 3 050 km,建设趋势仍然向好。

2020 年建成或投产的主要天然气管道有:中俄东线中段(长岭—永清)、明水—哈尔滨支线;青宁(青岛—南京)输气管道,西气东输三线闽粤支干线,深圳液化天然气(LNG)接收站外输管道,新奥舟山 LNG 接收站外输管道,西气东输福州联络线(西三线福州末站—中国海油福建 LNG 青口分输站),广东省"2021 工程",云南能源投资股份有限公司陆良支线(陆良末站—召夸)、泸西—弥勒—开远支线(泸西—开远段),宁海—象山天然气管道,济南东部城区天然气管道改线工程,中国华电启通(启东—南通)天然气管线,中国海油南海天然气管线高栏支线,中石化中科炼化配套管道,"川气东送"与港华燃气联通工程,新疆煤制气管道潜江—郴州段,丽水—龙游天然气管道一期,秦沈管道天然气管道朝阳支线,河南省发展燃气有限公司"唐伊线"方城—南召、社旗天然气支线工程(南阳支线),山东临沂能源公司临朐—沂水天然气管道,临沧天然气管道支线一期,"气化湖南"工程郴州—桂阳段等。

2020 年续建或开工建设、2021 年及以后将建成的主要天然气管道有:中俄东线天然气管道南段,中俄东线安平—临沂段,山东管网南干线、西干线、西干线支线,忠武线潜湘支线、西三线长沙支线与中石化新疆煤制气管道湖南长沙联通工程,习酒镇—习水县城天然气输气管道,广西天然气支线管网陆川天然气支线管道工程,神木—安平煤层气管道工程山西—河北段,濮范台(濮阳—范县—台前)输气管道,麟游—宝鸡输气管道,"气化湖南"工程桂阳—临武段等。

(2)储气库建设继续推进

截至2019年底,中国累计建成26座地下储气库,储气调峰能力达140亿 m³。储气库项目进展包括:中原油田文23储气库一期工程建成投产、相国寺储气库扩容工程正式启动、辽河油田双6储气库地面工程竣工。

截至2020年底,我国累计建成27座地下储气库,工作气量达147亿 m³,较2019年略有增长,约占全国天然气年度消费总量的4.5%。储气库项目建设进展包括:新疆吐哈油田温吉桑储气库群和中石化江汉油田盐穴储气库一期工程开工建设、辽河雷61储气库和大港油田注气投产、吉林双坨子储气库完成试注、大庆油田升平储气库先导试验井等。2021年辽河油田双6储气库,中原油田新建的卫11、文13西储气库建成注气。

(3)LNG 接收能力快速增长

2020年,我国LNG接收站总接收能力达8 700万 t/年,同比增长14.2%,年新增接收能力1 085万 t/年。2020年新建成LNG接收站项目包括:广汇启东LNG接收站三期工程,新增1座16万 m³ LNG储罐;上海洋山LNG接收站扩建工程,新增2座20万 m³ LNG储罐;浙江宁波LNG接收站二期工程,新增3座16万 m³ LNG储罐;唐山LNG接收站三期工程,新增2座16万 m³ LNG储罐(此期工程共新增4座16万 m³ LNG储罐)。上述项目分别为江苏、上海、浙江和北京提高了储备能力,为天然气供应应急调峰提供了有力保障。

此外,各省市根据国家要求出台落实文件,明确重点建设任务,已完成储气能力建设目标任务。例如,云南省着力构建"1个地下储气库＋6个省级重点实施的LNG储气项目＋17个州(市)级重点实施的LNG储气项目"互为补充的储气体系;江西省重点推进湖口LNG储配项目工程和樟树地下盐穴储气库前期研究工作;湖北省加快构建以地下盐穴储气库、沿江LNG接收站和大中型LNG储罐为主的储气体系;河南省则通过"苏豫模式"在江苏滨海LNG接收站投资建设LNG储罐,满足储气能力需求并拓展气源渠道。

(4)天然气互联互通工程取得新进展

2020年,我国天然气基础设施互联互通工程取得新进展。其中,中俄东线天然气管道中段工程于2020年12月3日正式投产运营。中俄东线是继中亚管道、中缅管道后,向我国供气的第三条跨国境天然气长输管道。中段按期建成投产后,与已建的东北管网、华北管网、陕京管道系统及大连LNG、唐山LNG、辽河储气库等互联互通,可有效增强京津冀地区天然气供应能力和调峰应急保障能力。

青宁天然气管道于 2020 年 12 月 15 日正式投产。该管道连接华北区域和长三角区域管网,在东部沿海地区形成陆上天然气与海外液化天然气资源的互通互保,实现与西气东输、川气东送等东西主干管网的联通,可全面提升我国中东部地区天然气应急保供能力。

此外,还有启通天然气管线项目、启东三期 LNG 接收站项目,均于 2020 年 12 月正式进入试运行阶段,实现西气东输管网与启通天然气管线的互联互通。西气东输福州联络线工程于 2020 年 10 月 30 日正式投产,用于将西气东输三线东段干线与东部沿海天然气管网互联互通。川气东送管道于 2020 年 8 月 26 日完成金坛输气站向港华金坛储气库投产试运行,实现川气东送管道与港华金坛储气库的互联互通。

1.1.2 "十三五"期间国内重要的输气管道工程及建设模式

"十三五"期间是天然气高速发展成为国内主力能源的战略机遇期,国内输气管道工程蓬勃发展,表 1-1 是重要输气管道工程相关信息一览表。管道项目建设的速度、质量大幅提升,建设管理模式基本上采用"业主+监理+EPC"或"E+P+C"的工程建设管理模式。

表 1-1 "十三五"期间国内重要的输气管道工程信息一览表

工程名称	线长/km	设计管径/mm	设计输量/(m³/a)	建设单位	建设模式
西气东输三线(西段)	2 050	1 219	$250\times10^8\sim$ 300×10^8	中国石油、全国社会保障基金理事会、北京国联能源产业投资基金、宝钢集团	业主+监理+EPC
西气东输四线	2 454	1 219	$135\times10^8\sim$ 300×10^8	中国石油	中国石油
西气东输五线	3 200	1 219	300×10^8	中国石油	
中俄东线天然气管道	3 371	1 420	380×10^8	中国石油、俄罗斯天然气工业股份公司	一体化管理团队+监理+E+P+C
中亚 D 线	1 000	1 219	300×10^8	中国石油、塔吉克斯坦输气公司	业主+PMC+监理+EPC
中缅油气楚雄—攀枝花天然气管道	190.1	610	20×10^8	中国石油、东南亚原油管道有限公司	PMT+PMC+EPC
鄂安沧管道	2 422	1 219/1 016	300×10^8	中国石化	E+P+C
陕京四线	1 098	1 016	250×10^8	中国石油	"EPC+施工机组"、"九统一"相结合

工程名称	线长/km	设计管径/mm	设计输量/(m³/a)	建设单位	建设模式
川气东送二线	550	1 016	120×10⁸	中国石化	EPC＋指挥部一体化领导下的工程项目管理模式
青藏天然气管道	1 140	610	12.7×10⁸	中国石油	
蒙西煤制天然气外输管道	1 200	1 219	300×10⁸	中国海油	
新疆煤制天然气外输管道	8 372	1 219/1 016	300×10⁸	中国石化	E＋P＋C 及部分 EPC 管理模式

图表来源：根据公开数据整理

1.2　国内输气管道发展面临的挑战及发展方向

1.2.1　国内输气管道发展存在的问题

当前，国内虽已基本建成"横跨东西、纵贯南北、联通境外"的全国天然气管网格局，但仍存在建设发展速度滞后、管道设施能力不足、效率不高和互联互通不够等问题，具体如下所述。

1.2.1.1　产供储销体系建设进度略显滞后

"十三五"期间，受天然气消费增速波动和"管网剥离"预期影响，国内天然气管道建设进度略显滞后。国家发展改革委制定的《天然气发展"十三五"规划》指出，2020 年全国干线管道总里程达到 10.4 万 km，干线输气能力超过 4 000 亿 m³/年，管道总里程年均增速为 10.2％。截至 2020 年底，中国累计建成天然气管道 11.2 万 km，其中长输管道约为 8.6 万 km（图1-8），虽然未能完成 10.4 万 km 的目标，但 2020 年中国新建成天然气管道约为 4 984 km，比 2019 年增加 2 765 km，建设速度呈增长态势。

2020 年是国家发展改革委规定的储气能力建设收官年，各级应急储备体系建设进展不一。地方政府的 3 天应急储备建设基本按计划完成，建成储气项目约 200 余个；城市燃气企业 5％的应急储备建设与规划差距较大，截至 2020 年 10 月，建成储气项目 300 余个，储气能力 73 亿 m³，仅为规划目标的 60％，应急调峰能力建设任务仍然较重。

天然气管网互联互通工程主要实现在关键枢纽的互联互通，只在冬季保供和应急工况下发挥作用，需要实现应联尽联、灵活调运、节能降耗，充分发挥现有管网设施的能力，降低管输成本，促进行业发展。

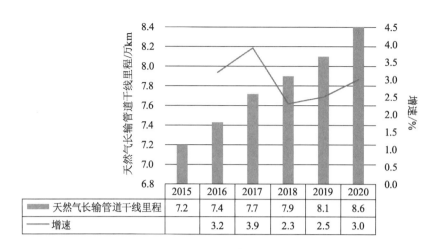

图 1-8　2015—2020 年天然气干线管道建设里程

图表来源：公开资料整理

1.2.1.2　管道设施规模偏小,布局结构有待完善

作为连接上游资源和下游市场之间的桥梁,天然气产业发展高度依赖输配管网、储气库等基础设施,管网建设直接决定着天然气市场利用的规模,因此天然气行业持续、良好的发展离不开相应的强大基础设施建设的支撑。

尽管国内天然气基础设施在近年来有了较快发展,但与国家经济整体发展水平的要求、与发达国家的现有设施覆盖水平相比依然落后(表 1-2)。国内天然气干线管道密度远低于世界平均水平,从天然气管线长度与国土面积比重角度看,截至 2017 年底,美国、法国和德国的天然气干线管道密度分别高达 44.7 m/km²、67 m/km² 和 106.4 m/km²,国内的天然气干线管道密度为 7.3 m/km²,约为美国的 1/6、法国的 1/10 和德国的 1/15;就运输能力与消费量比重而言,国内天然气管道密度为 19.97 km/亿 m³,不足世界平均 33.73 km/亿 m³,远低于美国的 56.3 km/亿 m³。

表 1-2　国内天然气基础设施与其他国家对比

指　　标	中国	美国	法国	德国	俄罗斯	世界平均
干线管道密度/(m/km²)	7.3	44.7	67	106.4		
运输能力与消费量比重/(km/亿 m³)	19.97	56.3				33.73
储气库工作气量、消费量/%	3.4	18	15～35		17	

图表来源：公开资料整理

国内长输干线管网布局不合理,东北、西北、西南地区除进口通道外,管道整体偏少,网络化程度低;管网尚未能覆盖全国,海南、西藏等省区尚未被接入全国长输管道系统,另有一定数量的地级、县级行政单位没有接通管道气。

随着城镇化率逐年提高,城镇范围不断扩大,管道建设难度不断加大,新建管道路由日渐减少,管道建设运行过程中与城乡规划的矛盾时有发生;自然灾害、管道超期服役、管道被占压严重甚至破坏,导致安全保供压力增加。

1.2.1.3　天然气消费规模不断增大,天然气进口依赖度不断提升

受环保政策拉动和国内宏观经济向好的影响,天然气消费量持续增长,2020 年天然气表观消费量达到了 3 240 亿 m^3;虽然国内油气生产企业不断加大勘探开发力度,特别是持续推进"增储上产七年行动计划",国内天然气产量快速增长,2020 年达到 1 925 亿 m^3,但仍然远远赶不上消费增速;2020 年全年进口天然气达到 1 403 亿 m^3,对外依存度达到 43.2%;面对复杂多变的国际形势、多发的极端气候现象,国内的天然气保供的安全形势不容乐观。

1.2.2　国内天然气输气管道发展方向

"十四五"期间国内将进入油气管网设施第三次快速发展阶段,原油管网布局逐步完善,成品油管网服务水平不断提升,天然气干线管网建设加快提速,支线管道覆盖水平明显提高,油气管网设施的互联互通更加高效顺畅,管网运行效率显著提升,开始进入高质量发展的新阶段。

1.2.2.1　体制机制改革,推动国内天然气行业发展

近年来,国家继续围绕《关于深化石油天然气体制改革的若干意见》出台多项改革措施,2019 年《石油天然气管网运营机制改革实施意见》《油气管网设施公平开放监管办法》相继发布实施。2019 年 12 月 9 日,国家石油天然气管网集团有限公司(以下简称国家管网集团)挂牌成立,我国天然气市场化改革步伐加快。国家管网集团成立和有效运行以后,天然气管网独立运营,逐步实现天然气运销分离,天然气市场运行模式将从产运销一体化,向上游油气资源多主体多渠道供应、中间统一管网高效输送、下游消费市场充分竞争的 X+1+X 的市场体系转变,"管住中间,放开两头"的改革目标逐步实现。管住中间就是管公平开放和价格,国家管网集团陆续公布了管网设施的基础信息、管网剩余能力等内容,全国油气管网设施的公平开放正在逐步推进。"十四五"期间国内油气管网设施的公平开放将由起步走向成熟,对上下游企业的支撑服务能力显著增强,激发上下游企业发展活力,提高油气管网对社会生产的支持力度。

天然气价格市场化进程将不断推进,实现居民与非居民用气门站价格的并轨,80%以上的消费气量门站价格由供需双方协商和市场主导完成,完全市场化定价资源的占比达到45%。《中央定价目录》(2020 年版)为进一步开放门站价格指明了方向。天然气交易中心从无到有,辅助服务市场功能不断增强,交易模式与产品不断推陈出新,价格发现作用进一步显现。

1.2.2.2　国家政策和中长期规划推动天然气基础设施建设

"十四五"期间天然气仍将快速增长。国家将继续坚持大气治理相关环保政策,并提出了 2030 年前实现碳达峰、2060 年前实现碳中和的目标,进一步推动能源转型。《新时代的中国能源发展》白皮书提出,中国将坚持清洁低碳导向,优化生产和消费结构,加快提高非化石能源和清洁能源消费比重,成为天然气市场发展的重要窗口期。

国家发展改革委、国家能源局 2017 年 5 月发布了《中长期油气管网规划》(以下简称《规划》),明确要求:牢固树立和贯彻新发展理念,坚持以提高发展质量和效益为中心,积极落实深化石油天然气体制改革精神,推进能源生产和消费革命;以扩大设施规模、完善管网布局、加快衔接互联、推进公平开放为重点,大力发展天然气管网,优化完善原油成品油管道,提升储备调峰能力,着力构建布局合理、覆盖广泛、外通内畅、安全高效的现代油气管网。

《规划》明确提出 2025 年全国油气管网规模达到 24 万 km,其中天然气 16.3 万 km,天然气管道全国基础网络形成,支线管道和区域管网密度加大,用户大规模增长,逐步实现天然气入户入店入厂。全国城镇用天然气人口达到 5.5 亿,天然气消费规模不断扩大,在能源消费结构中的比例达到 12% 左右。预计 2025 年中国天然气消费量将增至 4 300 亿～4 500 亿 m^3,国内天然气产量达到 2 300 亿 m^3。天然气产业规模的不断扩大,需要管网设施的持续配套建设,需要强化"全国一张网""保供一盘棋思维",适度超前加快天然气基础设施建设,加快完善区域及省内管道,加快储气调峰能力建设,推动互联互通,推进省级管网市场化融入国家管网。

1.2.2.3　坚持创新发展,塑造行业发展新优势

立足双碳目标,推动油气行业低碳转型,推进天然气与新能源融合发展,开展二氧化碳捕集利用与封存、纯氢与掺氢管道建设、二氧化碳管道建设等关键技术及装备的研究、攻关和示范工程建设,推动行业技术进步。

加快管网数字化、智能化、标准化体系建设;开展管网全数字化移交、全智能化运营、全生命周期管理等示范应用。

加强管道建设管理模式研究,推广 EPC\EPC 联合体模式,提高管道建设管理水平,提升管道建设质量和效率。

1.3　青宁输气管道工程概况

1.3.1　青宁输气管道工程建设背景

1.3.1.1　项目背景介绍

青宁输气管道工程伴随着中国天然气产业的蓬勃发展应运而生。早在 2010 年前后就开始前期策划工作。那个时期中国石化华北油气分公司大牛地气田、中原油田分公司普光

气田开发建设如火如荼,同期配套建设的榆林—济南天然气管道系统、川气东送管道系统开始投产运行;山东青岛 LNG 接收站和外输管线工程同步建设,天津 LNG 接收站、江苏连云港 LNG 接收站和浙江温州 LNG 接收站开始规划论证,天然气发展方兴未艾。中国石化及其所属天然气分公司的决策者敏锐地意识到两大管网系统互联互通对于天然气安全供应的重要性,意识到上游气田平稳运行与海外 LNG 接收站平稳运行的关联性,意识到江苏省和长三角区域未来发展对天然气的巨大需求,以高度的大局意识、责任意识和专业远见,果断决策,提前委托中石化中原石油工程设计有限公司开展青宁输气管道工程的前期研究工作。

2013 年 7 月 6 日,项目获得国家能源局同意开展前期工作的函(路条)。其后中石化天然气分公司组织中原石油工程设计有限公司、相关施工企业的专家团队和技术人员,对工程涉及的输气规模、资源与市场、沿途自然地理环境和经济发展水平、路由与输配气方案、河流铁路公路穿越方案、物资供应与运输保障、工程施工的可实施性和关键控制性节点、工程的经济效益和社会效益等进行充分调研、比较和论证,并多次组织各方面专家反复研讨、论证和评审,为工程的实施打下坚实基础。

2016 年 9 月 12 日,青宁输气管道工程项目获得原国土资源部土地预审的批复。2018 年 3 月 14 日至 16 日,中国国际工程咨询有限公司(以下简称中咨公司)在北京组织召开评估会,对《青宁输气管道工程项目申请报告》及其支撑性文件《青宁输气管道工程可行性研究报告》进行了评估论证。2018 年 8 月 13 日,项目获得国家发展改革委核准批复。2018 年 10 月 28 日,项目可行性研究报告获得中石化批复。2018 年 11 月中石化青宁天然气输气管道工程项目部成立。历经十年的规划研究,青宁输气管道建设条件具备,正式进入实施阶段。

中咨公司专家评审意见进一步明确了项目建设的背景和必要性:

2017 年,我国天然气市场受宏观经济稳中向好、环保政策影响显著等因素影响,全国天然气消费量快速增长,达 2 373 亿 m^3,同比增长 17%,年增量超过 340 亿 m^3,刷新了我国天然气消费增量纪录。

我国《天然气发展"十三五"规划》提出,至 2020 年天然气在一次能源消费比重提高到 10% 左右,国内天然气综合保供能力达到 3 600 亿 m^3。

中石化在华北地区已建设投运榆济管道、山东 LNG 及山东管网、天津 LNG 及其外输管道,在建、拟建文 23 储气库、鄂安沧管道一期、新粤浙管道二期等项目,华北地区的区域性环网布局已基本形成;随着华北陆上气增加、天津 LNG 项目和山东 LNG 项目快速上产,中石化天然气资源除了满足华北地区和山东省用户需求外,尚需拓展江苏等市场。建设青宁输气管道不仅可实现向江苏市场供气,而且该项目将作为南北走向的联络管道,连通山东管网乃至整个华北管网与川气东送管道,形成东部天然气供应沿海(北方)通道,实现长三角和华北、山东区域间管网气源多元化,实现多条输气管道及储气库互联互通,确保安全稳定供气。

1.3.1.2　项目建设的必要性

（1）优化能源结构，减少污染排放

项目建设期间，我国一次能源消费结构仍以煤炭为主，二氧化碳排放强度高，环境压力大。国家《"十三五"生态环境保护规划》提出，我国化学需氧量、二氧化硫等主要污染物排放量仍然处于 2 000 万 t 左右的高位，环境承载能力超过或接近上限。加快发展天然气，提高天然气在我国一次能源消费结构中的比重，可显著减少二氧化碳等温室气体和细颗粒物（$PM_{2.5}$）等污染物的排放，实现节能减排、改善环境，这既是我国优化调整能源结构的现实选择，也是强化节能减排的迫切需要。

（2）构建国家中东部地区干线环状管网

青宁输气管道的建设，不仅可以实现中石化南北两大输气管网（华北管网和川气东送系统）的互联互通，而且可与已建的山东管网、天津 LNG 外输管道、川气东送管道，在建的鄂安沧管道一期（现已建成），拟建的潜江—中原储气库群输气管道（新疆煤制气外输管道二期工程）一起，形成我国中东部地区干线环状管网（图 1-9），进而实现华北陆上天然气资

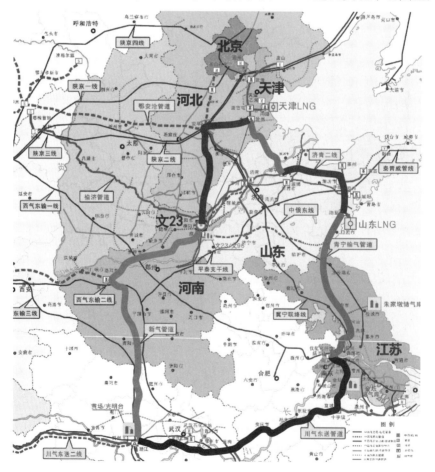

图 1-9　中石化中东部地区干线环状管网（2018 年）

源、川气东送资源及山东LNG、天津LNG资源相互联通的供气格局,使我国主要天然气资源更加灵活调配,提高市场安全保供能力。

(3)形成沿海输气通道

青宁输气管道与天津LNG外输管道、山东管网、川气东送及其南京支线在东部沿海形成南北大通道,该通道不仅连接中石化天津LNG、山东LNG和川气东送管道资源,而且可实现西气东输、陕京及冀宁联络线等东西主干管网在东部沿海地区的联通(图1-10)。同时,青宁输气管道不仅考虑为江苏赣榆LNG等提供代输业务,中石油江苏如东LNG、中海油江苏盐城LNG、广汇启东LNG等江苏沿海LNG项目也可以和青宁输气管道联通,实现沿海LNG和陆域天然气资源的南北调配和应急保供。从远期来看,管道可继续向南,与温

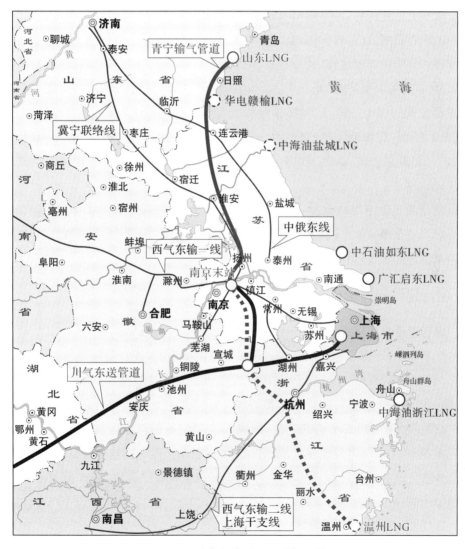

图1-10　东部沿海地区天然气通道

州 LNG 项目实现联通,最终形成连接天津、山东、江苏、上海、浙江等东部地区的沿海天然气南北联络通道。

(4)增加江苏省天然气供应

2018 年,中石化在上海、江苏等东部沿海市场仅有川气东送管道供应,且位于管道末端,青宁输气管道建设后,可以提高东部沿海市场的安全保供能力。同时,随着江苏城镇化的大规模推进及对环境要求的提高,江苏用气缺口将快速增大,预计 2025 年江苏天然气市场需求量 517 亿 m³,缺口达 99 亿 m³。青宁输气管道工程可以将山东的气源输送到江苏,开拓苏北市场,增供川气东送长三角已有市场,保障江苏省天然气供应。

1.3.1.3 项目建设意义和作用

青宁输气管道建成后,可实现川气东送管道、天津 LNG 接收站及外输管道、山东 LNG 接收站和山东省管网、江苏省管网、金坛储气库、中原文 96 及文 23 储气库等主要储运设施的互联互通。青宁输气管道作为"中东部地区干线环状管网"和"东部沿海输气通道"的重要组成部分,可有效开展华北、华东等重点地区资源灵活调度和应急互保;能有效稳定华北油气田和普光气田生产运行,发挥多气源以及与其他资源之间的南北调配和互保互供作用;充分利用南、北方地区冬、夏季调峰差异,使得资源流向市场范围更广、竞争力更强的区域,进一步开拓鲁南、苏北、江南等地区市场,确保中国东部沿海经济发达地区的能源安全保障水平。

项目建设满足能源结构调整,增加了江苏省天然气供应量,提升了中国东部沿海经济发达地区能源安全保障水平;满足国家天然气主干网发展需求,形成了沿海输气通道;构建了国家中东部地区干线环状管网。

1.3.2 项目建设管理模式及建设总目标

1.3.2.1 项目建设管理模式

"十三五"期间,中国石化天然气基础设施建设规模宏大,项目类型复杂,投资巨大。天然气分公司作为建设管理单位,不断探索研究适合不同类型项目的建设管理模式,LNG 接收站项目、储气库项目全面推广 EPC、EPC 联合体管理模式,长输管线项目在新疆煤制气外输管道潜江—韶关段试点开展 EPC 管理实验,积累了丰富经验,取得了良好效果。青宁管道项目首次全线推行 EPC 联合体管理模式,希望打造中国石化天然气长输管道 EPC 管理样板,通过组织参建各方在建设实践中不断攻坚克难,不断总结有效经验,从而推动项目顺利实施,提高项目建设管理水平。推行 EPC 联合体管理模式的意义主要体现在以下几个方面:

(1)推行 EPC 联合体管理模式是依法合规推进工程建设的需要

青宁输气管道工程采用"业主＋监理＋EPC"的工程建设管理模式(图 1-11),全面负责青宁输气管道工程项目的筹备、建设、生产准备、试运投产等工作,接受中国石油化工股份有限公司效能监察、审计和质量监督等有关部门的监督检查。

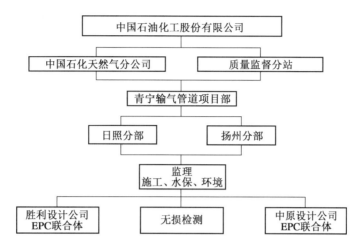

图 1-11　"业主＋监理＋EPC"的工程建设管理模式

工程建设中严格执行《中华人民共和国建筑法》(简称《建筑法》)、《中华人民共和国合同法》(简称《合同法》)、《中华人民共和国招标投标法》(简称《招标投标法》)等有关法律、法规,贯彻国家《建设工程质量管理条例》《建设工程勘察设计管理条例》和《中华人民共和国工程建设标准强制性条文》以及《关于特大安全事故行政责任追究的规定》。工程建设严格执行项目法人责任制、招投标制、工程监理制、合同管理制,所有工程实行质量监督和第三方无损检测。在中石化及天然气分公司统一指导下,对所有工程进行招标,择优选择有能力的 EPC 联合体进行设计采购施工,择优选择具有丰富管道建设监理经验的监理公司对工程进行全过程监理;由中石化质量监督站对管线建设进行全过程质量监督,确保各参建单位质量体系有效运行,确保管线工程质量始终处于受控状态。

(2) 推行 EPC 联合体管理模式是高效管理工程项目的需要

EPC 联合体充分利用自身的管理、技术、资金等一体化优势,实现项目集约化管理,可以减少中间环节,减少协调界面,可以节省业主方项目管理资源,可以较少的专业人员实现大型项目的高效管理,有利于加快项目建设进度,有利于项目尽早投产见效。

(3) 推行 EPC 联合体管理模式是培养优质工程建设队伍的需要

EPC 工程总承包是国际通行的建设项目组织实施方式,已在我国石油和石化等工业建设项目中得到成功应用,而中国石化长输管道建设中 EPC 模式试验段较多,全面应用得较少。2019 年中石化提出"专业化发展、市场化运作、国际化布局、一体化统筹"的总体目标,加快培养一批长输管道工程建设总承包商,鼓励工程公司强强联合,做强做大竞争资本,为"走出去"发展夯实基础,因此,青宁输气管道在中石化天然气长输管道建设中首次全线推行 EPC 联合体管理模式。

1.3.2.2 项目建设管理理念

（1）组织管理模式

中石化天然气分公司于 2018 年 11 月组建了青宁输气管道工程项目部，要求项目部建立高效的项目运行机制，构建与 EPC 联合体相适应的项目管理架构，合理划分职责权限，突出管理优势；建立健全管理制度体系，以制度的适应性确保各参建单位提升运行效率。青宁输气管道工程项目部充分利用和发挥强矩阵组织管理优势，组织编制了 60 余项管理制度，作为项目实施建设的纲领性文件，指导和监督建设单位、参建单位全过程宣贯执行。

（2）管理策略与技能

青宁输气管道工程形成了"以业主为中心，EPC 联合体为主力，监理、检测、第三方服务为支撑"的项目管理格局，重点突出业主方项目管理，将业主的 EPC 管理要求通过项目管理制度文件不折不扣地贯彻落实在项目建设的全过程中；EPC 联合体作为项目建设的主力，按照业主方提出的工程建造理念与方案，制定措施、优化设计、高效采购、精心施工；监理、检测、第三方服务等单位提供工程技术服务，确保工程质量与安全。

（3）突出业主方管理定位

青宁输气管道工程将"服务、协调、监督、考核"作为 EPC 联合体模式下的项目管理重点。突出服务理念：业主方立足工程建设总体目标，确立了真正为各参建单位解决问题的理念，在外部环境塑造与协调、争取政府支持、物资采购计划、资金计划与拨付等方面做好保障；突出协调职能，建立健全协调机制，利用每日晨例会、每周监理例会、每月工程例会"三会"制度，相对固定参会人员范围和会议主要内容，将问题分层次解决在日常；狠抓监督，确保各项管理制度、制定的计划、第三方服务职能发挥落到实处；严格考核，结合集团公司、天然气分公司有关承包商考核管理规定，制定考核内容详细、考核项目具体、考核手段可行的承包商考核办法。

1.3.2.3 建设总目标

打造"绿色工程、创新工程、高效工程、示范工程、和谐工程"。

（1）工期目标

2019 年 4 月 30 日，工程开工；

2020 年 8 月 30 日，工程中交；

2020 年 10 月 30 日，全线达到投用条件；

2021 年 12 月 30 日，竣工验收。

（2）质量控制目标

设计质量合格率 100％，采购质量合格率 100％，检测准确率 100％，焊接一次合格率 96％以上，单位工程质量验收合格率 100％，竣工资料准确率 100％，投产试运一次成功。无一般及以上质量事故，创中国石化优质工程奖，争创国家优质工程。

（3）HSE 控制目标

追求最大限度地不发生事故、不损害人身健康、不破坏环境,创国际一流建设项目 HSE 业绩。

健康（H）目标：无辐射、无有毒有害气体损害人身健康;无疾病流传、无职业病发生。

安全（S）目标：最大限度地追求"无违章、无隐患、无事故"的安全生产目标;因工死亡事故为零,无上报集团公司事故发生;损失工时率小于 0.1,可记录伤害率小于 0.5。

公共安全（S）目标：无公共安全事故发生。

环境（E）目标：最大限度地保护生态环境,因施工造成的环境事件为零。严格落实环评提出的各项环保措施,固体废物妥善处理处置率 100%,外排废水达标率 100%,建设项目环保管理合规率 100%。

（4）投资控制管理目标

工程投资控制在批复的基础设计工程建设总概算之内。

（5）合同控制目标

合同签约率 100%,合同审核率 100%,合同履约率 100%。

（6）廉洁建设目标

全面落实"两个责任",建设廉洁工程、阳光工程。

1.3.3　工程项目主要内容

1.3.3.1　输气线路

2019 年 3 月,中石化批复《青宁输气管道工程基础设计》。青宁输气管道工程起点为中石化青岛 LNG 接收站,终点为国家管网川气东送南京输气站。线路全长 531 km,管道设计压力 10 MPa,管径 1 016 mm,设计年输气量 72 亿 m^3。工程地处经济发达的苏鲁地区,属于黄淮平原,途经山东省青岛市、日照市、临沂市,江苏省连云港市、宿迁市、淮安市和扬州市等 2 个省、7 个地市、18 个县区,经过的主要市（区）（县）有青岛市（黄岛区）、日照市（山海天旅游度假区、东港区、日照经济技术开发区、岚山区）、临沂市（临港区）、连云港市（赣榆区、海州区、东海县）、宿迁市（沭阳县）、淮安市（涟水县、淮阴区、淮安经济技术开发区、淮安区）、扬州市（宝应县、高邮市、邗江区、仪征市）等。线路宏观走向见图 1-12 所示。

全线新建输气站场 11 座,输气管道首站 1 座（由山东 LNG 接收站建设）,分输站 7 座（泊里站与山东 LNG 泊里分输清管站合建）,分输清管站 3 座,末站 1 座。分别是泊里分输站、日照分输站、赣榆分输清管站、赣榆分输站、连云港分输站、宿迁分输清管站、淮安分输站、宝应分输清管站、高邮分输站、扬州分输站和南京末站。

全线设置截断阀室 22 座,均为监控阀室。

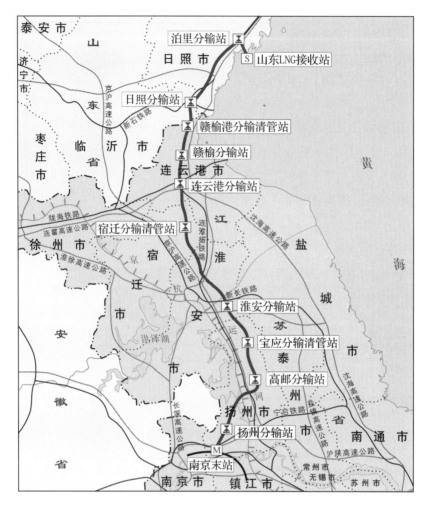

图 1-12　青宁输气管道线路宏观走向图

1.3.3.2　河流、铁路、公路及水域穿越

输气管道定向钻穿越 140 处(其中高邮湖定向钻 7 连穿 8.2 km 为本项目主要控制性工程),顶管穿越公路(高速公路、国道、省道、县道)258 处(其中沪陕高速 G40 顶管631 m),大开挖穿越公路 217 处,穿越铁路 17 处。管道沿线主要铁路有新石铁路、坪岚铁路、陇海铁路、新长铁路、宁启铁路等,主要公路有沈海高速、日东高速、连霍高速、宁连高速、沪陕高速、盐徐高速、扬溧高速、宁通高速、G327 国道、G328 国道及多条省道。管道与铁路基本为交叉通过。与管道平行的公路主要有沈海高速公路、京沪高速公路、国道以及多条省道和城市道路。管道沿线穿越的大中型河流有京杭大运河、苏北灌溉总渠等。穿越的其他主要河流还有绣针河、淮沭新河、新沭河、新沂河等。水源主要来自大气降水和河川上游径流。

1.3.3.3　配套工程

（1）管道防腐

输气管线外防腐采用三层 PE 复合结构，并对管道采取强制电流为主、牺牲阳极为辅的阴极保护措施。

（2）自动控制

线路、站场采用以计算机为核心的 SCADA 系统，实现对全线管道输送过程的监控、调度管理及优化运行。控制系统分三级控制方式：就地手动控制、站控室集中控制和控制中心远程控制。各站紧急关断系统、可燃气体检测系统独立设置，报警信号进入 SCADA 系统进行报警显示，天然气交接（贸易）计量采用超声波流量计。

（3）通信

主干线管道同沟敷设 36 芯光缆，主要为输气管道的 SCADA 系统、生产调度系统和管道巡线、抢修提供迅速、安全、可靠的通信保障和服务。

1.3.3.4　管道联通

（1）青宁输气管道在山东境内与山东 LNG 外输管道相连，在江苏境内与川气东送管道南京支线联通，与山东管网、天津 LNG 外输管道、鄂安沧管道一期、新气管道二期、川气东送管道形成中东部地区干线环状管网，实现多气源联通的供气格局。

（2）青宁输气管道在江苏省连云港市与江苏华电规划建设的华电赣榆 LNG 项目外输管道联通，并为其代输资源，以满足华电在江苏省新建燃气电厂的天然气供应和已建燃气电厂的资源补充。

（3）青宁输气管道工程考虑与江苏省沿海输气管道联通，同时考虑与中石油冀宁联络线、中俄东线联通，提高了中石化和中石油两大公司"互供互保"的能力。

1.3.4　工程建设标段划分及 EPC 承包商职责

1.3.4.1　工程建设标段划分

根据工程建设总体工作量，结合管线路径所在地区各承包商的技术能力，本着减少不必要的交叉管理和交叉作业，便于对外协调和施工管理的原则，工程建设划分为 2 个 EPC 总承包标段、6 个无损检测标段和 3 个工程监理标段，依法依规组织全面公开招标。

中石化石油工程建设公司所属的中原石油工程设计有限公司、石油工程设计有限公司分别作为联合体牵头单位，与 6 家施工单位组成两个投标主体，中标 2 个 EPC 总承包标段，明确中原石油工程设计有限公司负责整体项目详细设计及采办拿总工作。各标段完成项目基础设计批复内工作内容，包括但不限于以下工作：

（1）标段内的详细设计工作（含穿跨越、水土保持等专项设计）、竣工图编制、设计成果数字化移交等工作。

（2）除建设单位提前采购物资外的全部物资采购，包括可直接执行框架协议物资、一般物资、零星物资的采购工作。

（3）中转站的建设、物资仓储、物流管理、阀门试压站的建设及管理、组织阀门及绝缘接头等物资的试压及投产前所有阀门的维护保养等。

（4）标段内的线路工程施工、站场阀室工程施工、穿越工程施工、光缆敷设、水土保持、管道杂散电流干扰模拟、阴极保护、三桩制作与安装及试压吹扫、管段初步干燥等工作，完成设备调试、中间交接，配合投产试运、工程交工、专项验收、竣工验收、项目文件归档等全过程服务，开展数字化管道的现场数据采集和录入并配合交付工作。同时负责林地使用等手续、临时用地复垦方案编审、永久性征地等手续办理；地表附着物清点、补偿谈判、临时及永久性征地、"三穿"手续办理等地方关系协调工作。

1.3.4.2 EPC 承包商职责

（1）负责项目详细设计全过程的组织、协调管理和控制工作；对项目的设计工作质量及进度负责。

（2）负责工程项目的设计文件及设计过程中有关文件和资料的建档立卷工作。

（3）负责乙供物资采购全过程的组织、协调、管理和控制工作，对采购的质量、进度、费用负责。

（4）严格按照物资采购程序要求进行合格供货商的选择，确保所采购的物资满足技术文件的要求。

（5）负责物资采购竣工验收资料的编制、管理、归档工作。

（6）负责物资核销和剩余物资的回收工作。

（7）负责现场施工计划、质量、施工技术、外协等的综合管理和协调。

（8）组织编制 EPC 项目部项目质量手册、程序文件、质量计划及项目质量检验计划，建立和实施质量管理体系。

（9）负责对项目的设计、采购、施工质量进行控制，指导并监督质量管理体系的有效运行。

（10）负责整个项目的进度控制、项目费用及变更费用控制及项目的合同、财务管理等工作。

（11）组织竣工资料收集、整理、立卷、组卷、移交，组织各施工承包商交工手续办理。

1.3.5 工程特点和难点

青宁输气管道工程建设阶段的主要工作内容包括管道的设计、采办、施工、外部协调及项目管理，管道的长距离、多行政区域、地形多变、穿跨越多等决定了其独有的特点和难点，下面是其具体内容。

（1）设计方面

① 线路工程点多、线长、面广，设计合规性面临挑战

青宁输气管道工程线路全长 531 km，管道途经山东和江苏 2 个省、7 个地市、18 个县区，新建输气站场 11 座，沿线经济较为发达。设计的合规性在遵循国家法律法规、国家和行业现行标准规范的基础上，还应响应管道工程沿线地方政府规划及国土、安全、环保、交通等主管部门的意见和要求。

② 高压管道长距离输送天然气，设计本质安全与环保面临挑战

青宁输气管道输送介质为天然气（危险品），设计压力 10 MPa，管径 1 016 mm，设计年输送天然气量 72 亿 m³，沿线经济发达，人口密度大，安全和环保敏感点众多。为规避可能发生的各种 HSE 风险，确保建成后的输气管道安全、平稳运行，设计除应严格遵守相关部门批准的建设项目安全条件审查或安全评价、环境影响评价、职业病危害预评价、地震安全性评估、地质灾害危险性评估、压覆矿产资源评估、水土保持方案书、节能评估、社会风险分析等审查及批复（备案）文件的要求外，还应按照工程建设管理制度及中石化相关要求，开展青宁输气管道 HAZOP 分析及 SIL 评估，并采取相应的设计措施，以确保设计的本质安全，执行严格的环境保护要求。

③ 管道沿线穿跨越众多，设计合理性面临挑战

青宁输气管道沿线水网密布且相互连通，水系发达，管道穿越河流众多，河流沿线环境保护要求高；管道沿线经济较为发达，铁路、高速公路、等级公路密布。设计需根据国内穿跨越技术现状，结合管道沿线穿跨越相关工程地质、气象、环境和水文等基础资料，开展穿跨越专题分析与研究，使穿跨越设计更加合理、更具可实施性。

④ 管线站场采用新运营模式，设计智能化面临挑战

根据青宁输气管道站场"有人值守、无人操作"新的运营模式，在智能化设计方面，应将自动控制系统与通信网络系统集成化，实现生产数据采集和传输的实时性和可靠性，同时在调控中心搭建青宁输气管道站场信息化和智能化运营平台，实现管线站场智能化操作，满足管线站场新的运营模式。

⑤ 管道实行全生命周期管理与服务，设计数字化面临挑战

鉴于青宁输气管道工程全生命周期的服务理念，设计在采用管道建设最新成果、推广新技术新材料、推行天然气公司标准化设计、全面采用三维数字化设计与交付的基础上，还应与采购、施工、运维紧密结合，构建工程建设全过程和运维数字孪生体，以满足青宁输气管道工程全生命周期服务的要求。

⑥ 腐蚀防护要求高，阴极保护智能化设计面临挑战

管道阴极保护系统的智能化与自动化，对管道的储运管理和日常运行维护有着积极的影响，提高了企业对管道管理的效率。比起传统的人工巡线的方式，大大降低了人员劳动

强度,避免人工巡线因检测不及时和上传数据不及时或人为检测误差而影响阴极保护系统正常运行情况的发生。

（2）采办采购方面

① 采购工作量巨大,大宗物资保供困难

青宁输气管道项目物资采购包括 531 km 主管材、工艺阀门等所有物资。两个 EPC 总承包标段的 6 个施工区段同步施工,点多、面广、线长,管材等大宗物资采购、生产、运输工作对于项目保供工作是很大的挑战;尤其是在新冠肺炎疫情防控、环保要求的压力条件下,各钢板生产厂、钢管厂、防腐厂等不能正常运行,极大地增加了按时供应的难度。同时项目还承担一定的去库存任务,需要调查落实以往工程的余料种类、数量、质量数据,明确各类物资的复检要求,做好工程余料的质量管控工作,提前考虑预留一定的采购额度以消化使用工程余料,从而加大了项目采办实施和管理工作的复杂程度。

② 统筹协调整个项目物资招标工作

根据中石化物资管理制度的要求,项目所需站控系统、通信安防系统等全线系统性物资以及旋风分离器、过滤分离器、电气设备等重要物资,必须进行公开招标。为保证项目后期整体运行功能可靠,两个 EPC 总承包标段必须由项目拿总单位统一同类物资的技术规格书;统一组织整个项目的系统性物资、需框架协议采购物资的招标工作,确定统一的供应商及采购价格,其他 EPC 总承包单位直接执行框架协议。

③ 物资数据的标准化管理

青宁输气管道工程参建单位众多,数据信息管理方面的工作任务繁重,为保证数据统计的准确性和及时性,切实提升项目物资采购数据管理水平,运行过程中采用统一报表格式,实现数据统计的标准化,实现主要数据类报表的自动汇总更新。

④ 打造廉洁阳光工程

廉洁阳光是物资采购工作的基本要求,公开招标是廉洁阳光工程的保证。中石化物资装备部大力推行各类信息化平台,为物资采购实现公开招标提供了坚实基础和有力支持,公开招标的理念深入各级监管部门和各参建单位,促进青宁项目的物资采购应招尽招、能招尽招。

（3）施工方面

① 控制性工程高邮湖穿越施工组织难度大

高邮湖穿越共计包含 7 条连续的定向钻穿越,定向钻总长 7 750 m,顺气流方向分别是京杭运河＋深泓河、庄台河、二桥河＋小港子河＋大管滩河、王港河、夹沟河、杨庄河、淮河入江水道西大堤定向钻工程。根据岩土工程勘察报告分析,穿越地层为粉质黏土,碱性较大,环湖地域透水严重,极易因钻具下沉发生抱钻及产生塌孔风险,地层变化多,忽软忽硬,软的淤泥层导致钻头包裹打滑;硬的土质中夹杂砂浆石,加大了钻机需要的扭矩,给定向钻施工带来极大难度。

施工组织设计困难主要表现为：一是理论作业时间短，施工窗口期受限；二是材料机具倒运难，水上运输风险高；三是湖道岔道纵横多，施工场地空间小；四是干旱导致水位浅，运输船舶通行难。

② 铁路穿越协调组织难度大

青宁输气管道全线涉及穿越铁路共计 17 处，分别为：青莲铁路 5 处，瓦日铁路 1 处，路南高铁 1 处，青岛地铁 1 处，兖石铁路 1 处，坪岚铁路 1 处，陇海铁路 1 处，连徐高铁 1 处，连淮扬镇高铁 2 处，徐盐高铁 1 处，新长铁路 1 处，宁启铁路 1 处。主要难点一是手续办理烦琐，协调周期长；二是铁路行业施工差异，生产管控难。

③ 水域施工难度大

青宁输气管道江苏区段地貌多为水稻田、连片鱼塘、蟹塘、池塘、藕塘。施工设备进退场难，抽排水、清淤工作量大，施工较为不便，严重制约工程进度。

④ 征地协调难度大，施工周期紧

江苏段管道通过区域水系发达、水网密集，仅防洪评价涉及河流达 250 余条，灌溉渠、养殖塘数量庞大，在通过权谈判、进场施工、超占地控制等方面均会严重影响协调工作的推进。

⑤ 作业环境湿度大，质量控制难

管道沿线地处水网密集地带，地下水位高，环境湿度大，焊接质量控制难度较大，容易产生气孔等质量缺陷，严重影响工程进度。

⑥ 管沟承载力不足，安全风险高

在开挖管沟过程中容易造成管沟大面积回淤，无法成型，无法达到设计的管道埋深要求，且具有管沟塌方的风险。

⑦ 新工艺、新材料的应用缺乏经验

定向钻穿越采用主管线与海缆同孔回拖新工艺，在中石化高压大口径长输管线施工中尚属首次，在工艺设计、工具制造及施工控制等方面缺乏经验。

2 青宁输气管道工程 EPC 联合体管理模式

EPC 工程总承包是国际通行的工程建设项目组织实施方式,其核心内容是指工程总承包企业按照合同约定,承担工程项目的设计、采购、施工、试运行服务等工作,并对承包工程的进度、费用、合同、质量、安全全面负责。

2.1 EPC 模式的概念和发展

2.1.1 EPC 模式

EPC 总承包模式起源于 20 世纪 60 年代的美国。当时,工程建设普遍采用的传统方法是设计一招标一施工管理模式。但对于工艺技术复杂、实施难度较高的大型工程项目,项目投资者对项目建设的工期、质量和成本控制提出了更为严格的要求,这种传统的渐进式分段组织方式已无法满足复杂、大型工程项目的建设要求。在此背景下,EPC 模式应运而生。

EPC 模式通过单一承包方对整个工程项目实行整体构思、全面策划和协调运行,这种前后紧密衔接的系统化管理模式有效解决了上述分段组织出现的问题。EPC 模式在 20 世纪 70 年代得到快速发展,80 年代逐步成型,90 年代已成为国际工程承包的主流模式。1999 年,国际咨询工程师联合会发布了专门用于该模式的合同范本。

我国工程建设 EPC 总承包模式始于 20 世纪 80 年代,从化工、石化行业兴起,逐步推广到冶金、电力、铁道、石油天然气、建材等行业,在房屋建筑行业的应用也在不断增加。2003 年,原国家建设部发布了建市〔2003〕30 号文《关于培育发展工程总承包和工程项目管理企业的指导意见》,建议大力培育专业化的工程总承包和工程项目管理企业,以深化我国工程建设项目组织实施方式的改革,提高工程建设管理水平,保证工程质量和投资效益,规范建筑市场秩序。按照这一意见的要求,国内勘察、设计、施工、监理企业通过重组、兼并及组成联合体的形式,组建了一大批各行业具有较强实力的工程总承包企业,为我国企业尽快适应加入世界贸易组织后的新形势、提高市场竞争力起到了很大的推动作用。2016 年以来,中共中央、国务院及住建部等部门不断出台政策性文件,积极推进房屋建筑和市政项目工程总承包。2020 年 8 月,住房和城乡建设部、教育部、科技部等联合印发《关于加快新型建筑工业化发展的若干意见》,意见明确指出要大力推行工程总承包。

政策的支持使得国内 EPC 业务板块不断扩张,为了在 EPC 工程总承包市场竞争中占据优势地位,很多工程技术企业都在积极的转型升级,企业内外部资源整合力度更加地频繁。施工单位和设计单位向上下游延伸产业链、签订战略合作协议,大型集团企业通过深度整合内部资源竞标工程总承包项目等。

项目建设和管理理念的改变在很大程度上推动了工程建设行业的进步。随着国内外工程建设行业越来越重视集成管理和统筹管理,传统的"五方责任主体"体系和"碎片化"项目运营模式面临着深化的变革。为了使工程建设项目获得更全面、更精细化和更高效的服务,工程建设项目管理逐渐趋向于全过程一体化管理,EPC 工程总承包模式应用越来越广泛。

2.1.2 EPC 联合体模式

(1) EPC 联合体的概念

工程建设联合体的说法最早出现于工程建设项目的招投标环节。由于大型复杂的工程建设项目,对资金和技术要求比较高,仅靠一家投标人的实力不足以承担,因此鼓励一家企业牵头,联合几家企业共同投标承担项目,互相取长补短,从而形成了联合体的概念。

《中华人民共和国招标投标法》第三十一条中对联合体的规定为:"两个以上法人或者其他组织可以组成一个联合体,以一个投标人的身份共同投标。联合体各方均应当具备承担招标项目的相应能力。"

我国《建设项目工程总承包合同示范文本》第二部分通用条款对联合体的定义和解释为:"联合体是指经发包人同意由两个或两个以上法人或者其他组织组成的,作为工程总承包的临时机构。联合体各方向发包人承担连带责任,联合体各方应指定其中一方作为牵头人。"

从相关法规和规定中可以看出,EPC 联合体不具备独立法人资格,它只是临时组建的运作机构。当工程建设项目完成时,项目联合体随之解散。联合体对外为一个整体,各成员在法定责任层面均需要取得相应资质,并具备承担建设项目的相应能力,共同完成工程总承包合同约定的相关工作,并承担连带责任。联合体内部各成员在联合体协议的约定下各自负责各自的分工内容,并承担相应的责任。

(2) EPC 联合体模式的发展趋势

随着新时代大型工程建设项目越来越多,项目的复杂程度也越来越高。随着新技术、新工艺、新材料的广泛应用,项目建设对专业化技术的要求也越来越高。虽然部分企业已经转型升级为设计、采购、施工的一体化工程公司,但是大多数设计企业和施工企业所开展的业务仍然相对专一,既能跨领域跨行业开展工程建设又能完全符合综合能力要求的并不多。即便一家企业的力量可以满足业主单位和项目实际要求,但其所承担的各方面风险也过大。因此,两家或多家企业组成联合体模式,通过强强联合、优势互补、利益共享、风险共担承接大型、复杂性工程已成为发展趋势。

实践表明,大多数业主更加认同由专业的人做专业的事,也就是具有相应设计资质的企业做设计,具有相应施工资质的企业做施工,因此非常愿意接受设计和施工两家企业组成联合体,以一个总承包身份进行联合投标。

2020 年 3 月,住房和城乡建设部、国家发展改革委出台新办法明确支持联合体承接 EPC 项目:设计院和施工单位组成联合体的,应当根据项目的特点和复杂程度,合理确定牵头单位,并在联合体协议中明确成员单位的责任和权利,联合体成员应当共同与建设单位签订工程总承包合同,承担连带责任。这样既降低了建设单位的风险,也有助于降低工程造价、加快工程进度、保证工程质量。由联合体承担设计和施工工作时,联合体内部各方利益一致,一定程度上可以避免总分包模式下过度设计问题,促进设计、采购、施工一体化协同融合。

(3) 设计方牵头的 EPC 联合体模式分析

根据牵头单位的不同,目前主要有设计方牵头和施工方牵头两种 EPC 联合体模式。对于大型工程项目,将设计方作为联合体的牵头人,能最大限度地展现设计的主导作用,最大限度地落实工程建设确定的目标,最大限度地体现工程建设设计理念和设计思路,并提高优化设计的主动性,是现阶段国家大力推行的联合体模式。设计方牵头的 EPC 联合体主要有以下优点:

① 有利于落实建设目标、设计理念与设计思路

在工程建设项目前期咨询与设计阶段,设计方与建设单位进行了充分沟通,通过技术经济分析与论证,明确了工程建设项目的各项目标、设计理念与设计思路,有利于将这些目标、理念和思路始终贯穿于工程建设的各个阶段。

② 有利于设计、采办和施工融合统一

设计、采办和施工在一个联合体内进行,能有效解决以往设计、施工分立导致的相互制约、相互脱节、利益纠葛等矛盾,可有效避免设备采购和施工环节由于不完全理解设计意图造成误解和错误等问题。

③ 有利于控制工程建设造价

设计主导的联合体模式使设计单位能够有效控制建设工程项目投资。设计单位主导着工程建设的技术方案,通过技术方案的优化可以有效降低工程投资,并使工艺流程、工艺布局、物料流程更趋合理,项目运行更加经济,从而实现节能降耗可持续发展的目的。同

时,通过对各专业投资的分解和工程预算的介入,设计方全面掌握工程造价、设备和材料数量、价格等基础数据,便于优化采购策略,优化施工组织设计和施工专项方案,降低采购与施工成本。

④ 有利于工程设计水平提升

EPC 联合体模式下,设计单位参与项目管理和施工管理全过程,对施工中的技术要求理解更加清楚,同时可以将以往的经验教训运用到后续工程中实现持续改进,不断提升工程设计水平。

设计方牵头的 EPC 联合体模式是市场发展的趋势和实践选择。在 EPC 联合体模式下,设计企业具有很大的上游技术优势,对项目实施方式的选择具有得天独厚的条件,对业主意图的了解更加清楚,对工程功能的要求更加清晰,在工程实施过程中更有发言权和建议权。此外,由设计方牵头对设计方案的先进性、科学合理性、可施工性、项目总投资、总工期、工艺流程等进行评审和论证会更加方便、更便于操作。

2.2 青宁输气管道 EPC 联合体模式的组织保障和管理目标

2.2.1 组织保障

设计方牵头的联合体的运作模式目前正处于发展完善阶段,在实际运行过程中也面临诸多条件制约和管理难点。联合体对外是以一个身份承担项目,但对内归根到底来说还是两家或多家企业合并组成,受企业文化不同、业务类型不同、人员素质不同、处事风格不同多重因素影响,这样组成的联合体并不具备高的契合度;施工方对于设计单位牵头的配合力度也不是十分理想,经常出现施工方脱离设计主导、自行其是、职责不清、互相推诿等局面。针对这些管理难点,迫切需要对以往项目存在的问题进行总结分析,为联合体运行管理构建切实可行的环境和体制机制。本次青宁输气管道工程 EPC 总承包项目的成功运作,为设计方牵头的 EPC 联合体模式提供了实践范例和经验。

通过对国内外 EPC 总承包成功经验的分析总结,组织保障有力、专业化分工与合作界面清晰、管理架构与管理模式相近、企业文化相似等是组建 ECP 联合体的关键要素。中石化石油工程建设有限公司(以下简称石工建)是由三家设计单位,多家油建、建工施工单位组成的专业化石油工程建设公司。本工程总承包由石工建所属的设计与施工单位共同组建 EPC 联合体,充分发挥了石工建"一体化、专业化"优势,为 EPC 联合体高效运行提供了保障,具体体现在:

(1)高层协调统一,组织保障有力

石工建从高层为青宁输气管道 EPC 项目设立了领导小组和协调小组,为项目实施过程中的管理和技术提供支持。协调组常驻项目现场,及时协调项目实施过程中各联合体成员之间的问题。

(2)专业化分工明确,合作界面清晰

通过采取签订联合体协议的方式,构建清晰的分工及合作界面,有效规避项目运行过程中推诿、扯皮现象。充分发挥联合体各单位在工程建设中的优势和特长,确保项目的高效运行。

(3)管理架构精简,管理模式高效

建立精简高效的项目管理组织机构,由设计单位牵头与各联合体成员共同组建 EPC 联合体项目部,统筹协调和管理项目的实施。设计单位组建项目设计、采办团队,负责详细勘察、设计工作,其他各联合体成员单位组建施工项目部,负责各自区域的施工工作。

EPC 联合体项目部统一制定项目管理体系文件,确保各联合体成员单位在本项目管理中制度化、规范化、程序化。

(4)打造"五个工程",创新企业文化

全面打造"五个工程"(围绕统筹计划和节点工期打造"正点工程",围绕技术质量打造"精品工程",围绕现场监督打造"安全工程",围绕合作共赢打造"和谐工程",围绕廉洁示范打造"阳光工程"),把工程建设成"中石化优质工程",争创"国家优质工程"。

2.2.2 实现的管理目标

设计方牵头的青宁输气管道工程 EPC 联合体模式成功运行,主要实现了下面三个目标。

(1)发挥融合管理优势,实现业主利益最大化

① 深度融合,打造命运共同体

组建设计方牵头的 EPC 联合体,突破传统的 E+P+C 的管理理念,在充分发挥 E、P、C 各自优势的同时,发挥了 E、P、C 深度交叉、深度融合的一体化优势。EPC 联合体对所承包的设计、采办、施工、HSE、质量、进度、费用及合同执行等全过程负责,进一步降低了总承包实施风险。从联合体成员单位来看,设计和施工单位风险共担、利益共享,充分发挥各自在设计、采购、施工、外协等环节的优势,围绕 EPC 项目、围绕业主单位,形成了一个利益共同体。在项目实施的不同阶段,进行 EP、EC、PC 交叉融合管理,EPC 联合体成员之间联动协调运作,实现了项目的成本、进度、质量和安全管理目标。

② 科学策划,实现业主利益最大化

EPC 联合体模式充分发挥统筹规划作用,明确权责,协调关系,优化组织架构,形成团队合力。在联合体成员中,设计单位发挥科研技术优势,优化工艺流程、降低工程投资。设计、采办、施工深入融合、无缝衔接,缩短了工程建设周期。定向钻穿越、地方关系等重点难点环节提前预判、科学策划、有序实施,实现全面突破。充分发挥联合体统筹协调和第三方

监管优势,有效提升安全质量管理水平。从整体上看,EPC联合体模式实现了业主单位花最少的钱、用最短的时间、建最好的工程的目标。

(2)提升项目质量水平,实现降本增效

① 扬长避短,提升项目管理水平

由业主单位牵头,联合体成员和监理单位共同组建安全联管会,形成了目标一致、沟通顺畅、配合默契、信息共享、职责明确、监管全面的共同体。同时,在EPC联合体模式下保持联合体成员单位的相对独立性,可有效避免传统模式下的过度设计,设计、采办、施工脱节,以及质量安全监管不到位、参建方沟通协调不畅、权责不清等问题,克服弱项,发挥特长,扬长避短,提升了项目管控的质量和水平。

② 有效管控,降低项目管理成本。

EPC联合体提供工程建设期设计、采购、施工一条龙服务,因此业主只需招标总承包商,不用再招专业分包商,减少了在招标、合同谈判以及实施中管理协调等方面的工作量,降低了交易成本。同时,减少了业主项目管理人员数量,降低了管理费用,让业主从烦琐的项目管理中解脱出来,将更多的时间和精力投入项目总体方案策划、总体统筹协调、项目报建和行政许可办理、生产准备和项目产品营销等重要工作,真正做到"让专业的人员干专业的事"。业主单位充分利用联合体优势,克服专业管理人员力量不足,对项目进行集约、专业、信息化管理,依托牵头单位和联合体项目部对整个项目实施全程、有效管控,同时依托监理、第三方安全管理单位对整个工程的安全和质量实行矩阵式、交叉监管,实现了项目有序、高效、专业化管理。

(3)提升技术水平,打造精品工程

① 优势互补,有效发挥专业特长

设计方牵头的EPC联合体从项目采办和施工的角度对设计方案的先进性、科学合理性、可施工性、项目总投资、总工期、工艺流程等进行充分论证,有助于提高项目建设管理的质量和安全水平。施工单位现场经验丰富,对现场重点、难点情况比较了解,能够为设计提供合理化建议,从而优化设计,有效降低施工难度和施工成本。同时,施工单位充分运用现场管理专业优势和经验,积极采用新工艺、新技术和新设备,优化施工流程,有效提升了项目建设质量和管控水平。

② 科技创新,提升工程技术水平

联合体各成员单位充分利用自身专业优势,加大科研投入,组织专业团队针对工程难点开展技术攻关,形成了系列化科技成果。管理团队成功采用EPC联合体模式实行高效管理,并研发了多平台联动数字化质量监督管理技术、端口前移集中招标采办管理等技术,提升了项目管理水平。设计单位通过技术攻关,采用机载激光雷达航测技术优化了管道路由;研发了反输清管、反输发球等技术对站场工艺进行优化,满足了未来互联互通的技术要求;采用全专业协同数字化设计技术、数字化交付与智能化管道建设等技术,提高了设计水平和质量。施工单位研发了软土地段连续定向钻穿越技术,实现了高邮湖连续定向钻 7 次穿越;开发了大口径长距离顶管穿越施工技术,最长穿越距离达到了 631 m。

2.3 青宁输气管道 EPC 联合体组织机构

2.3.1 组织机构及职责

2.3.1.1 EPC 联合体组织机构

EPC 联合体项目部由牵头的设计单位和施工单位共同派人组成,负责项目整体管理,即建立管理体系、统筹目标管理、对内协调督促和对外与业主沟通,对整个项目实施负总责;联合体内部通过签订联合体协议的方式划分工作界面、责任界面和采购界面,充分发挥各家单位在工程建设中的优势和特长。

EPC 联合体项目部机构设置分为项目部领导层、管理部门和项目分部三个层级,由联合体各方共同组成。青宁输气管道工程二标段 EPC 联合体组织机构如图 2-1 所示。

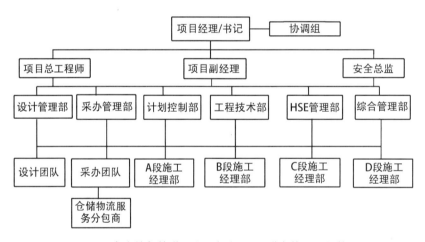

图 2-1 青宁输气管道工程二标段 EPC 联合体组织机构图

2.3.1.2 EPC 联合体项目部部门职责

(1) EPC 联合体项目部职责

① 严格按照国家法律法规及合同的相关要求对项目统筹管理。

② 全面负责项目的实施管理工作;负责项目的成本、质量、进度、合同和 HSE 工作。

③ 负责与中石化天然气分公司主管部门、建设单位管理团队、石工建相关管理部门及其他相关方的联络工作,履行合同、协议约定的各项义务。

④ 按照项目建设的总体目标编制工程建设实施计划,负责制定项目部各项工作管理办

法和规章制度。

⑤ 组织召开工程协调会,协调监督各部门的工作。

(2) EPC 联合体项目部组成及岗位职责

EPC 联合体项目部领导班子设项目经理 1 人、党支部书记 1 人,总工程师 1 人、安全总监 1 人,副经理 5 人。项目部下设设计管理部、采办管理部、工程技术部、计划控制部、HSE 管理部、综合管理部等 6 个职能部门。各职能部门在项目部领导班子领导下开展工作。

① 项目经理

根据联合体各方法定代表人的授权,代表联合体履行 EPC 合同规定的权利和义务,对整个项目实施总负责。

贯彻执行党和国家的法律、法规、方针政策和强制性标准,执行上级主管部门和单位的有关管理制度。

负责组建项目管理机构,确定人员,分配各职能部门的职责和权限。

负责组织建立完善的 EPC 项目运行管理体系,组织制定与内部业务管理流程相适应的管理办法和规章制度,确保项目部各项管理工作有序开展。

建立与业主、监理、分包单位以及公司内、外各协作部门和单位的协调关系,为项目实施创造良好的合作环境。

对项目实行全过程管理,确保项目目标的实现。

项目结束时,对项目部人员提出考评意见。

② 党支部书记

按照党章的有关规定和公司党委的工作部署与要求,结合实际开展工作。

负责组织召开支部会议、党员领导干部民主生活会、思想政治工作会议、理论学习会及其他专题会议,学习贯彻、落实党的路线、方针、政策,传达、学习上级部门的重要指示和重要会议精神,保证党的路线、方针、政策和上级党组织的部署在项目部的贯彻执行。

负责项目执行过程中党的建设、思想政治工作和精神文明建设,发挥政治核心作用,为工程的顺利实施提供坚强有力的组织保证和思想政治保证。

负责抓好工程建设过程中的党风廉政建设工作,认真贯彻落实上级有关党风廉政建设方面的制度、规定和要求,严格管理,强化监督,对发现的违规违纪问题严肃处理。

负责项目宣传、形象建设,积极宣传典型事件,树立良好的企业形象,项目完工后申报国家优质工程奖。

项目结束时,对项目部人员提出考评意见。

③ 项目总工程师兼项目副经理

协助项目经理、党支部书记工作,全面负责项目的技术、质量管理工作。

负责组织重大设计方案的评审,负责施工组织设计、专项施工方案的评审。

组织项目质量管理体系文件的编制、宣贯和实施。

负责组织重大设计变更的评审,负责组织项目重大技术问题的处理。

负责组织项目新技术、新工艺、新材料、新设备的推广和应用。

负责组织交工技术文件的提交工作。

参与项目重大问题的讨论和决策。

④ 安全总监

协助项目经理、党支部书记工作,对项目部 HSE 管理工作负主要责任。

负责贯彻执行国家、地方有关 HSE 法律、法规、方针、政策和上级有关 HSE 规章制度,抓好 HSE 责任制的落实。

负责组织项目 HSE 管理体系文件的编制、宣贯和实施。

参与施工组织设计、专项施工方案的评审。

负责组织项目部 HSE 大检查,监督施工项目部落实重大事故隐患的整改。

定期向项目部领导办公会和 HSE 管理小组汇报 HSE 工作情况,重大问题提交项目部 HSE 管理小组会议讨论。

协助项目经理组织制定并实施本单位的生产安全事故应急救援预案,及时、如实报告生产安全事故。

⑤ 项目副经理

协助项目经理和党支部书记工作,组织各分管工作的开展,并对分管的工作负责。

A. 经营副经理:分管经营、计划、费控、合同、财务、风险控制等工作。

B. 设计副经理:分管设计、文控、综合管理等工作。

C. 施工副经理:分管施工、质量管理等工作。

D. 外协副经理:分管外部协调、工农协调等工作。

E. 采购副经理:分管物资采购、仓储管理等工作。

⑥ 设计管理部

负责组织设计工作。负责设计报表的审核、组织设计交底、设计变更管理、设计现场服务、外部接口的协调;负责请购文件的编制、供货厂商图纸资料的审查和确认工作并参加技术评审和谈判;负责施工、采办过程中的技术变更管理;组织有关设计质量、进度、技术方面的协调会,协调和处理存在的问题;负责组织编制竣工图;负责本部门周报月报的编制;负责建立设计质量管理体系;负责处理设计质量事故。

⑦ 采办管理部

负责项目的采购计划编制,明确采购工作范围及采购原则、程序和方法,组织实施采购;负责供货商与设计、施工等接口问题的协调,采买过程的进度、费用控制;负责采购招投标工作和合同谈判,与合作方的沟通与联络;负责采办报表的编制及设备、材料的采买、催交、检验、运输、开箱检查、交接及仓储管理工作;组织有关采购质量、进度、技术方面的协调会,协调和处理存在的问题,制定对策和措施并实施;配合施工部进行到货接收和检验工作;负责安排供应商的现场技术服务,协助处理物资退换、索赔和争议;负责剩余物资的处置;负责物资采购资料管理;负责厂家交工资料的整理和提交。

⑧ 工程技术部

负责项目施工、质量管理工作。负责建立健全项目质量管理体系、质量管理文件的编制和宣贯;负责组织施工组织设计(方案)、工程质量检验计划的编制和审查;参与图纸会审、设计交底、施工总体交底;负责施工开工条件的审查;负责对施工过程的进度、质量的综合管理;负责对施工资源的综合管理,工农关系协调,协调和处理存在的问题,制定对策和措施并监督实施;负责施工总平面图的管理和施工变更、签证工作核实,组织施工交工技术文件的编制、提交;负责定期组织召开生产协调会;负责施工过程中与业主、监理、设计、采购等之间的协调;负责定期对施工单位进度、质量进行考核和评比。

⑨ 计划控制部

负责项目进度计划和费控工作。负责工程项目总体策划方案、管理手册和程序文件的编制;负责工程项目进度计划综合管理和协调;负责工程项目费用及进度控制、造价管理、资金回收及工程结算;负责工程项目分包和招标组织;负责工程项目合同的综合管理;负责施工变更、签证工作的最终审查及确认;负责项目内部经营管理和绩效考核;负责项目管理平台的搭建和实施。

⑩ HSE 管理部

负责项目 HSE 管理工作。负责项目 HSE 管理体系建立、运行和持续改进;负责编制HSE 工作目标、计划并监督落实;组织开展 EPC 项目部人员安全教育培训及取证;指导施工单位入场 HSE 教育培训并监督考核,组织对来访人员进行 HSE 方面的培训或安全告知;负责对施工单位及相关人员安全资质、安全资格证、安全准入的审查;组织开展项目施工危害识别和风险评估,督促落实重大危害因素的安全管理措施;负责组织制定项目应急救援预案,并组织开展应急演练活动;负责组织项目 HSE 检查;负责职业健康、环境保护、隐患排查、安全事故处理等管理;负责项目 HSE 管理委员会办公室日常工作。

⑪ 综合管理部

负责项目部党政综合管理工作。负责项目部党建、纪检工作;负责项目部日常行政管理;负责项目文控管理;负责会议的安排和记录、工作事项的通报和督办;负责工程建设重大事项和项目重大活动的宣传报道;负责项目部员工考勤、绩效考核、薪酬管理;负责公司财务管理制度的执行和实施;负责项目部财务管理日常工作;负责编制项目部的资金需求计划,配合相关部门回收和支付工程款;负责项目部党政公文档案、信息化办公和网络管理;负责项目部办公用品、办公场所管理;负责项目部车辆管理。

（3）设计和采办团队岗位职责

为确保 EPC 项目部设计和采办各项工作顺利开展，设计单位同时成立青宁输气管道工程设计项目部和采办项目部。

① 设计项目部

负责编制设计总体计划，编制设计质量保证计划；负责建立项目设计质量管理规定及奖惩考核制度；负责编制设计统一技术规定及技术方案、路线的确立；负责组织编制设计策划文件，对设计输入过程进行控制；负责执行设计质量管理体系文件情况的自检，发现问题在设计产品交付前及时进行纠正；配合公司技术质量部对设计图纸文件进行技术审查；负责编制设备或材料技术规格书、数据表和请购清单；负责与厂家的技术交流；负责技术标评审与澄清，并配合设备检验、出厂验收；负责完成设计文件、基础资料、计算书、设计变更等文件的整理和归档；负责组织施工图设计的实施、设计审查、设计技术交底、施工图纸的交付。

② 采办项目部

负责建立和完善采办管理的各项规章制度和业务规范文本，对项目采购程序、规章制度、采购计划的执行情况进行监督、检查和指导；负责根据设计部门提交的采购需求编制物资采购计划；负责供应商技术澄清、技术交流等相关协调；负责按照 EPC 项目部批复的采购计划，组织项目物资的招标及执行框架协议采购；负责组织签署技术协议及采购合同；负责物资的催交催运，组织协调第三方监造机构或其他指派人员进行物资的监造和验收；负责组织协调物资的物流运输监管，以及物资的接收、保管、检查、入库、出库；负责及时安排供货商的现场技术服务，协助处理物资退换、索赔和争议；负责协助财务定期编制资金计划和付款计划，办理付款结算手续；负责物资采办相关资料的整理归档和移交。

2.3.2 项目管理理念

（1）始终坚持以业主为中心

在 EPC 联合体运作中，始终坚持"以服务业主为中心，以 EPC 联合体为主力"的项目管理格局，重点突出业主方项目管理路径和方向。EPC 联合体作为项目建设的主力，要按照业主方提出的工程建设理念与方案，精心设计、精密实施、有效管控，确保工程的质量、安全和进度可控。在石工建层面、联合体层面都需要加强同业主单位的沟通协调，从前期可研到项目建成投产，全过程、全方位掌握业主单位的需求和意向，将业主单位的意志贯彻落实到工程建设全过程，对业主单位的意见建议积极响应，努力建设业主满意的优质工程。

（2）持续优化组织管理体系

EPC 联合体要建立与业主单位项目部相适应的管理架构，合理划分职责权限，突出管理优势;要建立健全管理制度体系,以制度的适应性确保参建单位提升运行效率。牵头单位与联合体成员抽调安全、质量、控制等专业骨干人员共同组成联合体项目部,统筹协调和管理项目的实施。牵头单位组建项目设计团队,负责勘察、设计工作,其他联合体成员单位组建施工项目部,负责各自区域的施工工作。联合体项目部统一制定项目管理体系文件,确保每个联合体成员的行为在项目管理中制度化、规范化、程序化。

(3)重点突出牵头人引领作用

EPC 联合体把高质量、高效率履约作为管理工作的核心,在管理过程中牢牢抓住 EPC 联合体牵头人这个"牛鼻子",通过牵头人协调管理 EPC 联合体内部各成员单位,最大限度地提升联合体的管理效率。同时,设计与施工权责界面清晰、分工明确,有效压实各成员单位的管理责任。此外,石工建充分发挥牵头单位的作用,通过牵头单位深度介入设计、采购和施工的协调和管理,牢牢把控项目建设过程的关键点。

(4)清晰划定工作界面和责任

联合体成员之间通过采取签订联合体协议的方式,构建清晰的分工及合作界面,有效规避项目运行过程中因工作界面、权责不清晰可能导致的推诿、扯皮现象,充分发挥联合体各单位在工程建设中的优势和特长,确保项目的高效运行。EPC 联合体牵头单位负责项目详细勘察设计、主要已供物资采购、铁路穿越、林地协调等工作;各联合体成员负责各自施工区段内的施工、部分已供物资采购、征地协调等工作。联合体成员各方承担各自工作范围内的一切工作,并对其安全、进度、质量、廉洁、稳定等负全部责任。因其中一方行为和失误造成另一方或几方损失的,由责任方承担全部责任。

(5)充分发挥联合体协同优势

EPC 联合体模式的核心管理理念就是充分利用联合体内部各方资源,变外部被动控制为内部主动控制,实现资源整合,促进设计、采购、施工深度交叉,高效发挥三者协同优势,形成互补功能,简化管理层次,提高工作效率。在保证设计、采购、施工有效融合的同时,结合项目实际情况,统筹考虑业主及联合体各成员单位的人员、技术和管理优势,实现建设过程中工作各有侧重,共同为项目快速推进创造条件。

(6)深入推进管理技术创新

在管理上,EPC 联合体要落实"1234"工作理念:全力以赴实现"一个目标",即全面履约实现合同约定目标;紧扣"两个中心",即提高业主满意度、提高内部联合体管控水平;抓好"三项措施",即对标国内一流、创新管理模式、深度融合互补;打造"四个工程",即建设优质、安全、绿色、阳光工程。

在项目建设过程,EPC 联合体要充分发挥设计主导作用,在 EP、EC、PC 的融合衔接过程中,创新加强设计策划和管理,提升设计服务效率和水平,把采购纳入设计程序,在施工前做好设计优化,确保进度、成本全程受控。

针对项目干系人多、业务链条长的特点,EPC 联合体要全面推进项目管理集成平台建设,实现文档数据、信息沟通、过程控制的信息化,促进项目的信息共享。同时,针对大型项目数字化设计的发展趋势和要求,建立可视化模型,全面开展数字化设计工作,建立设计标准化程序,全面提高数字化设计能力,有效提升采购、施工和运营水平。

（7）有效管控管理风险

充分发挥石工建的协调作用,发挥联合体的整体优势。在联合体管理中,细化完善联合体协议条款,明确联合体成员的责权利,针对潜在风险点,优化联合体组织架构,建立公正公平的联合体成员考核机制、奖惩机制,提高牵头单位对设计和施工的整合能力,切实降低在 EPC 联合体管理中的风险。

2.3.3 EPC 联合体协议

联合体协议贯穿项目投标、中标、实施等管理全过程,是联合体组织管理的核心文件。根据我国《招标投标法》第三十一条和《建筑法》第二十七条的规定,联合体是指由两个或两个以上法人组成的以一个投标人的身份进行共同投标（即联合投标）并在中标后共同对项目履约负责的非法人型临时性组织。在联合体组建过程中,各方通过签订联合体协议（又称共同投标协议）来明确各方拟承担的工作和责任。如果联合体中标,则联合体各方依据联合体协议和项目合同共同完成中标项目,项目验收合格并成功移交后联合体解散;如果联合体未中标,则联合体直接解散。

联合体在组建过程中打破了原有的组织边界,从传统的多个组织转变为融合组织。各联合体成员单位共同组建联合体项目部,来自不同联合体成员企业的人员交叉配置于联合体项目部的各个部门中,以联合体协议和联合体项目部规章制度为依据,对整个 EPC 工程履行管理职责。

青宁输气管道项目采用 EPC 联合体模式进行管理,有利于实现项目目标的方案整体优化,有利于降低业主项目管理成本,有利于保障项目工期,有利于提高工程建设安全和质量水平并降低业主风险,有利于项目的统筹管理。

投标前,联合体各成员单位签订《联合体协议》,并严格按照招标文件的各项要求,递交投标文件,履行投标义务和中标后的合同,共同承担合同规定的一切义务和责任。联合体各成员单位按照内部职责的划分,承担各自所负的责任和风险,并向招标人承担连带责任,协议内容主要包括:联合体成员构成、联合体牵头人职责、联合体各成员单位内部的职责分工、投标和履约保证金,以及联合体协议作为合同附件的约束力等内容。

《联合体协议》是联合体开展工作的基础,也是规范约束联合体成员个体行为的基本依据。项目中标后为确保合同的有效实施,联合体成员依据《联合体协议》进行分解和细化。进一步明确了各方的工作范围及分工界面,各自承担的责任和义务,指定联合体牵头方以及项目第一责任人,确定主导从属关系,同时明确各项具体工作的主责方;明确联合体项目部组织结构及岗位设置,确定各个岗位的人员来源及能力水平要求;明确各项费用的分摊比例及方式,工程款项支付方式,以及财税费用的分摊及缴纳原则;明确可能存在的各类风险及化解应对手段、解决联合体内部纠纷的处理程序;编制项目工作程序文件,确定项目工作流程及联合体内部审批流转程序。

《联合体协议》内容主要包括:

(1) 对协议中的措辞和用语进行定义,避免产生歧义和争执。

(2) 明确协议书文件的优先顺序。

(3) 明确合作方式,如确定联合体牵头人、合作关系、各自权限、合作性质等。

(4) 明确联合体管理机构,如 EPC 联合体项目的组建、定员、办公经费的计取和使用、人员管理等。

(5) 明确牵头人和各成员单位各自工作范围、主体责任和义务。

(6) 联合体各成员所承担的费用、风险、各类保证金缴付金额或比例,以及担保和反担保等。

(7) 明确项目运行过程中各成员单位对变更、签证和索赔的管理流程,以及由此产生的利润分成比例。

(8) 明确各成员单位的违约责任。

根据《联合体协议》,EPC 联合体牵头单位负责设计和采购,EPC 联合体各成员单位负责施工和外协,由各单位主体负责各自工作范围内的分包招投标。

2.4　青宁输气管道 EPC 联合体模式管理成效

2.4.1　圆满完成了 EPC 总承包合同内容和工程建设目标

2019 年 6 月 6 日,项目开工报告获得中石化工程部批复,全线正式开工建设;在业主单位和各参建单位的共同努力下,充分发挥 EPC 总承包的优势,2020 年 10 月 30 日完成中交,达到投产试运行基本条件。2020 年 12 月 15 日进气投产,2021 年 2 月 1 日试运行结束,青宁输气管道工程正式转入生产试运行阶段。2021 年 2 月 3 日和 2 月 5 日,分别移交业主单位,圆满完成了 EPC 总承包合同各项内容和工程建设目标,创造了天然气长输管道建设的"青宁速度"。

经过一年多的投产试运行,2022 年 7 月 7 日通过业主单位组织的竣工验收,验收报告认定:

(1) 青宁输气管道工程的建成投产,满足了建设一条大口径沿海输气通道,构建中东部地区干线环状管网,增加江苏省天然气供应的要求,能够为调整能源结构,控制污染排放发挥良好作用。

(2)青宁输气管道工程建设采用"业主＋监理＋EPC"的项目管理模式,工程建设组织得力,工程质量、进度、投资及 HSE 总体全面受控,尤其难得的是,因 2020 年初新冠肺炎疫情肆虐,有 70 天无法施工,复工后也困难重重,在青宁管道项目参建各方共同努力下,仍然提前 5 天完工,充分证明了青宁管道的建设队伍能够攻坚克难,能打硬仗。

(3)青宁输气管道工程已按批准的设计文件建成投用,通过试运行考核,管道运行正常,达到设计要求。截至 2022 年 6 月 30 日,累计输气量 5.837 4 亿标方。

(4)工程施工根据工程建设总体部署,目标一致,分工协作,规范运作,以合同约定内容为界面,设计图纸为依据,遵循国家及行业标准、规范要求进行施工,工程质量合格,投产后积极配合运行单位改造,为安全平稳运行奠定坚实基础。

(5)建设过程中建立了有效的 HSE 管理体系并运行良好,实现了"零污染、零事故、零伤害"的 HSE 目标。

青宁输气管道工程按照批准的设计文件和施工验收规范要求,完成了全部工程建设内容,工程质量合格,生产运行正常,达到设计要求,能够满足生产需要;运行人员配备满足需要,运行管理制度和应急体系健全;环保、水土保持、职业病防护、安全设施、档案均已完成专项验收,基本具备竣工验收条件,项目顺利通过竣工验收。

2.4.2　以设计牵头的 EPC 联合体模式得到有效验证

设计单位牵头的 EPC 联合体模式,充分发挥设计、采购环节的优势,与施工单位强强联合组成 EPC 联合体,以服务业主为中心,突破了 E＋P＋C 的管理理念,E、P、C 深度交叉,高度融合,发挥 EPC 联合体"一体化、专业化"的整体优势,降低了项目实施风险,实现了业主利益最大化,有效完成了项目投资、进度、质量和安全目标。青宁输气管道项目的顺利建成投用,充分证明 EPC 总承包管理模式同样适用于上游板块的地面工程建设,以设计牵头的 EPC 联合体模式是目前地面工程建设管理较为适用的工程管理模式,在后续中石化天然气分公司皖东北、南干线、东干线等天然气长输管道建设中得到了广泛推广和应用。

2.4.3　设计牵头的龙头作用效果突出

设计是建设项目全面规划到具体实施的转换过程,是工程建设的灵魂,是处理技术与经济关系的关键环节,对控制工程造价具有重要影响。设计作为项目管理的龙头,与采办、施工合理交叉,对项目进度管理、成本控制起着至关重要的作用,设计与采购、施工的合理交叉是工期控制的主要保证。以设计为主导的青宁输气管道工程 EPC 联合体模式,设计龙头作用在 E、P、C 界面之间以及进度、质量、投资控制等方面效果突出,主要体现在以下几点:

（1）有序加快图纸交付进度，保障后续工程顺利实施

图纸是施工的核心，因此图纸交付的时间节点会极大地影响工程进度。EPC 联合体项目部将设计单位的设计团队融入项目团队管理，提前完成了统筹网络计划各节点相关施工图设计工作。联合体的设计部门采用现代信息技术，精心组织，根据采办和施工节点合理安排设计任务的先后次序，极大地节约了出图时间，保证了出图的质量，满足了采办、施工的需要。

青宁输气管道施工图设计有序按节点推进，3 月底提供了终版中线桩图纸，4 月份完成了一般线路的施工图设计，为施工单位施工动员、前期工农关系协调、临时征地、放线、清表等工作创造了有利条件。5 月至 6 月初完成了顶管和定向钻施工图设计，为施工单位施工可行性研究编制、专项施工方案编制报审、施工报建手续等奠定了坚实基础。施工开工时间比统筹计划提前一个月，缩短了项目总工期。

施工图纸文件的及时交付和主管材保供到位，施工单位人机具调配稳步进行，避免了窝工。通过设计与施工的融合协调，降低施工单位的运作成本。

（2）快速响应现场变更，加快工程建设进度

青宁输气管道工程 EPC 二标段线路长度 327 km，线路跨度长，涉及地区较多，工程建设受到很多因素的影响，现场存在多处变更调整。因此，EPC 联合体充分利用以设计为龙头的优势，制定了标准化的变更流程，一般设计变更控制在一周内完成，第一时间对变更提供技术支持，保障工程顺利进行。

（3）对关键穿越工程提供强有力支持

青宁输气管道工程因线路较长，需穿越多处铁路、高速公路与国省道等。对于这些关键穿越工程，设计团队及时提交设计方案向有关管理部门报批审查，及时答复与处理审查部门提出的质询和意见，为关键穿越工程的顺利实施提供了强有力支撑。

（4）设计与采购、施工环节实现无缝衔接

EPC 联合体模式的最大优势是实现了设计、采办、施工的无缝衔接和有序配合，减少了各部门各环节之间的协调。设计作为 EPC 的核心，实现了设计同采购、施工的充分融合，把握住了 EPC 项目管理成功的关键。

2.4.4 EP、EC、PC 之间接口有效管控，提高了 EPC 管理整体成效

2.4.4.1 设计与采办的有效衔接

采办在 EPC 工程总承包项目中对设计和施工起承上启下的作用，能提高整体工程的质量，缩短工期，节省投资。在 EPC 联合体模式下，把采购纳入设计程序，采购可随着设计的进展而能够较早启动，并按统筹计划提前开展采购活动。

项目中标后，主管材采办工作与施工图设计、施工前期准备工作平行推进。施工图中线桩确定后先行实施 30% 的主管材采购，确保开工物资需求。随着施工测量放线、清表工

作的进展,主管材点对点交付各施工区段临时堆管点开展沿线布管,与施工前期准备相关工作平行推进,缩短了工期。

确定长输管道每批主管材的采购数量和规格是一项复杂的工作,需要动态考虑设计、施工等方面的数据。在 EPC 联合体模式下,设计与采购、施工实现实时无缝沟通,采办部能及时掌握主管材的设计进度和现场施工消耗数据,从而确保在主管材保供前提下实现工程余料的有效控制。

站场物资采购同样纳入设计统一管理,根据设计进度及施工顺序确定采购进度,先关键设备,后一般设备,再 70%、85%、100% 材料。设备采购过程中,设计团队负责确认制造厂商图纸,保证施工图纸规格尺寸与到货设备一致,这样既保证了采购质量,又与施工进度合理搭接,缩短了建设周期。

2.4.4.2 设计与施工的有效衔接

通过设计优化提高工程效益,是节省工程费用的重要因素。项目部要求设计团队始终贯彻方便施工、节约成本的原则,同时要求采购和施工团队对设计的合理性、经济的合理性进行审核反馈,提出优化建议,最大限度地减少设计变更。

设计与施工有效衔接的典型案例在项目控制性工程——高邮湖穿越工程中得到充分体现。高邮湖穿越设计采用连续 7 条定向钻穿越方案。方案设计前,项目部对施工窗口期、地质条件、管材运输、布管回拖等关键因素进行了充分的风险识别和评估,设计团队和施工方多次深入高邮湖现场勘察,充分调查论证了施工过程受窗口期(每年 10 月底至次年 5 月)短、桃花汛(每年 3 月至 4 月)、滩区管线埋设深、地下水位高、管材运输困难等关键性因素影响。经多方案对比论证,设计与施工团队共同确定采用增加定向钻长度技术方案,即在总穿越长度不变的条件下,增加定向钻长度、减少滩区直埋管线长度、缩短基坑连头长度(基坑连头长度控制在 50 m 以内)。该方案虽然因增加定向钻长度而提升了定向钻工程造价,但由于滩区直埋管线减少,大大降低了围堰、钢板桩支护、定点降水、开挖连头等工程费及施工措施费用,而且施工周期缩短,安全风险降低,综合效益显著提高。

在施工图设计中,设计团队通过与施工单位密切沟通,多方采用施工方的经验进行设计优化,减少了不必要的图纸升版和设计变更,保证了现场施工的连续性,避免了不必要的二次采购和材料浪费,降低了工程成本,保障了施工质量和进度。

此外,根据现场施工反馈以及与外协工作有机结合,设计团队在特定区域适当调整中线桩位置和施工作业方式,避开障碍物、工农关系复杂区段、外协难度大的河流等地段,尽管增加了直接工程费,但节约了工农关系费,缩短了工期,提高了综合效益。

2.4.4.3 采办与施工的有效衔接

采办和施工的衔接主要体现为采购计划和施工计划的衔接。标段内施工区段多,而且各区段同时开工,各类工程物资消耗速度快且不均衡,物资保供压力大。为保证主管材有序供应,EPC 联合体项目部定期组织设计、采办、施工单位进行协调,根据现场施工总体情况和施工进度提出物资需求计划,要求采办部及时进行请购下单。采办部与施工单位紧密结合,及时跟进施工进展情况,充分利用中转站和现场堆管点进行点对点交付与物资调节。同时,采办部创新催交方法,将催交工作延伸到供应商,督促主管材的钢板供应商、主设备的关键配件供应商等按时保障原材料供应,并创新数据联动采办管理技术,形成科学合理的催交工作流程采办管理制度,确保各项物资生产发运接替有序,现场材料库存充足,为工程施工提供有力的物资保障。

2.4.5　社会效益、经济效益显著

青宁输气管道工程是中国石化首条全线推行设计单位牵头的 EPC 联合体管理模式的长输管道建设项目。EPC 联合体各参建单位能够充分认清项目实施的重要意义,自觉在组织上、行动上以业主方管理思想为指导,认真践行 EPC 联合体项目部管理规定,维护 EPC 联合体牵头人地位,层层落实责任,实现了项目管理从 E＋P＋C 向 EPC 管理模式的转变,取得了较好的社会效益和经济效益。

(1) 拓展了中国石化 EPC 联合体管理模式的途径和经验

① 青宁输气管道工程的成功经验是中国石化首次在长输管道建设中采用设计牵头的 EPC 联合体管理模式。项目建设过程中,项目联合体拓展并丰富了 EPC 联合体模式的管理理论,创新了多平台联动数字化质量监督管理技术和端口前移数据联动采办管理技术,采用专业化矩阵式管理,发挥融合管理优势,提升了项目管理水平,实现了降本增效,打造了青宁管道精品工程,充分证明了 EPC 总承包联合体管理模式的优越性。同时还证明,以设计牵头的 EPC 联合体管理模式是大型地面工程建设比较适用的工程管理模式。

② 创立了 EPC 管理的标准范式,培养了一批优秀的 EPC 管理团队与人才。

③ 创造了青宁速度,铸就了"勇担当、敢作为、拼搏奉献"的"青宁精神"。

(2) 具有显著的经济效益

① EPC 联合体模式实现了业主单位花最少的钱、用最短的时间、建最好的工程的目标,实现了业主利益最大化。

② EPC 联合体提供设计、采购、施工一条龙服务,业主只需与 EPC 总承包商签订一个合同,大量降低了业主的协调管理工作量,降低了交易成本。同时,联合体内部沟通便捷,配合紧密,大大提高了管理效率,在保证工程建设质量的同时,缩短了建设周期,减少了工程余料,具有显著的经济效益。

③ 加快了工程建设速度,提高了资金使用率。

第二篇

EPC 联合体管理实践

3 项目设计管理

设计是 EPC 联合体总承包项目的"龙头",也是做好工程总承包项目的前提。设计单位交付的技术文件,是项目采购、施工、试运行、竣工验收、质保和考核等工作开展的基础,设计管理的效率和质量直接决定着工程项目的进度、质量、成本及本质安全与环保。EPC 联合体承包商应按照合同约定,在满足合同规定的业主期望的要求基础上,将设计与工程建设其他阶段有机结合,实现工程项目的增值,提高工程项目的经济效益。

3.1 设计团队

设计团队负责工程项目施工图设计和技术支持工作,对工程项目施工图进度、质量、投资及本质安全与环保等负责,设计单位组建了以项目经理为核心的青宁输气管道工程 EPC 联合体设计团队,组织架构见图 3-1 所示。

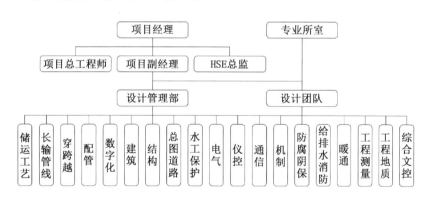

图 3-1 设计团队组织架构图

EPC 联合体项目部中的设计团队管理实现了从设计单位的部门横式控制向矩阵管理方式的转变,在保留设计单位既有专业所设置的同时,增加项目经理的管理和考核权限。设计团队采取集中办公形式,使 EPC 联合体项目部能够对设计团队进行有效和直接管理,有利于对设计进度、质量、投资、安全、环保等方面的控制,也便于项目组和设计团队成员间的联络和协调,及时处理有关问题,提高整体工作效率。

青宁输气管道工程 EPC 联合体总承包项目中,设计和技术支持工作的性质不尽相同,图纸设计、数字化集成、技术澄清、采办配合、现场服务等工作均有各自的特点。结合长输管道工程建设点多、线长、面广的实际情况,设计团队由各专业具有丰富工程实践经验的专家型人才和年轻工程师后备力量构成,并根据项目进展,统筹考虑各专业工作性质,派遣合格的设计和技术人员,为项目提供人力和技术支持。

3.2 设计内容与要点

3.2.1 设计内容

青宁输气管道工程设计内容主要包括资料收集与整理、初步设计优化、施工图设计、控制系统统筹设计和项目技术支持等工作。

（1）资料收集与整理:负责设计基础资料的收集、整理,开展实地调查和研究,以获取施工图设计所需的第一手准确基础资料和数据。

（2）初步设计优化:负责审阅初步设计、专项评价、专题报告成果,参考各类专家或审查意见,在初步设计的基础上进一步优化设计。

（3）施工图设计:负责管道线路、穿跨越、站场的施工图设计,包含线路、工艺、仪表自动化、总图、建筑、结构、供配电、通信、热工暖通、防腐、给排水与消防等各专业的施工图设计,以及采购技术文件和施工有关技术要求等。

（4）控制系统统筹设计:负责调度控制中心数据采集与控制系统的设计工作,将互联互通段自控系统纳入整个控制系统中,确保全线 SCADA 系统、通信系统、站控系统、火气系统协调统一。

（5）项目技术支持:施工图设计满足报批及施工需求,参加图纸会审及施工图设计交底,采购与现场技术支持,并将相关的会议纪要、记录、设计变更单等录入管道完整性管理信息系统。

3.2.2 总体设计原则

青宁输气管道工程设计遵循合规性、HSE、可靠性、先进性、合理性、经济性和可实施性等原则。

（1）合规性原则:严格执行国家法律法规,国家和行业现行标准、规范、规程和管理规定。

（2）HSE 原则:开展工程设计的 HSE 风险识别与评价,进行 HAZOP 分析及 SIL 评估,制定相应的对策,并落实在具体设计中,重视管道沿线地区的生态环境保护,确保设计的本质安全与环保,切实做到无事故发生、无人员伤害、无环境破坏的"三无"HSE 目标。

（3）可靠性原则：采取安全有效的措施提高管道系统的可靠性，确保平稳向用户供气。

（4）先进性原则：积极采用国内外成熟、适用的技术和新设备、新材料，实现管道建设和管理的"高质量、高水平、高速度、高效益"；采用先进的控制方式，提高自动化水平，达到国内同类项目的先进水平。

（5）合理性原则：按照国内天然气整体发展战略，结合目标市场区域城市总体规划，统筹考虑，合理布局，整体优化。

（6）经济性原则：以经济效益为中心，合理利用资金，力争节约投资，减少投资风险，提高经济效益。

（7）可实施性原则：线路走向、穿跨越形式、站场综合管网布局等充分考虑施工和运行管理的可操作性。

3.2.3 管道线路设计

青宁输气管道工程北起山东 LNG 接收站，南至川气东送南京支线南京末站，线路全长 531 km，管道途经山东和江苏 2 省、7 个地市、18 个县区。

3.2.3.1 设计原则

（1）对初步设计推荐的管道线路进行现场详细踏勘和调研，结合地方政府及有关部门意见，对管道线路进一步优化，并提出详细勘察测量技术要求。

（2）响应地方政府主管部门的意见和要求，深化局部线路方案，并进行分析与研究，提交相关研究报告，获得地方政府的许可。

（3）根据详细勘察测量报告和现场踏勘情况，对管道线路进一步优化和确认，并完善相关的安全与环保设计措施。

（4）管道线路走向选择有利地形，尽量避开施工难点和不良工程地质段，减少穿越水渠、道路的数量，确保输气管道长期、可靠、安全运行。

（5）合理利用现有公路和铁路，方便运输、施工和管理，做到维护、运行管理方便。

（6）大中型穿（跨）越位置选择服从管道线路总走向，管道线路局部走向服从大中型穿（跨）越的需要。

（7）高风险的重点管段应增设警示、监控、监测、检测设施等设计，并提出运行维护建议、注意事项和应对措施等。

3.2.3.2 设计技术方案

（1）在项目的前期可行性研究和初步设计阶段，通过对沿线自然条件、交通条件、敏感点、路由制约点、工程量和工程投资等方面综合技术经济分析，以及与地方规划、国土、交通和环保等部门充分沟通与确认，管道线路的具体走向已确定。

（2）施工图设计阶段，对按初步设计确定的管道路由，不再进行宏观调整，仅在线路的局部困难段和现场情况发生较大变化段（如大中型穿越区）等地段，结合现场详细踏勘实际情况和向有关部门报批情况，对管道路由进行局部微调。

（3）按照《输气管道工程设计规范》（GB 50251）的有关规定，确定管道沿线地区等级划分及设计系数。

（4）输气管道钢管壁厚在满足强度计算的同时，应满足《输气管道工程设计规范》（GB 50251）对钢管最小壁厚的要求；并按照该标准要求进行管道的强度、刚度和稳定性校核。

（5）通过管道应力分析确定管道锚固墩的设置，锚固法兰与管道采用焊接连接。对于地下水位较高地区，考虑施工中渗水的含泥沙量对管道进行抗漂浮计算，根据计算结果及现场实际情况确定管道配重方式。

（6）管道采用埋地敷设。埋地管道的埋设深度根据管道所经地段的土地类型、农业灌溉因素、冻土深度、地形和地质条件、地下水深度、管径大小、地面车辆所施加的荷载及管道稳定性的要求等因素，经综合分析后确定。

（7）进出站场的管道走向与站场总图布置、工艺装配布置相衔接，并结合进出站场段管道应力和位移计算结果，选择合理的进、出站场线路。

（8）对水网及连片鱼塘地段，当作业带地基承载力低时，施工过程中避免反复碾压造成作业带下沉或土壤液化。当作业带无法承载施工设备时，在设备行走处铺设浮板。该地段还需对管道进行抗漂浮计算，根据计算结果确定是否采取稳管措施。

3.2.4 穿跨越设计

青宁输气管道沿线水网密布且相互连通，水系发达，管道穿越河流众多，且河流沿线环境保护要求高；管道沿线经济较为发达，铁路、公路网较为完善，上述特点对线路穿跨越工程提出了更高的要求。

3.2.4.1 穿跨越设计主要工作

（1）穿跨越专题分析与研究。EPC联合体项目部和设计团队通过现场实地踏勘和调研走访，取得相关工程地质、气象、环境和水文等基础资料，开展必要的防洪评价、技术论证、经济论证等专题研究。

（2）穿跨越位置与方式确定。项目部和设计团队与航运、防洪及河流梯级规划开发等相关部门充分协调，反复比较方案后，确定了各穿越等级河流的具体穿越位置和穿越方式。

（3）重点穿越工程。针对淮河入江水道（高邮湖）穿越等重（难）点穿越工程，多次组织线路、穿越、地质等专业的技术专家并邀请有丰富经验的施工单位的技术专家共同进行现场踏勘，开展穿越方式的分析与研究，确定连续定向钻穿越方案，确保了技术可行、施工安全可靠、经济合理。

（4）管道穿越铁路公路。管道穿越铁路、公路的位置选择在稳定的路堤、路基下，避开了石方区、大开挖区、高填方区和道路两侧为半挖半填的同坡向陡坡限制地段或地下水位较高等不良地段，同时施工场地平坦，交通方便。施工图设计阶段与铁路、公路管理部门签订相关的书面协议，确定每一处穿越方式、穿越位置及管道的埋设深度、管道的保护措施等内容。

青宁输气管道穿越大中型河流 40 处，总长度为 33 748 m；穿越铁路 17 处，总长度为 1 564 m；穿越高速公路 10 处，总长度为 960 m；穿越其他高等级公路 37 处，总长度为 1 678 m。其中定向钻穿越 140 处。

3.2.4.2 河流、水域穿越设计技术方案

在穿跨越专题分析与研究的基础上，结合河流、水域穿越技术装备，以及重点穿越工程的技术论证，确定了河流、水域穿越的技术方案。

（1）穿越选址

① 穿越位置选择应与线路总走向一致，线路局部走向应服从穿越段位置。

② 穿越段位置应符合该河流、水域整体规划要求，穿越位置、穿越方式和管道敷设方式必须报经穿越河流、水域主管部门的同意。

③ 穿越位置宜选在河面较窄、水流平缓、河水主流线摆动不大的顺直河段上，穿越河段两岸或者一岸外的交通和施工场地条件良好。

④ 穿越段选择地质良好，河床平面平坦，冲淤变化小，地质工程较为单一，两岸漫滩开阔，岸坡宜成倾斜状且稳定耐冲刷处，穿越段应避开冲沟沟头发育地段。

⑤ 穿越河段应选择在闸坝上游或其他水工构筑物影响区之外；距离应符合安全规范的要求。

⑥ 通航河道穿越应满足航道设计要求。

⑦ 工程建成后，应不会降低该河流、水域的防洪标准，不会影响抗洪救灾实施，同时也不会引起河势的变化和影响已规划堤防的安全。

（2）穿越方式

① 小型河流、冲沟、干渠等管道穿越。优先采用大开挖穿越方式，开挖穿越宜利用枯水期，在水流量较小、水深较浅时开挖管沟；穿越管道进行抗漂浮计算分析，当计算不满足要求时，应采用平衡压袋或配重块进行稳管，施工时应严格按照施工图设计中的配重数量配置；河流小型穿越处，管道必须埋在河床冲刷层以下的稳定层中，管顶埋深应满足穿越规范要求；管线埋深在满足设计埋深的前提下，应同时满足冲刷线或规划疏浚线下 1.0 m 以下埋深；管沟回填土是淤泥或其他较松散的材料，为防止流水侵蚀，河底应以 10~15 cm 或更大粒径的石头进行加固，加固区域应延长到岸上因铺管而扰动的区域。

② 常年有水的非季节性河流,首选定向钻穿越方案。当地质条件不适合定向钻穿越时,可考虑采用其他可行的穿越方案,并通过技术经济综合比选,确定最优穿越方案。

③ 通过技术经济综合分析,淮河入江水道(高邮湖)采取连续定向钻穿越方式。包括穿越京杭大运河里运河段,淮河入江水道(深泓河)至新民滩保麦圩内,新民滩上港汊河道(庄台河、二桥河、小港子河、大管滩河、夹沟河、王港河),以及淮河入江水道(杨庄河)等河流、水域。穿越采用定向钻与大开挖的组合方式。

3.2.4.3 淮河入江水道(高邮湖)连续穿越设计技术方案

青宁输气管道淮河入江水道(高邮湖)穿越是该工程建设的关键控制性工程,采用连续穿越方式,包括京杭大运河+深泓河穿越,庄台河穿越,二桥河+小港子河+大管滩河穿越,王港河、夹沟河穿越,杨庄河、西大堤穿越,以及各个定向钻之间滩区开挖穿越等设计技术方案。

(1) 淮河入江水道(高邮湖)连续穿越工程等级

按照《油气输送管道穿越工程设计规范》(GB 50423)的相关规定,京杭大运河+深泓河穿越,庄台河穿越,二桥河+小港子河+大管滩河穿越,杨庄河、西大堤穿越为大型穿越工程,设计洪水频率为1%(百年一遇)。

王港河、夹沟河穿越为中型穿越工程。按照中石化相关文件要求,河流中、大型穿越按百年一遇洪水频率设计。

各个定向钻之间的滩区穿越工程等级同定向钻,设计洪水频率为1%(百年一遇)。

(2) 淮河入江水道(高邮湖)连续穿越方式

根据各穿越河段地层勘察报告,地层的可钻性和成孔性总体较好,京杭大运河+深泓河穿越,庄台河穿越,二桥河+小港子河+大管滩河穿越,王港河、夹沟河穿越,杨庄河、西大堤穿越,采用连续定向钻穿越工艺。

定向钻穿越管段入土角为9°,出土角为6°,穿越管段的曲率半径为1 500D(D1016)。同时按照防洪评价专家意见,淮河入江水道在非汛期(11月至次年4月)期间,基于存在春汛和秋汛情况,为了保证施工期间施工人员和机械设备的安全,在定向钻出、入土端增加草袋围堰和槽钢支护。

各个定向钻之间的滩区穿越采用挖沟法。

① 京杭大运河+深泓河穿越设计方案

采用定向钻穿越工艺,定向钻穿越长度为1 416 m,设计管底距离京杭大运河中心河床、深泓河中心河床分别约为21.07 m、20.35 m。

② 庄台河穿越设计方案

采用定向钻穿越工艺,定向钻穿越长度为571 m,设计管底距离距庄台河主槽河床底约为21.14 m。

③ 二桥河+小港子河+大管滩河穿越设计方案

采用定向钻穿越工艺,定向钻穿越长度为 738 m,设计管底距离距二桥河、小港子河、大管滩河河道中心河床分别约为 11.24 m、21.94 m、8.44 m。

④ 王港河、夹沟河穿越设计方案

采用定向钻穿越工艺,王港河穿越定向钻穿越长度为 627 m,管道底部距王港河河底最深处约 10.50 m;夹沟河穿越定向钻穿越长度为 625 m,管道底部距夹沟河河底最深处约12.56 m。

⑤ 杨庄河、西大堤穿越设计方案

采用定向钻穿越工艺。考虑到杨庄河水面宽度 1 600 m,河道西岸大堤之间为长约 412 m 的滩涂,一钻穿越距离太长,穿越风险太大,考虑两钻穿越,一钻穿越杨庄河河道,另一钻穿越淮河入江水道西岸大堤。

杨庄河穿越长度约为 1 962 m,穿越管段入土角为 9°,出土角为 6°,穿越管段的曲率半径为 1 500D(D1016),管道水平段距杨庄河河床约 20.73 m。

淮河入江水道西岸大堤穿越长度约 500 m,穿越管段入土角为 6°,出土角为 6°,穿越管段的曲率半径为 1 500D(D1016),管道距淮河入江水道西岸大堤堤顶约 20.06 m。

(3) 开挖穿越设计方案

本次设计范围:各个定向钻之间的滩区。

管线规格及防腐方式:输气管道规格为 D1016×21.0(L485M),防腐方式为高温型加强级三层 PE 防腐方式;光缆规格为 D114×4.0。

埋深设计:根据定向钻岩土工程报告,京杭大运河+淮河入江水道场区地层主要穿越层位为风化石灰岩和强风化石灰岩。按照规范要求,滩区内管道埋深必须达到风化岩层。

管道敷设方式:滩区内管道采用直管敷设,岸坡处、定向钻连接处采用冷弯弯管(曲率半径 $R=40D$)、热煨弯管(曲率半径 $R=6D$)和直管段组装上岸与线路连接。

管沟开挖:根据地质资料,河床主要为卵石、强风化石灰岩层,施工开挖应选择非汛期进行施工;管沟开挖时采用放坡开挖,开挖深度大于 5 m 处,考虑分级开挖;开挖时,若遇到地下水,应做好降水工作,建议采用布设降水井措施。

稳管方式:按照《油气输送管道穿越工程设计规范》(GB 50423)的相关规定,对滩区开挖埋设段进行抗漂浮核算;需在管道上增加配重(平衡压带),平衡压带每隔 2 m 设置 1 组(每组重 3 300 kg)。

管沟回填:滩区范围内,管沟应分两次回填,首先在配重块顶面以上 0.5 m 范围内用黏土进行小回填,然后采用滩区原状土进行分层(分层厚度不大于 0.3 m)回填,恢复至滩区原状,并进行人工夯实,密实度要求不小于 0.9。

大堤(岸坡)防护:管沟回填后必须对岸坡进行恢复,岸坡回填应进行分层夯实,夯实度应满足堤防技术要求及当地河务部门的规定;对于开挖岸坡的迎水面应进行浆砌石护面处理;岸坡防护可根据岸坡坡度大小分别采用浆砌石挡土墙或浆砌石护坡进行防护;对于两侧大堤按原堤身结构进行恢复,并满足当地河务部门要求。

3.2.4.4　铁路穿跨越设计技术方案

(1)铁路穿越设计应满足《油气输送管道与铁路交汇工程技术及管理规定》(国能油气〔2015〕392 号)的要求。铁路穿越施工前应征得铁路部门的同意。

(2)施工图设计阶段,根据铁路部门要求,确定铁路的穿越方式、穿越位置及管道的埋设深度、管道的保护措施等内容,做到技术可行、安全可靠、经济合理。

(3)铁路穿越处保护箱涵或套管单独委托相关单位进行相关设计,应严格按照铁路设计单位设计文件进行穿越施工。

青宁输气管道工程二标段穿越铁路如表 3-1 所示。

表 3-1　青宁输气管道工程二标段穿越铁路一览表

序号	铁路名称	次数	施工措施	所在地区	备注
1	连淮扬镇铁路	1	顶管	淮安市淮阴区	高铁在建
2	新长铁路	1	顶管	淮安市淮安区	一般铁路
3	徐盐高铁	1	顶管	淮安市淮安区	高铁在建
4	连淮扬镇铁路	1	顶管	扬州市高邮市	高铁新建
5	宁启铁路	1	顶管	扬州市仪征市	快速铁路

3.2.4.5　公路穿跨越设计技术方案

(1)管道穿越公路按照《公路安全保护条例》(国务院令第 593 号)执行;管道穿越公路桥梁按照《关于规范公路桥梁与石油天然气管道交叉工程管理的通知》(交公路发〔2015〕36 号)执行,并结合《中华人民共和国石油天然气管道保护法》进行协商,并签署有关协议。

(2)青宁输气管道穿越二级及以上等级公路时,根据公路的等级、路基地质、填方高度、地形条件等具体情况采用顶管或定向钻穿越方式,穿越三级及以下的公路或一般道路时根据道路交通情况、路基地质等条件可采用顶管或挖沟法穿越方式。管线穿越等级公路时尽量正交穿越,如必须斜交,斜交角不宜小于 60°;受地形地物限制时公路与线路夹角不得小于 30°。

(3)管道顶管穿越公路时,套管规格选用 DRCP Ⅲ 1 500×2 000 GB/T 11836 钢筋混凝土套管;管道开挖穿越公路时,套管规格选用 RCP Ⅲ 1 500×2 000 GB/T 11836 钢筋混凝土套管;套管顶距公路路面大于 1.2 m,距公路边沟沟底大于 1.0 m。一般地段套管应伸出路基坡脚或路边沟外 2 m,被穿越的公路规划要扩建时,应按照扩建后的情况确定套管长度。

（4）管道设置套管穿越公路时,应将套管内部空间全部填满,可填充细沙（土）或注浆。如遇特殊情况,套管内填充细沙（土）或注浆困难时,在建设单位、监理及设计同意的情况下,可设置检漏管并对套管两端进行封堵。

青宁输气管道工程二标段穿越高速公路如表 3-2 所示。

表 3-2 青宁输气管道工程二标段穿越高速公路一览表

序号	公路名称	次数	施工措施	所在地区
1	宁连高速	1	顶管	江苏省淮安市
2	盐徐高速	1	顶管	江苏省淮安市
3	京沪高速	1	顶管	江苏省高邮市
4	在建高速	1	顶管	江苏省仪征市
5	沪陕高速	1	顶管	江苏省仪征市

3.2.5 站场设计

青宁输气管道工程共设 1 个管道公司,管道公司下设日照、淮安 2 个管理处和扬州调控中心,首站 1 座（由山东 LNG 接收站建设）,新建输气站场 11 座,其中分输站 7 座（泊里站与山东 LNG 泊里分输清管站合建）、分输清管站 3 座、末站 1 座。

（1）设计原则

整体性原则：输气站场的设置应符合线路走向要求,保证输气工程整体的合理性和经济性。

合规性原则：输气站场设计严格遵循国家和行业现行标准规范、规程和管理规定。

功能性原则：输气站场的设置应符合工艺设计要求,实现天然气接收、输送、清管、分配等功能需要。

统筹性原则：输气站场统筹规划,近、远期结合,分期建设。

合理性原则：输气站场应位于地势平缓开阔,供电、给排水、生活及交通方便的地方,应避开山洪、滑坡等不良地质地段。

安全性原则：输气站场与附近工业、企业、仓库、车站及其他公用设施的安全距离应符合国家标准《石油天然气工程设计防火规范》（GB 50183）。

检修性原则：输气站场应有足够的生产操作和设备检修的作业通道及行车通道,有车行道与外界公路相通。

（2）输气站场常规工艺流程

分输站：输气管道沿线有用户的地方设置分输站,对当地用户进行分输。上游来气一路经线路截断阀直接进入下游管道,另一路分输用气进站后先经过过滤分离器除去其中可能含有的液滴和杂质,然后通过超声波流量计进行贸易计量,经计量的天然气在调压至用户所需压力后出站输往用户。

分输清管站:分输清管站兼具分输和清管的功能,当无须清管时,分输清管站的流程与分输站一致;当需要清管时,上游来气先进入收球筒,之后进入旋风分离器除去其中的固体杂质,然后分成两路,一路经发球筒进入下游管线,另一路经过滤分离器,计量、调压设施分输给当地用户。

末站:末站是一条管道的终点,当不清管时,上游来气进站后经过过滤分离器,计量、调压设施全部输往用户;当清管时,上游来气先后进入收球筒和旋风分离器后进入分输流程。

(3)青宁输气管道站场主要工艺流程优化

青宁输气管道工程由山东 LNG 和赣榆 LNG 共同供气,天然气输至南京末站后经过滤、计量、调压,全部输送至川气东送南京分输站进入川气东送管道系统,起到联通海外LNG 气源与川气东送管道系统的作用,同时本工程在多个站场均预留互联互通接口,便于未来多个气源的互相调配。考虑到各干线相互联通后本工程管道内的气体流向很有可能发生改变,因此在站场工艺流程设计时针对以往的常规流程进行了优化,使其能够满足反输清管的需要。由于考虑反输工况对分输站流程是否有影响,因此流程优化主要针对分输清管站和末站进行,青宁输气管道沿线各站场的主要功能如表 3-3 所示。

表 3-3 青宁输气管道沿线各站场主要功能一览表

站场	功能				
	清管	旋风	过滤	本地分输	管网联通
泊里分输站			√		√
岚山分输站			√	√	√
柘汪分输清管站	√	√	√	√	√
赣榆分输站			√	√	
连云港分输站			√		√
宿迁分输清管站	√	√	√	√	
淮安分输站			√	√	√
宝应分输清管站	√	√	√	√	
高邮分输站			√	√	√
扬州分输站			√	√	√
南京末站	√	√	√	√	√

分输清管站：以青宁输气管道宝应分输清管站流程为例，在旋风分离区增加 3 个电动阀门来实现反输清管功能。优化后的宝应分输清管站的工艺流程如图 3-2 所示。

南京末站：通过在南京末站流程中增加越站管线以及进站至计量橇后的旁通管线来实现反输发球功能。正输清管时天然气经收球筒、旋风分离器、过滤分离器、计量橇和调压撬调至 5.7 MPa 后，输往川气东送南京末站；反输时从川气东送来的天然气经越站阀、过滤分离器、计量撬后通过旁通管线进入青宁输气管道输往扬州分输站方向。南京末站优化后的流程如图 3-3 所示。

取消自用气撬：在站场定位方面，青宁输气管道工程立足于只考虑值班人员，站内无人住宿，不设宿舍、餐厅，同时将发电机选为柴油发电机，从而取消自用气撬，节约投资，减少占地面积。

（4）差异化的标准化设计

为统一设计风格，同时方便施工、采购，站场的设计总体采用了标准化的工艺流程与平面布置，但在细节上根据站场不同的特点进行了调整，形成了差异化的标准化设计。

平面布置的差异化：青宁输气管道站场的平面布置具有占地面积小、预留空间大的特点。由于站内不设宿舍与食堂，因此生产用房与工艺装置区的防火间距由 22.5 m 缩减到 15 m，进而减少了站场占地面积。柴油发电机组撬装化，放在室外，减少生产用房面积。工艺装置区内设备布置综合考虑，充分考虑预留设施空间，满足后期互联互通扩建的要求。在考虑站内标高时充分做到因地制宜，根据不同站场区域位置情况进行有针对性的设计，例如扬州站因所处地理位置及当地水文地质条件，站场采用场地找坡型布置形式，站场土方平整标高为 28.60～30.60 m，减少站场土方量。

工艺流程的差异化：站场工艺流程分为分输站、分输清管站和末站三种类型。本工程对于每种类型的站场流程均采用标准化的设计，但在具体细节上会根据不同站场的需求不同而存在差异。例如，高邮分输站和淮安分输站均存在电厂用户，其电厂用户的特点是用气量较大且距离站场较远，用户管线建成后需要进行清管，因此在对电厂用户的分输管线流程设计时均考虑预留发球筒的接口，具体流程如图 3-4 所示。

（5）全专业三维协同设计

青宁输气管道站场设计主要采用国际主流的 Smart Plant 集成设计软件，主要集成了SPRD 材料数据库管理软件、SPPID 工艺设计软件、SPI 自控设计软件、S3D 三维设计软件、Revit 建（构）筑物设计软件，并利用 SPF 软件进行专业间数据传递与数据交互，实现全专业的协同设计。基于设计单位全专业三维建模协同设计平台，通过 Revit 软件进行总图、暖通、消防等专业设计；通过 S3D 软件实现工艺、自控、电气、结构、设备、给排水、通信等专业三维建模，最终在 S3D 软件中集成，实现"所见即所建"的全专业三维模型。

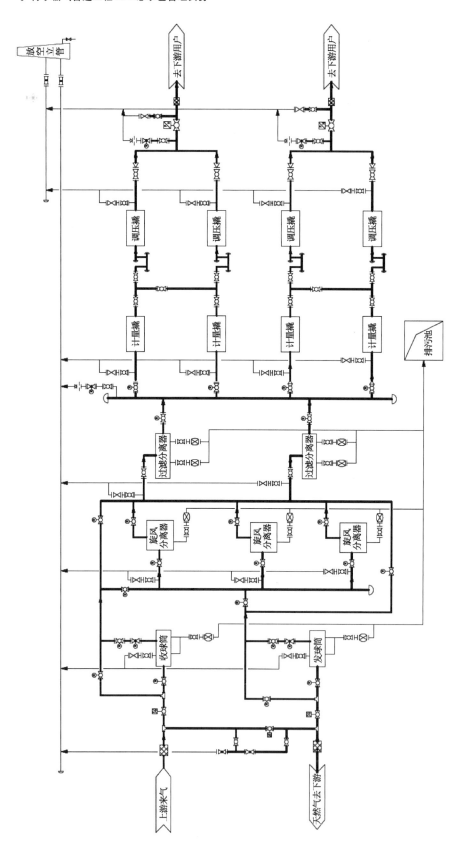

图 3-2 宝应分输清管站站场工艺流程图

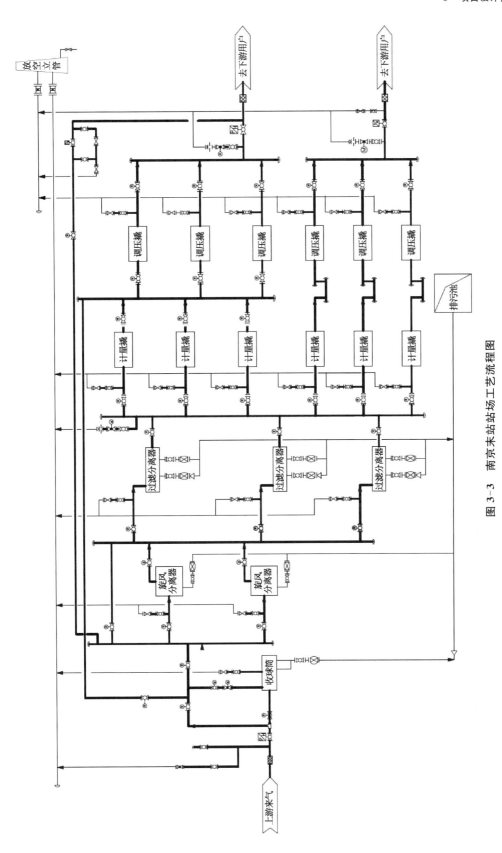

图 3-3 南京末站站场工艺流程图

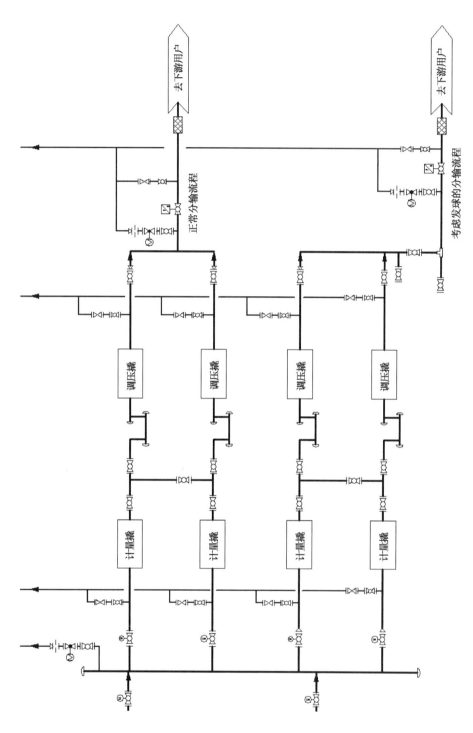

图 3-4 高邮分输站分输流程图

3.2.6 "五化"建设

为向业主单位提供更优质的工程建设服务,加强工程建设领域基础工作,提升工程建设管理水平,开展了天然气管道工程项目"五化"建设。青宁输气管道EPC联合体项目部结合管道自身在天然气管道工程领域的业务特点、经验积累和技术储备,明确了"五化"目标,分解了"五化"工作内容。设计阶段各专业对"五化"要求予以了充分吸收融合,确保后续工程建设顺利高效推进。

(1) 标准化设计

青宁输气管道工程在设计阶段严格按照中石化天然气长输管道标准化设计文件执行,力争标准化成果综合采用率达到90%以上,为后续工厂化预制、模块化施工、机械化作业奠定基础。项目标准化设计主要体现在以下几个方面:

① 统一站场标识、平面布局、建筑风格、企业标志,实现视觉形象的统一,体现和提升企业形象,促进视觉形象由千差万别向整齐划一转变。

② 统一工艺流程、设备选型、建设标准、系统配套和安装尺寸,实现工程设计的统一,提高设计成果的可靠性,提高设计效率,缩短设计周期。

(2) 工厂化预制

站场计量、调压装置及阀室电控一体化小屋等设备均考虑工厂撬块化制造,每个撬块将设备、管线、仪表、电气等组装成具有相对独立功能的单元。工厂化预制将大量工作从现场转移到工厂,大幅提高工作效率;同时,降低了项目对现场人员和施工设备的需求量,节约了成本,也避免了大量的交叉施工,降低了安全风险。

(3) 模块化施工

项目按工艺流程划分为不同单体,每一模块单体由直接相关设备、装配、基础、仪表、防腐等内容构成,工艺模块采用撬装化、组装化相结合的方式。对于不同的功能模块,遵循功能合并、整体采办的基本原则进行撬装化设计,如计量、调压等;对于体积较大、装配较为简单的设备,如过滤分离器、旋风分离器、收发球筒等,在工艺设计中强化了设备定型化工作,全面制定了标准化设备定型图库;对于外购的设备,明确了接口方位、规格和标准。标准化站场各功能模块的划分针对各个模块的特点进行标准化设计及施工,统一设备布置及管道安装,形成比较成熟的模块典型安装。

(4) 机械化作业

采用技术先进、性能优越和经济可行的施工设备、机械、机具,例如自动焊接、自动无损检测设备等,代替传统的人工作业,降低劳动强度,提高工作效率和施工质量。

(5) 信息化管理

智能化管道数字化交付实践中,交付工作的重要环节是协调各参建单位深度参与,而数据作为交付的最终成果,是智能化管道建设的重要基础,也是企业的重要资产。青宁输气管道信息化和智能化建设对各阶段产生的数据进行统一管理,伴随设计、施工、运营各阶段同步完成数据采集工作,形成青宁输气管道信息化和智能化全生命周期管理系统的基础数据中心,并随着管道生命周期的发展不断充实完善,最终形成涵盖管道全生命周期的数据资产。

3.2.7　数字化交付

依照天然气管道设计成果数字化移交相关规定,需要提交线路、站场模型设计成果。设计数字化交付主要包括交付基础、勘察测量成果、设计成果三部分内容,其中,设计成果交付就是智能化管道建设的源头,包括数据类、文档类、模型类及关联关系,模型(二维成果和三维模型成果),设计资料(文档及文档与设计成果的实体之间的关联关系表),设计数据(属性信息)等,设计数据要按照采集模板的要求提供,这对智能化管道完整"数据链"的建设具有重要意义。通过设计数字化交付平台,向分布于不同地区的业主、设计单位提供统一的交付环境,承接不同设计软件产生的设计成果,并通过统一接口发布;将设计数据以标准透明的数据形式移交给数据中心,实现设计成果的数字化移交,达到多维度展现及全面移交。设计成果的交付,总体划分为线路部分和站场阀室部分。线路部分主要以二维设计交付为主,以 DWG、PDF 等格式进行交付;站场阀室部分以三维设计交付为主,通过解析 SmartPlant 及 CADWorx 的设计成果,转换数据格式,保留三维模型、属性数据之间的关联性,基于三维 GIS 平台实现站场设计成果的交付、浏览和查阅。

设计数字化交付数据涵盖了各阶段设计信息,以 Word、Excel 或 PDF 等通用文档进行交付,具体包括管道、中线桩、管材、穿跨越、防腐、通信等 45 类信息,利用地图、图形、表格等形象、可视化的形式展示数据,实现设计与施工进度的叠加显示,为施工进度、质量控制提供了有效的监控手段。

3.3　设计计划管理

为保证青宁输气管道施工图设计进度满足项目规定的要求,设计单位与设计团队将每项设计工作进行分解,对设计时间进行量化,编制进度计划,并据此监督、控制整个设计阶段的工作。

在设计过程中,由进度控制工程师定期检查实际进度是否与计划进度相符,如果出现进度偏差,则组织有关责任人进行原因分析,及时调整、修改进度,并制定有效的赶工措施。

3.3.1　工作分解结构

编制设计计划首先应确定的是工作分解结构及其编码。工作分解结构是项目计划的基础性文件,作用是把项目目标分解成更具体、更明确和易管理的工作可交付物,它是编制项目进度计划、投资计划、质量计划的基础,是项目实施和监控的重要依据。

青宁输气管道工程二标段设计工作分解结构及其编码如表 3-4 所示。

表 3-4　青宁输气管道工程二标段设计工作分解结构及其编码表

WBS 分类码	WBS 名称	WBS 分类码	WBS 名称
QNGD - 6.1.1	设计	QNGD - 6.1.1.3.9	扬州市仪征市
QNGD - 6.1.1.1	系统设计	QNGD - 6.1.1.4	站场设计
QNGD - 6.1.1.1.1	SCADA 系统	QNGD - 6.1.1.4.1	宿迁分输清管站
QNGD - 6.1.1.1.2	通信系统	QNGD - 6.1.1.4.2	淮安分输站
QNGD - 6.1.1.1.3	阴极保护系统	QNGD - 6.1.1.4.3	宝应分输清管站
QNGD - 6.1.1.2	线路设计	QNGD - 6.1.1.4.4	高邮分输站
QNGD - 6.1.1.2.1	先期开工试验段	QNGD - 6.1.1.4.5	扬州分输站
QNGD - 6.1.1.2.2	宿迁市沭阳县	QNGD - 6.1.1.4.6	南京末站
QNGD - 6.1.1.2.3	淮安市涟水县	QNGD - 6.1.1.5	阀室设计
QNGD - 6.1.1.2.4	淮安市淮阴区	QNGD - 6.1.1.5.1	湖东阀室
QNGD - 6.1.1.2.5	淮安市淮安区	QNGD - 6.1.1.5.2	吴集阀室
QNGD - 6.1.1.2.6	扬州市宝应县	QNGD - 6.1.1.5.3	周集阀室
QNGD - 6.1.1.2.7	扬州市高邮市	QNGD - 6.1.1.5.4	成集阀室
QNGD - 6.1.1.2.8	扬州市邗江区	QNGD - 6.1.1.5.5	保滩阀室
QNGD - 6.1.1.2.9	扬州市仪征市	QNGD - 6.1.1.5.6	顺河阀室
QNGD - 6.1.1.3	穿越设计	QNGD - 6.1.1.5.7	曹甸阀室
QNGD - 6.1.1.3.1	先期开工试验段	QNGD - 6.1.1.5.8	鲁垛阀室
QNGD - 6.1.1.3.2	宿迁市沭阳县	QNGD - 6.1.1.5.9	周山阀室
QNGD - 6.1.1.3.3	淮安市涟水县	QNGD - 6.1.1.5.10	车逻阀室
QNGD - 6.1.1.3.4	淮安市淮阴区	QNGD - 6.1.1.5.11	郭集阀室
QNGD - 6.1.1.3.5	淮安市淮安区	QNGD - 6.1.1.5.12	送桥阀室
QNGD - 6.1.1.3.6	扬州市宝应县	QNGD - 6.1.1.5.13	大仪阀室
QNGD - 6.1.1.3.7	扬州市高邮市	QNGD - 6.1.1.5.14	陈集阀室
QNGD - 6.1.1.3.8	扬州市邗江区	QNGD - 6.1.1.6	铁路穿越

3.3.2 计划控制

根据工程总体统筹计划对设计工作进行详细的 WBS 分解,编制设计进度计划。

(1) 进度计划编制

① 进度计划采用 Primavera Project Planner(以下简称"P6")软件进行编制,并提交可编辑电子版,经 EPC 联合体项目部审查与审批后,作为设计执行过程中管理考核的依据。

② 根据施工图设计实际情况,做好工作结构分解(WBS)及作业分类码的编制。

③ 施工图设计进度测量方法为权重法,按照项目区域、单元、专业、文件划分层级,以最底层每一个设计文件的工时为计算依据,计算出各部分权重,计算结果以百分比表示。

④ 充分与各设计专业沟通,在进行作业、资源、工期、逻辑关系等的加载时,制定并填写各种统计表格,了解各设计专业及专业内部本身各作业间的逻辑关系、资源配备情况和各作业的定额工期,并将其准确反映到"P6"计划中,保证设计计划的合理性和可操作性。

(2) 进度计划控制措施

依据已编制完成的施工图设计进度控制计划,跟踪运行过程,将反馈的进度数据与目标控制计划相比较,进行项目进度分析,然后将进度分析的结果及时通报,阐明各种类型的因素对计划造成的影响,并对下一步应采取的措施提出适当建议。

当施工图设计实际进度与目标控制计划存在较大差距时,依据实际进度情况及影响进度的因素,对原有的进度目标控制计划进行合理调整,生成新的符合现行进度情况的进度目标控制计划,之后,针对新的项目进度目标控制计划进行下一流程的进度控制。其控制流程如图 3-5 所示。

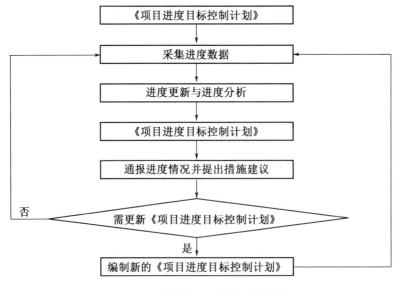

图 3-5　项目进度计划控制流程图

（3）进度监控与跟踪控制

在跟踪施工图设计进度的同时，通过对采集到的现场信息进行科学分析和计算，将进度、资源和费用的控制有机结合在一起，及时根据实际进度与计划进度的偏差情况，认真分析其产生原因，并采取包括组织、管理、技术和经济等方面的纠偏措施，从而保证设计按期、优质完成。

（4）人力资源控制措施

根据施工图计划所需人力资源的负荷曲线，配备充足的人力资源，并在计划实施的过程中科学、合理地搭配使用各类人力资源，以保证设计高效率、低成本地平稳运行。

3.3.3　设计与采办、施工计划关联控制

EPC联合体总承包项目中设计工作内容和工作界面较多，设计工作的组织也不仅是设计单位各设计专业间的协调配合，更多的是 EPC 内部的设计与采办、施工和计划控制的界面，以及外部与建设单位和其他相关方的界面。

（1）对设计方案优化和施工图设计进度进行控制，最优的设计方案和设计进度是项目优质运行的基础。

（2）在设计开展过程中要兼顾采办进展，由于设计图纸和物资保障是施工的前提，因此要求设计和采办工作同步开展。

（3）密切配合施工，根据项目施工计划安排和现场实际条件，优先提供具备施工条件的设计蓝图，并在施工过程中及时处理现场变更，避免因图纸滞后影响工程进度。

（4）设计、采办和施工做到充分融合，不论哪一环节出现问题或变更，都需要通过设计牵头组织各方及时调整原有计划安排，尽可能消除变化带来的影响或将影响降至最低。

3.4　设计质量管理

3.4.1　项目质量管理体系

项目质量管理体系是项目质量管理和质量保证的重要基础。质量管理体系的作用是进一步理顺关系，明确职责与权限，协调各部门之间的关系，使各项质量活动顺利、有效地实施。青宁输气管道 EPC 联合体项目部会同设计、采购、施工管理团队，通过对项目所涉及的质量管理体系、质量文件的识别和梳理，确定项目质量管理体系按 5 层设置，如图 3-6 所示。

项目质量计划是项目质量管理的总体策划，指导着项目质量体系的运行。在 EPC 联合体模式下，项目质量计划充分考虑了中石化 3557 管理体系文件及业主、各联合体单位的质

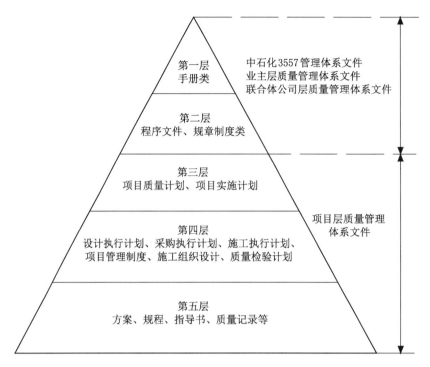

图 3-6　EPC 联合体质量管理体系层级图

量管理体系文件的要求,确保项目质量计划切实可行。项目部制订了项目质量计划、项目实施计划,以及设计执行计划、采购执行计划、施工执行计划、质量检验计划等各单项计划,同时制定了各项作业文件。

3.4.2　设计质量控制

设计应遵循国家法律法规、国家和行业现行标准规范,并满足合同约定的技术要求、质量标准和工程的可施工性、可操作性和可维修性的要求。

3.4.2.1　质量控制流程

青宁输气管道项目施工图设计阶段,设计单位建立了设计质量控制流程,如图 3-7 所示。

(1) 设计策划

设计策划包括确定设计范围、设计质量目标、设计组织、设计计划、设计质量保证等活动。项目设计策划以《项目设计计划》为成果,在设计启动阶段组织编制。

(2) 设计输入

设计输入由施工图设计经理负责,确保其信息充分、适宜、完整、清楚、正确,注重解决各专业相互矛盾的输入信息;设计输入内容及设计内外部接口应符合相关设计要求。

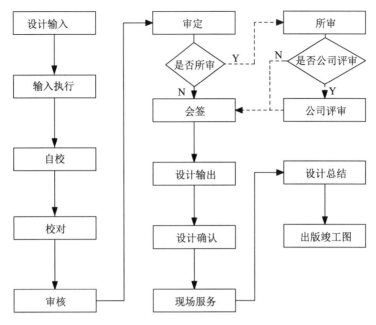

图 3-7 设计总体质量控制流程框图

（3）设计评审

设计评审按照确定的设计计划适时开展。设计评审可分为设计单位公司级评审和专业所级评审,公司级评审应解决项目系统性问题,包括与采购、施工、运营等相关的问题;专业所级评审应在项目系统方案框架下,解决专业性问题。设计评审过程中,对设计文件的质量主要依据其质量特性的功能性、可信性、安全性、可实施性、适应性、经济性、时间性等七个方面是否满足要求来衡量。

（4）设计验证

设计验证包括常规的校审验证和特殊验证,常规验证一般包括设计人员自校、校对、审核、审定、核准、会签等,特殊验证包括变换计算公式、与类似设计进行比较、试验等。

（5）设计确认

设计确认包括 EPC 联合体项目部和设计单位组织的施工图设计文件的会审、建设单位组织的专家评审、政府主管部门组织的专项审查、建设方组织的审查等。

（6）设计输出

设计输出是指设计成品,主要由图纸、规格书、数据单、计算书、设计说明等文件组成。设计输出文件应包括相应的验收规定和检验标准。设计输出文件发放前,由设计单位按有关规定进行评审,以保证文件的完整性。

3.4.2.2 质量控制措施

青宁输气管道施工图设计质量控制的主要措施为:

（1）严格按照 EPC 联合体项目质量管理体系和设计单位质量管理体系的要求，对设计策划、设计输入、设计评审、设计验证、设计确认和设计输出等设计过程的质量控制点进行控制，确保设计成果的正确性、可靠性和安全性。

（2）针对站场、阀室开展集成化设计，采用 SmartPlant 集成设计软件，实现工艺、自控、电气、结构等专业集成，实时同步各专业设计内容。针对项目设计数据源为 PID，在三维软件中进行二维 PID 与三维模型校验，确保二三维数据一致。开展全专业建模，涵盖总图、工艺、自控、电气、结构、设备、给排水、建构筑物、消防等专业，实现三维模型全专业覆盖。不同阶段多次进行全专业模型碰撞检查，实现 100％无碰撞，减少施工中的设计变更。

（3）建立各层级设计评审、审查制度。一般设计文件严格执行自校、校对、审核、审定流程；重要设计文件如总图布置、工艺流程、重要设备选型、复杂地段设计等执行专业所、设计单位级评审流程。在项目控制性工程——高邮湖连续定向钻穿越的方案制定与评审过程中，针对穿越长度长（8.3 km）、施工窗口期短的特点，设计人员多次现场勘察，不断调整设计方案；主办专业所及设计单位多次组织设计方案评审会，选择最优的设计方案；业主也组织行业专家对设计方案及施工方案进行审查，最终确定了 7 次定向钻穿越设计方案，单条最长穿越长度为 2 007 m。

（4）严格执行图纸会审及设计交底制度。结合 EPC 联合体项目设计与施工深度交叉的特点，图纸会审及设计交底工作采用了分批次、分阶段方式进行，即完成一批图纸交接一批、会审一批、交底一批。

（5）建立设计变更管理制度。对于一般性设计变更，由设计代表到现场进行问题核实；对于重大设计变更，应进行变更风险识别与评价，并由设计单位评审，保持了变更的严肃性及确保变更文件的可执行性。

3.5 设计投资控制管理

为实现对施工图设计过程中的投资控制，采用投资指标分解和工程量分解两种主要方法、横向控制和纵向控制两种主要途径来进行。按各专业投资切块分解、分块限额，将投资分解至各区域、单元工程和分部分项工程。

3.5.1 设计投资控制工作流程

青宁输气管道 EPC 项目部和设计团队制定了设计投资控制程序文件，设置了工作流程。设计投资控制工作流程如图 3-8 所示。

在设计投资控制的各个阶段，重点关注对造价影响较大的分部分项工程，使设计成果既满足功能的使用要求，又不过于保守，避免造成功能过剩，同时防止因超限而造成人力、

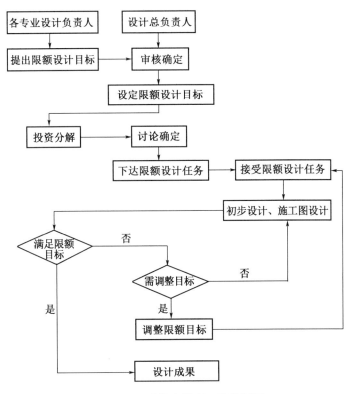

图 3-8　设计投资控制工作流程图

物力浪费和工作效率的降低。

3.5.2　设计投资控制措施

（1）投资分解与控制

根据青宁输气管道工程特点及 EPC 联合体总承包项目的投资控制要求，结合以往类似工程经验和价格体系，由项目设计经理、各专业负责人对工程投资进行分解，在设计过程中，各专业成员严格按照分解的投资控制执行。

（2）建立信息反馈及纠偏机制

设计投资控制过程中，由于主客观因素产生的设计变更会造成细小设计投资控制指标的局部偏差，因此需要建立信息反馈及纠偏机制，及时将偏差信息准确反馈，并采取纠偏措施进行综合平衡。依托信息反馈及纠偏机制，在不突破大指标的前提下仍可实现项目投资目标值。

（3）采用新工艺、新材料优化设计成果

首先是从技术和经济两方面进行技术比选，寻求技术先进可行且工期优化的设计方案；其次是充分发挥设计单位各专业的优势，在设计过程的各个阶段执行投资控制措施，主要考虑投资、运行成本、管理难度、劳动强度、优化用工和经济效益等方面内容，寻求实现必要功能下经济可行的设计。

3.6 设计 HSE 管控

3.6.1 HSE 管控的环境要求

（1）法律法规、标准规范的要求

国务院令第 393 号《建设工程安全生产管理条例》和《建设项目工程总承包管理规范》（GB/T 50358）对设计单位的安全环保设计职责做出了明确规定，即设计单位应当把安全施工、环境保护贯穿于设计全过程，为工程项目的顺利实施创造条件。同时，建设行业应践行"安全先行"原则和"绿色建筑"理念，越来越重视项目全生命周期的人员职业健康、安全施工和环境保护，多措并举防止因设计不合理导致的安全事故和环境破坏。因此，在设计阶段开展 HSE 管理，是贯彻执行法律法规和现行标准规范的必然选择。

（2）长输管道工程特点的要求

青宁长输管道工程沿线的地理环境和地质条件较为复杂，其中有些地段的生态环境极其脆弱，需要采取特殊施工手段；有些地段需要穿越铁路、公路、桥梁等交通基础设施。因此，在设计管道路线时需要充分考虑这些因素，最大限度地减少对自然环境、人文环境和社会环境的影响。针对工程特点，青宁输气管道项目在前期开展了环境影响评价、安全预评价等专项评价，并取得了主管部门的批复；同时在设计阶段对专项评价意见和建议进行了认真响应，编制环境保护专篇和安全设施设计专篇，开展 HAZOP 分析及 SIL 评估，确保项目在设计阶段满足环境保护要求和管道本质安全。

（3）设计单位落实 HSE 责任的要求

按照法律法规及相关 HSE 管理要求，需要建立相关的 HSE 管理体系，明确各个承包商的 HSE 责任。HSE 管理在设计阶段提前介入，为设计全过程提供技术支撑，在设计图纸中制定关键及高风险施工作业的安全防护措施，可有效约束施工单位的施工行为，降低施工过程中安全事故发生的概率。同时，设计阶段的环保设计能从源头上减少项目建设对大气、土壤、水源、植被和周边居民日常生活的影响。从设计阶段落实 HSE 责任，有利于"提高安全意识、强化本质安全"，有助于提高建设人员的职业健康安全绩效、项目的安全绩效与环境绩效。

（4）减少施工过程 HSE 问题产生，提升 HSE 管控水平的要求

设计阶段针对 HSE 目标开展有针对性的设计，提出有助于安全施工、环境保护的设计方案，降低施工难度，能够消除和减少施工过程与 HSE 相关的问题，提升施工阶段 HSE 管控水平。此外，针对管道建设工程的预评价报告、地质勘探报告、地震安全性评估报告等报告中提出的与 HSE 相关的危险有害因素，在设计阶段就提出有针对性的防护措施，形成施

工过程的详细的解决方案,有助于提高施工现场的安全系数和可靠系数,有效降低施工对环境和人员的影响。

3.6.2 HSE 管控的实施

青宁输气管道工程项目设计遵循"环保优先、质量至上、以人为本、经济实用"的设计理念,并将这一理念贯彻于设计的全过程。在设计过程中严格落实"三同时"原则,重视生态环境的保护、恢复和利用,特别注意对沿线耕地的保护和沿河路段的生态防护,同时做好风险识别和防护,规避作业人员的施工风险,防止安全事故和环境破坏,保障人身和财产安全。

(1)严格遵循法规标准,强化安全设计理念

设计工作严格遵循《中华人民共和国安全生产法》《中华人民共和国消防法》《建设工程安全生产管理条例》《特种设备安全监察条例》《建设项目工程总承包管理规范》(GB/T 50358)、《输气管道工程设计规范》(GB 50251)、《石油天然气工程总图设计规范》(SY/T 0048)、《输油(气)钢质管道抗震设计规范》(SY/T 0450)、《石油天然气安全规程》(AQ 2012)等相关法律法规、标准规范,强化安全设计的理念,确保设计工作合法合规。

(2)发挥设计龙头作用,规避可能发生的各种 HSE 风险

严格遵守相关部门批准的建设项目安全条件审查或安全评价、环境影响评价、职业病危害预评价、地震安全性评估、地质灾害危险性评估、压覆矿产资源评估、水土保持方案书、节能评估、社会风险分析等审查及批复(备案)文件的要求,逐条响应和落实各项评价中的建议和措施,优化线路走向及站场位置,保证管道本质安全,做好环境保护,防止水土流失,注重劳动安全卫生。

根据相关标准规范的要求,进行 HSE 风险中的公共安全的识别和分析,针对工程不同 HSE 风险等级,对站场采取增加防冲撞装置,增加围墙高度,配备视频监控系统、入侵报警系统、电子巡查系统等治安防范措施,保证工程在特殊时期下的安全、平稳运行,减少外部人员有意破坏造成的人员伤害和经济损失。

根据油气管道与站场建设工程的特性,按照工程建设管理制度和中石化相关要求,开展青宁输气管道 HAZOP 分析及 SIL 评估,并采取相应的设计措施,以确保设计的本质安全。

另外,设计单位在设计交底时对安全设计内容、关键部位、关键环节的安全防范点做出说明,尽可能地在施工前规避各种 HSE 风险。

(3)严格落实"三同时"原则

针对管道工程的安全风险特性和环境保护要求,制定相应的安全控制措施、污染控制措施和生态环境保护措施,确保安全工程、环保工程与主体工程"同时设计、同时施工、同时

投入使用"。例如,在管道路由选择时,严格遵守国家生态红线制度,努力避开自然保护区、水源保护地、重湿地等具有重生态功能的环境敏感区,而当管道路由不可避免地穿越生态红线区等环境敏感点时,通过优化设计减少对管道沿线周围环境造成的影响,并采取措施对生态环境进行保护和恢复。由于青宁输气管道工程项目的特殊性及地方规划要求或其他客观因素影响,部分站场阀室选址及沿线部分管道路由会发生变动,此时就需重新梳理与核查新路线,避免穿越生态红线区。

3.7　设计与采办、施工和试运行的接口控制

传统模式下的设计接口是指设计单位各专业之间的接口,主要内容包括各专业设计之间的协作要求、设计资料互提过程、设计文件发放之前的会签工作等。EPC 联合体模式下的接口是设计与采购、施工、试运行、验收与考核等各部门之间的接口,主要内容包括重大技术方案论证与重大变更评估,进度协调,采购文件的编制,报价技术评审和技术谈判,供货厂商图纸资料的审查和确认,可施工性审查,施工、试运行、验收与考核各阶段技术服务等工作,是 EPC 联合体总承包管理的重点。

在 EPC 联合体项目中,设计作为项目"龙头",从一开始就对项目的造价和成本进行了基本的定义,设计成本一般只相当于建设工程全生命周期费用的 2‰~3‰,但对投资的影响却高达 70% 以上。在 EPC 工程项目建设中,设备材料成本所占比重很大,对于许多工程项目来说,设备材料采购费用占到 EPC 总承包合同金额的 50%~70%。总包商对建设工程的"设计、采购、施工"整个过程负总责,因此做好"E-P-C"接口之间的协调管理至关重要。

3.7.1　设计与采办的接口控制

将采购纳入设计程序是总承包项目设计管理的重要特点之一。通过项目实施计划将采办纳入设计程序,可随着设计的进展而较早地开始采购工作,并按统筹计划有条不紊地陆续开展采购活动。在相应的设计阶段分期分批提出长周期设备、关键设备、一般设备和材料的采购计划,可保证物资采购的质量和进度,控制投资,提高工程的质量,缩短工期,节省费用。

3.7.1.1　设计与采办的接口界面和职责

设计与采办的接口及界面如图 3-9 所示。

设计与采办接口的职责如下:

(1)针对项目核心工艺设备和重大设备,原则上在设计前由设计管理部牵头,设备采购与管理部协助组织相关供货商开展技术和商务交流,从技术和成本等方面综合论证,确定项目基本工艺和原则设计方案。

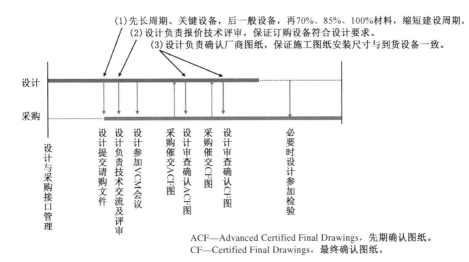

(1)先长周期、关键设备，后一般设备，再70%、85%、100%材料，缩短建设周期。
(2)设计负责报价技术评审，保证订购设备符合设计要求。
(3)设计负责确认厂商图纸，保证施工图纸安装尺寸与到货设备一致。

ACF—Advanced Certified Final Drawings，先期确认图纸。
CF—Certified Final Drawings，最终确认图纸。

图3-9　设计与采办的接口及界面图

（2）设计管理部向设备采购与管理部提出设备、材料采购的设备材料清册及技术规范书，由设备采购与管理部加上商务文件汇集成完整的询价文件后发出询价。

（3）设计管理部负责对供货厂（商）的投标文件提出技术评审意见，供设备采购与管理部选择或确定供货厂（商）。

（4）设计管理部派人员参加供货厂（商）协调会，参与技术协商。

（5）由设备采购与管理部负责催交供货厂（商）返回的限期确认图纸及最终确认图纸，转交设计单位审查。审查意见应及时反馈。审查确认后，该图即作为开展施工图设计的正式条件图，且是制造厂（商）制造设备的正式依据。

（6）设备主进度计划中的设计进度计划和采购进度计划，由设计和采购双方协商确认其中的关键控制点（如提交采购文件日期、厂商返回图纸日期等）。

（7）在设备制造过程中，设计管理部应派人员协助设备采购与管理部处理有关设计问题或技术问题。

（8）设备、材料的检验工作由设备采购与管理部负责组织，必要时可请设计管理部参加。

3.7.1.2　设计与采办的接口质量控制点

设计与采办接口的质量控制点为：请购文件（技术规格书/数据表）的质量，报价技术评审的结论，供应商二次返还图纸的确认和审查等。

EPC联合体项目设计对物资采购技术支持主要包括各类采购物资技术要求和技术交流、招投标文件技术咨询、供货商技术答疑、技术协议签署、供货商设计边界条件审查、供货商技术文件审查、设备生产制造过程临检和物资请购文件提报。

施工图设计和相关技术文件应当满足设备材料采购、非标准设备制作和施工、试运行、验收及考核的需要。

青宁输气管道工程 EPC 联合体项目部在项目开展初期,组织采办部门编制了物资采购计划,设计人员结合采购计划和采购周期要求,在设计过程中做到设计和采办同步开展,优先提交现场施工急需设备材料的物资采购技术文件(技术规格书、数据表等),并配合采办部门编制物资采购招标文件中的技术要求等内容,配合完成物资采购过程中与供货商的技术交流、技术答疑、招标技术审查和技术协议签署等工作。

3.7.2　设计与施工的接口控制

设计应具有可施工性,以确保工程质量和施工的顺利进行。通过设计优化产生的价值来提高工程效益,是节省工程费用的主要因素。设计团队要始终贯彻方便施工、节约成本的原则,同时要求施工团队对设计的合理性、经济合理性进行审核反馈,提出优化建议。

通过设计交底,说明设计意图,解释设计文件,明确设计对施工的技术、质量、安全和标准等的要求,确保工程质量,减少设计变更。

3.7.2.1　设计与施工的接口界面和职责

设计与施工的接口及界面如图 3-10 所示。

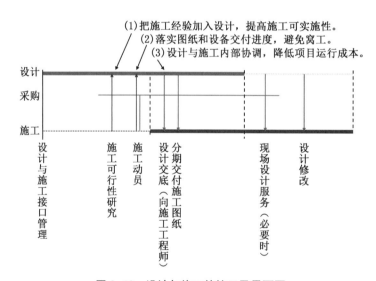

图 3-10　设计与施工的接口及界面图

设计与施工接口的职责为:

(1)施工进度计划由设计和施工协商确认其中的关键控制点(如分专业分阶段的施工图纸交付时间等)。

(2)设计单位组织各专业向施工管理对口人员进行设计交底。

(3)设计单位及时处理现场提出的有关设计问题,评估设计变更对施工的影响。

（4）工程设计阶段，设计单位应从现场施工组织设计规划和布置、预装、建筑、土建及钢结构环境等多方面进行施工可行性分析。施工单位应在对现场进行调查的基础上向设计单位提出重大施工方案，使设计方案与施工方案协调一致。

（5）按国家和中石化有关设计变更的要求，严格按程序执行设计变更与工程洽商（价值工程），并分别归档相关文件。

3.7.2.2 设计与施工的接口质量控制点

设计与施工接口的质量控制点为：施工向设计提出的要求与可施工性分析的协调一致性，设计交底或图纸会审的组织与成效，现场提出的有关设计问题的处理对施工质量的影响，设计变更对施工质量的影响等。

青宁输气管道工程项目提交设计成果后，根据业主、监理、施工等单位的施工图初审意见，设计管理部和设计单位组织相关专业技术人员对审查意见进行分析讨论，修改和完善施工图设计，并结合工程项目特点编制现场技术交底方案，开展设计交底工作。技术交底方案主要内容包括：

（1）建设项目概况，勘察设计文件执行的主要标准规范，对现场施工的主要技术和安全环保要求。

（2）施工图设计文件的构成，设计文件编码规定和索引规定，设计文件中所采用的图例符号的工程含义。

（3）工艺流程和主要设备，项目的主要工程量。

（4）建设项目外部接口关系，对设计遗留问题或待现场处理问题的说明。

（5）其他在项目勘察设计过程中需专项说明的问题，以及对建设单位和参建单位提出问题的答复或解释。

通过技术交底，使施工方充分了解项目建设内容和特点，尤其是建设过程中的难点和风险点，便于施工单位提前采取有效措施，保证施工进度和质量。

结合现场施工进度需要，设计单位派遣熟悉项目的专业技术人员进行现场技术服务工作，包括及时处理因现场实际条件、施工方案或物资供应等问题导致的设计变更；协助完成同地方政府、各相关产权单位的技术对接；发现并修正施工图中的设计错误；参与施工指导、投产试用和竣工验收等。同时，设计技术服务人员配合工程技术部门参与到施工管理中，结合现场实际情况，有效控制施工变更，并根据现场变更进行持续设计交底，确保施工与设计的一致性，为后续竣工图编制奠定良好基础。

3.7.2.3 设计与施工的接口管理措施

设计与施工接口控制的核心在于促进设计与施工的融合，提高工程建设效率和成本控制。当设计与施工组成联合体作为工程总承包商时，应相辅相成、优势互补、深度融合。青宁输气管道 EPC 联合体实现设计与施工深度融合的措施为：

（1）制定合理的组织架构。管理架构要根据各专业合同目标及现场实情来制定，通过有效的管理来协调各专业交叉实施，促进专业融合。特别是将设计、施工作为一个整体，在统一部署和管理下，利用科学合理的组织，优化整体工作流程安排，将各阶段工作合理穿插衔接。在满足项目建设要求的前提下，以方便实施、提高效率、争取最佳效益作为施工过程中的目的。

（2）不划分明确的设计和施工阶段。设计单位的设计工作要有施工单位参与，从具体的施工方法及实际的成本角度分析，对设计方案进行确定，在保证使用功能的同时，减少工程造价，提高项目利润。施工过程中设计单位加大设计配合和技术指导的力度，特别是重难点和危险性较大的分部分项工程施工，驻场指导和制定解决方案。利用设计的技术优势解决施工实施方案中的优化诉求，并保障工程质量和施工安全。

（3）设计工作开展前充分发挥施工专业前瞻性。设计、施工共同勘察现场，确保设计文件结合现场实际，融入施工的提议，减少施工过程中的设计变更。设计工作前期，施工方就应介入，掌握合同、招投标文件及相关的内部评审，并接受交底，调研项目各方面条件和背景等信息，及时掌握阶段性设计成果信息，根据施工实践经验提出优化建议。

（4）分阶段设计与施工融合。设计过程中结合项目特征和分阶段图审、分阶段施工的优势，做好项目分阶段设计和施工的交叉融合。施工方应实时跟进阶段性设计成果，根据项目相关信息和阶段性设计成果资料，为后期项目主要施工准备方案和主要施工技术方案进行技术经济比选。

（5）设计方参与项目全过程的管理。设计融入项目日常管理，参加项目部周例会，加入信息交流工作群等。保证设计及时跟进项目进度，加强设计在施工过程中的配合工作。及时响应施工方提出的施工技术措施和合理的优化建议，同时梳理正在设计的工程，有相似的问题及时修改。

（6）强化施工单位在施工过程中对设计的管理。施工单位对设计提出一些有利于项目实施的意见和建议，促进设计进行优化，其工作立足于降低项目实施风险、提高项目施工的可实施性和安全性。通过设计与施工深度融合，将相关技术方案和其他生产要素有机整合，并运用管理手段组织、协调和控制，保证项目整体质量和效益的提高，最终实现项目价值的提升。

3.7.3　设计与试运行的接口控制

设计单位应考虑试运行阶段的要求，依据合同约定，承担试运行阶段的技术支持服务，确保试运行的顺利进行。

3.7.3.1　设计与试运行的接口界面和职责

设计与试运行的接口及界面如图 3-11 所示。

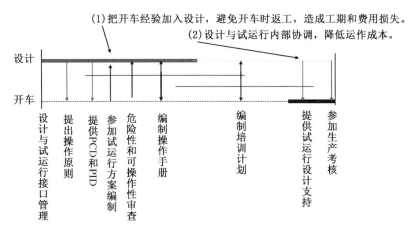

图 3-11　设计与试运行的接口及界面图

设计与试运行接口的职责为：

（1）设计单位提出运行操作原则,负责编制和提交操作手册。

（2）工程设计阶段,设计应与试运行部门洽商,提出必要的设计资料。

（3）试运行部门通过审查工艺设计,向设计单位提出设计中应考虑操作和试运行要求。

（4）设计单位派人员参加试运行方案的讨论。

（5）试运行阶段,设计单位负责处理试运行中出现的有关设计问题。

3.7.3.2　设计与试运行的接口质量控制点

设计与试运行接口的质量控制点为：设计应满足试运行的要求,满足试运行操作原则与要求的质量。

针对设计与试运行的接口控制,需要保证设计对试运行阶段的充分把控,以确保试运行的顺利进行。设计单位依据合同约定,承担试运行阶段的技术支持和服务。在试运行期间,设计对试运行进行指导和技术服务,并协助试运行经理解决试运行中发现的设计问题,评审其对试运行进度的影响。

针对建设项目试运行过程中存在的设计问题,结合 EPC 联合体管理模式,以减小设计对建设项目试运行的影响为接口控制目标,以设计与试运行接口管控体系为项目管理制度保障,以试运行阶段影响评价为后期设计优化的基础,以接口控制体系为管理工具,以建设项目 EPC 联合体模式试运行过程为主体,通过 EPC 项目的整体运行和集成管理,将设计与试运行有机结合,建立 EPC 联合体模式下的环境管理框架、管理流程和操作清单,提升企业的管理创新能力,预防和减少各类事件的发生。

4 项目采办管理

采办是为完成项目而进行的设备、材料采购和服务的过程,包括采买、催交催运、检验和运输等过程,是 EPC 工程总承包全过程管理中的重要环节,在项目实施中占有很重要的位置,是项目成败的关键因素之一。

4.1 项目采办概况

青宁输气管道工程是中国石化第一个全过程实施 EPC 总承包的长输管道项目,因此 EPC 承包人须严格按照中国石化物资采购管理办法及相关管理规定进行采购,所采购的物资应具有良好的品质,并保障安全、及时、经济供应,力求物资生命周期内总成本最低,性能价格比最高。

工程物资采办主体包括 2 家 EPC 设计单位及 6 家施工单位。项目工期紧、战线长,物资种类多(如第二标段包含 10 大类 92 个标包物资)。针对物资采购管理点多、面广、供应环节复杂等因素,建设单位、两个 EPC 联合体之间通力合作,构建了制度化、程序化、标准化、信息化的采办管理体系,严格执行中石化《EPC 承包商物资采购管理规定》,根据工程总体统筹计划、采购策略、采购计划,结合物资品类、供货周期等因素,严格设备、材料采购流程,质量控制分级管控,精细化管控生产、供货、仓储及出入库、变更、费控管理等环节,实现了工程建设物资保质、保量和及时交货,保障了工程如期完工。

4.1.1 采办范围

建设单位除保留项目前期所需的主管材、后期生产准备物资及抢维修物资外,其余物资全部交由 EPC 总承包单位组织采办,包括主管材、工艺设备、工艺阀门、控制系统等重点物资。特别是主管材,是建设单位首次整体交由 EPC 总承包单位实施采办。

4.1.2 采办界面

为保证物资质量、加快采购进程、便于后期运行维护,更好地发挥建设单位、EPC 牵头单位、施工方各自的优势,按照物资重要性、紧迫性、一致性分类原则,对采购界面进行了详细划分。建设单位采购提前批管材、生产准备物资、维抢修物资、车辆等;拿总单位 EPC 采购全线系统性工程物资、全线需招标采购的主要物资(拿总单位 EPC 进行框架协议招标,各 EPC 承包商执行);EPC 单位采购易派客上线物资、一般物资、零星物资等;施工单位采购零星物资。

物资采购界面划分见表 4-1 所示,采购界面说明见表 4-2 所示。

表 4-1　物资采购界面划分

序号	物资类别	物资种类
1	甲供物资	① 先期开工主管材,配套焊材、热收缩带、热煨弯管、光缆、硅芯管等 ② 生产准备物资
2	EPC 采购物资	除甲供物资以外的物资

表 4-2　采购界面说明

序号	界面单位	物资种类	物资明细
1	拿总单位	全线系统性工程物资	包括但不限于模拟仿真及培训系统、PCS 系统、SIS 系统、火灾报警系统、RTU 系统、变配电智能管理系统、光传输系统、软交换行政调度电话系统、网络系统、视频会议系统、安防系统、扩音对讲系统、通信机柜及操作台、DLP 拼接大屏系统、电子显示系统、GPS 巡检系统、SCADA 系统等
2	拿总单位	全线需框架协议招标的物资	包括但不限于缓凝土套管、旋风分离器、计量撬、调压撬、线路截断阀 Class600 40″、钢法兰球阀、低温球阀、焊接球阀、气液联动球阀、电动阀、旋塞阀、截止阀、安全阀、阀套式排污阀、法兰、垫片、螺栓螺母、限流孔板、放空立管、海缆、发电机组、高压计量装置、变压器、高压开关柜、高压环网柜、线路热煨管(防腐)、站场弯头、站场热煨弯头、站场绝缘接头、潜水排污泵、HART 手操器等
3	各 EPC 单位	直接执行框架协议的物资	包括但不限于主管材、收发球筒(含清管小车)、常规仪表、便携式气体检测仪、可燃气体探测器、仪控电缆、UPS、低压开关柜、电容器柜、调控中心电力电缆、电力电缆、光缆、硅芯管、灭火器、站场/阀室管材、管件等
4	各 EPC 单位	一般物资、零星物资	主要包括仪表设备配套材料、防爆配电箱、暖通风机、水专业阀门等其他设备;仪表大宗材料、电气大宗材料、暖通大宗材料、通信散材、给排水管材管件、镁合金牺牲阳极、阴保材料、电位采集仪(AC220V)、补口材料、警示带等施工材料

4.1.3　采购标包划分

工程按照工艺、电气、仪控、防腐、暖通、通信、消防、给排水、机制、储运等划分共计 10 大类工程建设用物资,结合国内设备生产、制造能力,除 SCADA 系统、调压撬内的电动调节阀、自力式调压阀、自力式安全切断阀为进口物资外,其余物资均可实现国产化生产制造。

根据集中采购原则,考虑物资种类、物资数量、生产周期、供应商(生产商)生产规模、制造能力、技术水平、行业业绩、售后服务等各方面因素,确定长周期、次长周期、常规供货设备,结合工程实际情况,划分采购标包。

以青宁输气管道工程二标段 EPC 为例,将所采购物资划分为 97 个标包,标包划分随项目进展及时进行优化调整。

EPC 二标段采购标包划分表见表 4-3 所示。

表 4-3　EPC 二标段采购标包划分

序号	专业	标包/个	标包名称
1	机制	5	过滤分离器、旋风分离器、放空立管、收发球筒、快开盲板
2	储运	13	限流孔板、低温阻火器、绝缘接头、钢法兰球阀、焊接球阀、气液联动球阀、电动阀、旋塞阀、截止阀、法兰、垫片、螺栓螺母、平衡压带
3	仪控	24	调压撬、计量撬、SCADA 系统、RTU 系统、模拟仿真及培训系统、PCS 系统、SIS 系统、分析小屋、气液联动执行机构、电动执行机构、火灾报警系统、常规仪表、仪控电缆等
4	电气	14	UPS、变压器、发电机组、高/低压开关柜、变配电智能管理系统、电力电缆等
5	通信	15	通信各系统、海缆、光缆、硅芯管、通信散材等
6	消防/给排水	3	灭火器、灭火箱、潜水排污泵
7	工艺	11	螺旋管(防腐)、直缝管(防腐)、热煨弯管(防腐)、无缝钢管、三通、管件、混凝土套管等
8	防腐/阴极保护	12	热收缩带、牺牲阳极、测试桩、恒电位仪、电位采集仪、排流装置、高硅铸铁阳极、参比电极、阴保电缆、在线监控系统等
	合计	97	

4.2　采办管理体系

健全的采办管理体系及规章制度,可以保障物资从计划、采购、生产加工、物流运输、现场分配等各个环节均处于受控状态,确保工程顺利运行。

4.2.1　采购原则

(1)依法合规原则。采购过程符合相关法律、法规,遵循公开、公平、公正原则;符合《物资供应管理规定》及相关规章制度,符合公司内控制度要求,严格执行物资电子招标采购;做到应招必招、能招尽招,坚决杜绝指定采购和独家采购。

(2)安全、及时、经济供应原则。采购实行"归口管理、集中采购、统一储备、统一结算"的物资供应管理原则,建立以施工需求优先,同类物资一次性采购、分批次交货的集中采购管理模式,确保物资安全、及时、经济地供应,确保施工物资的连续供应。

（3）统筹规划原则。统筹计划、提前准备、合理安排，根据工程进度制定详细的物资采购总体统筹控制计划，发挥框架协议招标优势，严格控制物资进度，确保工程物资保质、保量、按时供应。

（4）标准化采购原则。项目物资的采购技术要求，严格按照中石化"标准化设计、模块化建设、标准化采购"的管理要求，以物料分类与代码执行标准化采购，严格执行物资采购技术标准。

4.2.2　采办工作程序

科学、完善的采办工作程序，是采办工作开展的前提，加强采办工作的统筹规划和管理控制，确保采办合规、合法、公开、公平、公正，确保项目建设所需物资安全、及时、经济供应。

青宁输气管道工程执行中石化物资供应管理体制，归口管理、集中采购，执行"统一的物资供应管理体制和业务运行机制，统一的管理制度和采购流程，使用统一的供应商资源库、电子商务系统和采购招标平台"等"七统一"要求。

青宁输气管道 EPC 总承包项目部根据相关要求建立采办管理制度，明确采办工作程序和控制要求；建立 EPC 总承包采办组织机构，明确岗位职责具体内容和要求。

采办工作程序主要包括：编制采购策略，确定采办组织机构，编制采购计划，编制招标方案，采购过程管理，采购质量管理，采购物流管理，采购合同管理，采购 HSE 管理，采购收尾管理等。

4.3　采办组织机构及岗位设置

4.3.1　采办组织机构

科学合理的人力资源配置，是高效完成采购工作的保障。组织机构的设置，应根据项目的规模、组成、专业特点与复杂程度、人员状况和地域条件，以及合同约定的服务内容、服务类别及工程建设项目需求等因素确定。

典型采办实施组织机构见图 4-1 所示。

4.3.2　采办岗位设置及职责

青宁输气管道工程本着"专业性、适用性、高效性及权责相符"的原则，配备项目采购组织机构，明确岗位职责和分工。如第二标段 EPC 联合体配备项目副经理 1 名，采办经理 1 名，采办副经理 2 名，采办工程师 6 名，接报检工程师 4 名，催交催运工程师（兼）4 名、文控人员 1 名，共计 15 人。采购人员配置见表 4-4 所示。

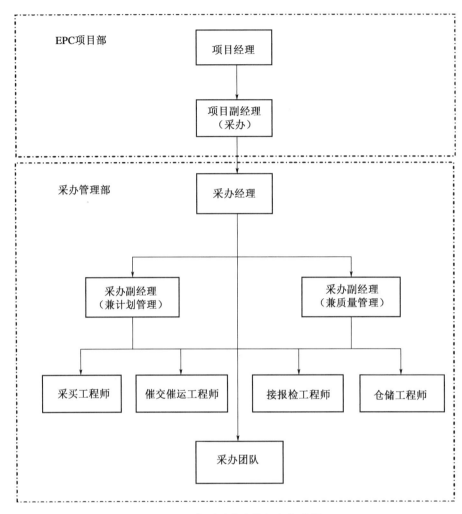

图 4-1　典型采办实施组织机构图

表 4-4　二标段 EPC 联合体采购人员配置

序号	岗位名称	岗位职责	人数
1	项目副经理	全面负责项目采办管理工作	1
2	采办经理	负责全面落实采办工作	1
3	采办副经理	负责与集团公司上级部门、业主、监理及项目部内部各部门间协调所有采办流程、审批等各项相关事宜;主管项目采购范围/计划管理、资金管理、供应商管理、现场管理工作; 负责项目框架协议采购/电子商务平台采购管理、招标管理、合同管理、进度(催交催运)管理、监造管理、质量管理工作	2
4	催交催运岗	组织开展监造工作、物资质量检验工作,处理物资质量问题,定期进行质量统计分析,并对供应商进行质量评价	4

序号	岗位名称	岗位职责	人数
5	物资采购岗	规范执行物资采购工作,包括供应商资格预审及考核评价、执行框架协议采购、招评标、合同签署、履约反馈等,主要包括工艺专业采办工程师、电气专业采办工程师、仪控专业采办工程师、通信专业采办工程师、大宗材料采办工程师、阀门采办工程师、阴保/消防/给排水专业采办工程师、机制专业采办工程师	6
6	文控岗	全过程信息管理,各类往来文件的收发、登记、汇总、送批、传阅、催办、存档、调阅和保管	1
7	接报检岗	组织第三方检验、物资到场接收及联合验收工作,根据物资接报检要求协调办理相关工作;专业分包商根据项目实际需求安排人员	4
8	仓储管理岗	负责物资入库、保管、维护、发放及仓库管理工作;合理规划仓储区域及具体货位,物资出入库办理准确及时;专业分包商根据项目实际需求安排人员	

针对项目采购人员定期开展技术培训,提升个人素质及工作能力,激发采购人员兴趣和激情,增强团体凝聚力,通过人性化、科学化的管理提高工作人员的获得感、满足感和归属感,发挥采购人员主观能动性和聪明才智,使采购工作高效、顺利开展,保证物资有序、高质量、安全到达现场。

4.4 编制采购策略

为了加快采购进度,保证采购质量,EPC联合体采购部根据建设项目外部供应市场环境和内部需求特点,依据"客观性、标准化、完整性、操作性"原则,结合工程总体统筹计划,编制采购策略,对物资采购工作进行指导和约束。

工程采购策略分三个阶段,循序补充、完善。

(1)第一阶段采购策略主要包含:项目管理模式、项目总体目标、里程碑控制点、物资总体情况及建设期间市场环境、重要设备材料市场行情及供求关系分析、项目所需物资采购策略制定思路、采购计划安排、采购组织机构及主要人员构成、岗位职责等。

(2)第二阶段采购策略主要包含:长周期和次长周期设备及材料确定策略、长周期设备及材料提前采购策略、供应商选择策略、采购方式及价格确定策略、过程控制策略、工程余料控制策略、采购进度安排、物资采购里程碑等。

(3)第三阶段采购策略主要包含:长周期和次长周期物资外其他物资采购详细安排、物资采购计划清册、完善过程控制方案等。

设备材料采购策略清册模板见表4-5所示。

表 4-5　设备材料采购策略清册模板

物资需求			市场状态评估				框架协议采购类型	采购和价格控制方式			过程控制策略			储备策略	采购技术标准
类别（品种）	类别名称	品种名称	供需平衡状态	商务及技术要求等级	一般采购周期	是否框架协议采购		采购方式	定价方式	是否引入采购技术专家	质量控制	进度控制	物流控制		
主管材	螺旋焊缝管	1016×17.5 L485M SMWH	供不应求	一般	2个月	是	ZZ	总部直采	总部执行价	否	A	1	1		
通信材料	通信光缆	GYTS-32B1（包括 HDPE 硅芯管 040/33 mm）	供求平衡	一般	2个月	是	QQ	公开招标	综合评价法	否	C	4	4		
静设备	压力容器	旋风分离器 P=10 MPa DN1000	供求平衡	一般	2个月	是	QQ	公开招标	综合评价法	否	B	2	2		
工艺阀门	线路截断阀	Class600 40"	供求平衡	较难	半年	是	QQ	公开招标	综合评价法	否	A	1	4		
仪表	仪控系统	调控中心控制系统 SCADA	供求平衡	较难	半年	否		公开招标	综合评价法	否	A	1	4	资金	国家标准

4.5 采办计划管理

4.5.1 项目采购目标及工作分解结构

根据工程总体统筹计划及采购策略,对采办工作进行详细的 WBS 分解,编制采购计划。

4.5.1.1 采购目标

采购进度管理的主要目标如下:

(1)按照项目整体进度计划的要求,完成物资招标采购工作。

(2)按照施工进度计划的要求,保证物资及时到场。

4.5.1.2 采购工作分解结构

项目工作结构分解是以可交付成果为导向的工作层级分解。其分解的对象是项目团队为实现项目目标、提交所需可交付成果而实施的工作。工作分解程度由采购部根据建设项目的具体情况,按照"必要、足够"原则确定,并在对应的 WBS 下创建网络作业工序。工作分解结构编码或流水号,是唯一的,不得重复。

以二标段 EPC 联合体为例,项目按照"必要、足够"原则,结合专业、材料类别进行工作分解,采购工作分解结构见表 4-6 所示。

表 4-6 二标段 EPC 采购工作分解结构

WBS 分类码	WBS 名称	WBS 分类码	WBS 名称
QNGD - 6.1.2	采办	QNGD - 6.1.2.2.1	测试桩
QNGD - 6.1.2.1	线路工程物资	QNGD - 6.1.2.2.2	电位采集仪
QNGD - 6.1.2.1.1	线路螺旋管(防腐)	QNGD - 6.1.2.2.3	参比电极
QNGD - 6.1.2.1.2	线路直缝管(防腐)	QNGD - 6.1.2.2.4	阴保在线监控系统
QNGD - 6.1.2.1.3	线路热煨管(防腐)	QNGD - 6.1.2.2.5	工艺设备
QNGD - 6.1.2.1.4	硅芯管	QNGD - 6.1.2.3	旋风分离器
QNGD - 6.1.2.1.5	热收缩带	QNGD - 6.1.2.3.1	过滤分离器
QNGD - 6.1.2.1.6	阴极保护	QNGD - 6.1.2.3.2	计量撬
QNGD - 6.1.2.2	牺牲阳极(线路工程)	QNGD - 6.1.2.3.3	调压撬

（续表）

WBS 分类码	WBS 名称	WBS 分类码	WBS 名称
QNGD - 6.1.2.3.4	限流孔板	QNGD - 6.1.2.6.13	压力表
QNGD - 6.1.2.3.5	放空立管	QNGD - 6.1.2.6.14	气体分析系统（分析小屋）
QNGD - 6.1.2.3.6	收发球筒（含清管小车）	QNGD - 6.1.2.6.15	电气设备材料
QNGD - 6.1.2.3.7	绝缘接头	QNGD - 6.1.2.7	UPS
QNGD - 6.1.2.3.8	阀门	QNGD - 6.1.2.7.1	变压器
QNGD - 6.1.2.4	放空阀、截止阀、排污阀	QNGD - 6.1.2.7.2	高压开关柜
QNGD - 6.1.2.4.1	旋塞阀	QNGD - 6.1.2.7.3	低压开关柜
QNGD - 6.1.2.4.2	分体球阀	QNGD - 6.1.2.7.4	发电机组
QNGD - 6.1.2.4.3	全焊接球阀（24″～40″）	QNGD - 6.1.2.7.5	电气火灾监控系统
QNGD - 6.1.2.4.4	全焊接球阀（1″～20″）	QNGD - 6.1.2.7.6	防爆配电箱及防爆配件
QNGD - 6.1.2.4.5	气液联动球阀	QNGD - 6.1.2.7.7	通信设备
QNGD - 6.1.2.4.6	给排水设备	QNGD - 6.1.2.8	光传输系统
QNGD - 6.1.2.5	潜水排污泵	QNGD - 6.1.2.8.1	软交换调度电话系统
QNGD - 6.1.2.5.1	仪表设备及材料	QNGD - 6.1.2.8.2	网络系统
QNGD - 6.1.2.6	模拟仿真及培训系统	QNGD - 6.1.2.8.3	视频会议系统
QNGD - 6.1.2.6.1	站控系统及 RTU 系统	QNGD - 6.1.2.8.4	扩音对讲系统
QNGD - 6.1.2.6.2	PCS 系统	QNGD - 6.1.2.8.5	安防系统
QNGD - 6.1.2.6.3	SIS 系统	QNGD - 6.1.2.8.6	防冲撞系统
QNGD - 6.1.2.6.4	火灾报警系统	QNGD - 6.1.2.8.7	站场大宗材料
QNGD - 6.1.2.6.5	可燃气体探测器	QNGD - 6.1.2.9	仪控电缆
QNGD - 6.1.2.6.6	仪控阀门	QNGD - 6.1.2.9.1	电力电缆
QNGD - 6.1.2.6.7	电控一体化小屋	QNGD - 6.1.2.9.2	无缝钢管（防腐）
QNGD - 6.1.2.6.8	温度变送器	QNGD - 6.1.2.9.3	直缝钢管（防腐）
QNGD - 6.1.2.6.9	智能压力变送器	QNGD - 6.1.2.9.4	站场管件
QNGD - 6.1.2.6.10	智能差压变送器	QNGD - 6.1.2.9.5	热煨弯管
QNGD - 6.1.2.6.11	超声波液位计	QNGD - 6.1.2.10	其他
QNGD - 6.1.2.6.12	双金属温度计		

4.5.2 物资采购计划

4.5.2.1 采购计划编制

项目计划体系以基准控制、分级管理、逐级分解细化、下一级计划控制目标不得突破上一级计划为原则。总体统筹进度计划(一级计划)处于整个体系的最高层次,是全项目进度控制的基准计划,全项目各类计划均不得突破其控制目标。

采购计划编制要求计划控制数据要保证其准确性、及时性和连续性。

青宁输气管道工程在 EPC 联合体模式下,根据项目标段划分、物资情况、供货周期、施工实施进度要求等,分级制订采购总体计划、月度计划、周计划(全面总攻阶段)。

(1)项目采购总体计划

根据项目进度计划、采买周期和现场材料需要日期,编制项目采购总体计划。项目采购总体计划包括项目采购管理组织机构及人员配备、采购进度计划、采购方案、催交计划、检验计划、物流组织等。

青宁输气管道工程总共有 10 大类物资,品类众多,为了保证各项物资按时有序运至现场,EPC 联合体项目部结合设计、施工计划,应用关键路径法(CPM)网络技术,使用 Primavera P6 软件进行计划编制,对计划控制(从计划编制、审查、批准、发布到进度检测及报告、调整与纠偏、进度预警、进度考核等)进行统一全过程管理,根据项目需要编制至四级计划,主要涉及的控制点包括各专业提供采购文件时间、招标采购时间、评标时间、合同谈判时间、签订合同时间、设备返资料时间(分批次)、设备资料审查时间、设备关键节点检查时间、出厂验收时间、到货时间、供货厂商现场服务时间等。

对于长周期、次长周期设备和重要物资,生产过程管控节点还包括原材料订货、原材料到货、外协件订货、外协件到货、本体制造进度等,并根据项目运行实际情况,调整、优化催交催运计划。针对大宗、超重、超限物资,EPC 联合体采购部到现场进行实地考察,选择合适的运输方、运输方式,制定详细、可行的物流运输方案。

(2)项目月度采购计划

依据项目采购总体计划、项目月度工作计划、已接受的请购文件、已下请购物资的采购状态及项目施工部门提交的需求计划,按月组织编制项目月度采购计划。

工程按施工时间节点制订计划,了解当前施工进度,下一步物资需求量、需求时间及是否有前期未考虑到的物资或急需物资,以便合理安排管控材料供货单位的生产进度,统一调配现场可周转材料。比如在主管线施工阶段,各家施工单位同时开工、开焊,材料供应非常紧张,对此物资部依据月度计划与工程部门和技术部门预估未来一个半月内的施工进度,通过提前排期和备货保证了正常施工进度。

（3）项目周计划

在工程全面总攻阶段制订周计划。针对昼夜有大量物资同时进场，面对人员不足、存料场地有限等实际情况，实际需用计划至少需提前三天报到物资部门，以便物资部门提前联系管理公司、监理单位、试验部门做好准备工作，提前准备报检资料，优化进场手续，节约进场时间，统筹安排施工单位材料员现场验收交接。

4.5.2.2　主要物资的供货周期

掌握主要物资的供货周期，可以帮助制订详细、准确的采购计划。青宁输气管道主要物资供货周期如下：

（1）主要进口物资的采购周期

电动调节阀、自力式调压阀、自力式安全切断阀的供货周期为 10 个月。

（2）其他物资的采购周期

① 调压撬的供货周期为 10 个月；

② 计量撬、电控一体化撬的供货周期为 6 个月；

③ 分析小屋的供货周期为 6 个月；

④ SCADA 站控系统、RTU 系统、PCS 系统、SIS 系统等物资的供货周期为 6 个月；

⑤ 模拟仿真及培训系统的供货周期为 8 个月；

⑥ 温度变送器、压力变送器、超声波液位计、双金属温度计、压力表等物资的供货周期为 2 个月；

⑦ 放空阀/截止阀/排污阀、旋塞阀、气液联动球阀、工艺球阀的供货周期为 6 个月；

⑧ 电动执行机构的供货周期为 4 个月；

⑨ 气液联动阀执行机构的供货周期为 6 个月；

⑩ 过滤分离器、旋风分离器、收发球筒、限流孔板等设备供货周期为 4 个月；

⑪ 光传输系统、网络系统、扩音对讲系统、安防系统等物资的供货周期为 4 个月；

⑫ 阴极保护在线监控系统的供货周期为 3 个月；

⑬ 发电机组、高压计量装置、高压开关柜、低压开关柜等物资的供货周期为 4 个月；

⑭ 仪控电缆、电力电缆等物资的供货周期为 2 个月；

⑮ 线路防腐成品钢管、冷弯弯管用管、热煨弯管放空立管的供货周期为 2 个月；

⑯ 光缆、硅芯管、热收缩带、镀锌钢管、牺牲阳极、普通测试桩等物资的供货周期为 1 个月；

⑰ 各类工艺管件（直管、弯头、三通、四通、支管台、管帽、丝堵、法兰及配套的附件、大小头、低温阻火器等）的供货周期为 1 个月。

4.5.2.3　采购里程碑节点

青宁输气管道项目根据工程实际情况，结合总体统筹计划、设计计划、采购计划，设置

6 个大的里程碑节点：

（1）开始主要设备、材料技术交流工作。

（2）完成主管材、热煨弯管、热收缩带、阴极保护材料等线路工程物资的采购。

（3）完成工艺阀门、执行机构、调压撬、计量撬等需要框架协议招标物资的采购。

（4）完成通信系统、仪控设备等全线系统性工程物资的招标采购。

（5）完成站场材料、电气设备的采购工作。

（6）完成全部项目物资采购招标工作。

4.5.3　主要管控措施

采购计划的有效性管控，是保证物资按计划、保质、保量运抵现场的重要手段。青宁输气管道工程严格按照经建设单位批准的终版技术资料及采购单进行采购需求计划的编制，确保采购需求计划的完整性、准确性。

（1）进度分级管控措施

按照《中国石化物资供应过程控制管理办法》规定的分级控制原则，参照青宁输气管道工程业主的管理制度，结合物资制造周期和施工实施计划等文件，将 EPC 项目部采购界面的物资分为一级、二级、三级、四级等四个级别开展进度控制。

一级：制造周期大于 12 个月（含）的长周期设备材料或位于工程建设关键路径上的物资，如发生进度问题则对生产建设产生重大影响的物资。

二级：制造周期为 6～12 个月的物资，如发生进度问题则对生产建设产生较大影响的物资。

三级：制造周期为 3～6 个月（不含）的物资，如发生进度问题则对生产建设产生一般影响的物资。

四级：制造周期为 3 个月以下的一般设备材料、备件等物资，如发生进度问题则对生产建设产生较小影响的物资。

青宁输气管道工程依据进度分级原则及项目具体情况，物资进度分级管控措施见表 4-7 所示。

表 4-7　采购进度控制等级及管控措施

级别	物资明细	管理措施	备注
一级	螺旋管、直缝管、热煨弯管等线路工程关键物资；全通径强制密封钢法兰电动球阀、调压撬；计量撬	① 制订全过程采购控制计划，列出主要时间节点； ② 明确主要外购原材料、外协件分供方范围和关键控制点； ③ 按全过程采购控制计划，每月采用电话、邮件或实地查看等形式检查进度一次以上，原则上每 2 个月赴制造厂检查一次以上；发现有迟交迹象或趋势，应逐月赴制造厂检查进度	

级别	物资明细	管理措施	备注
二级	SCADA 自控系统；RTU 系统、PCS 系统、SIS 系统；电动执行机构、气液联动阀执行机构；放空阀/截止阀/排污阀、旋塞阀、气液联动球阀、工艺球阀	① 制订全过程采购控制计划，列出主要时间节点； ② 明确主要外购原材料、外协件分供方范围和关键控制点； ③ 按全过程采购控制计划，每月采用电话、邮件或实地查看等形式检查进度一次以上；发现有迟交迹象或趋势，应逐月赴制造厂检查进度	制造进度滞后，影响项目工期时，自动调整至上一级催交方式，开展工作
三级	过滤分离器、旋风分离器、收发球筒、限流孔板；光传输系统、网络系统、扩音对讲系统、安防系统；发电机组、变配电智能管理系统、高压计量装置、高压开关柜、低压开关柜	现场巡检与电话、邮件询问相结合，发现有迟交迹象或趋势，应每周电话、邮件或实地检查进度	制造进度滞后，影响项目工期时，自动调整至上一级催交方式，开展工作
四级	常规仪表；仪控电缆、电力电缆；光缆、硅芯管、热收缩带、镀锌钢管、牺牲阳极、普通测试桩；各类工艺管件	合同交货期过半时，应电话、邮件检查进度	

（2）主要控制环节管控措施

EPC 项目部采办管理部重点关注影响采办进度的主要控制环节，制定合理、可行的控制措施，确保项目控制计划的顺利实施。控制措施详见表 4-8 所示。

表 4-8　采购主要控制环节控制措施

控制环节	控制措施
采办计划	① 做好采办整体筹划； ② 编制合理的采办进度计划
采办进度跟踪和监测	① 及时跟踪采办计划的执行状态； ② 评估进度执行效果，并纠偏； ③ 对订单进度进行跟踪和监测； ④ 对关键物资进行督办； ⑤ 及时向设计反馈关键设备资料
到货交接	① 及时沟通，提前获取物资到货信息； ② 编制详细的现场到货计划； ③ 将到货信息及时通报施工单位； ④ 加强现场中转站管理

（3）优化物资采办模式

青宁输气管道工程项目物资采办方式主要包括公开招标、执行框架协议与委托中国石化总部直接采办三种模式。

项目正式启动后，EPC 采办部结合青宁输气管道工程项目物资采办的特点，认真梳理各个环节的工作内容，编制操作说明文件及各类模板文件，涵盖提报请购文件、编制招标委托单、框架协议商品上架、填写采办合同编制等工作环节。力争实现采办工作的标准化和模板化,提高每个标包的工作效率,进而加快整个项目的物资采办进度,保证现场施工的物资需求。

① 公开招标

青宁输气管道工程项目投资金额大,大多数采办标包均采用公开招标。公开招标的审批层级多,需考虑维护评标办法、招标失败及澄清答疑等各项工作,从提报招标委托单到发布中标通知书,整个招标过程通常需 40 天。首先,采办部提前整理同类物资的评标办法和资质审查项,便于和业主进行沟通,减少大量的招标准备时间,为快速完成物资采办招标提供保障。其次,编制招标委托单模板文件,对付款方式及进度、重要商务条款、技术要求、费用构成等内容进行统一规定,减少业务人员的编制时间。

② 执行框架协议

按照建设单位要求,中国石化集团公司框架协议或其他企业框架协议已经涵盖的物资,必须执行框架协议采办方式。青宁输气管道工程在项目启动阶段,采办部提前整理相关物资的框架协议文件,与设计部密切沟通,逐项梳理框架协议的覆盖程度,核实是否满足设计要求,保证在收到正式需求计划后第一时间下达采办订单。

③ 委托中国石化总部直接采办

青宁输气管道工程的工艺阀门、站控系统等重点物资均属于中国石化集团公司总部直接采办范围,项目部加强与集团公司物资装备部各公司的沟通,提前了解招标委托的要求,积极配合支持物资装备部各公司开展工作。重点物资正式招标前,多次参加技术文件审查会和招标澄清答疑会,力争一次开标成功,尽量避免出现招标失败的情形。

(4)采购端口前移,确保设计、采办有效衔接

EPC 项目投标阶段,采购部门全程参与询价、组价、招标文件的编制工作,对项目需要采购的设备材料进行充分了解和认识;采购工作实施阶段,在项目设计阶段提前介入,充分了解设备材料采购的种类、技术要求、价格构成等方面的内容,依照项目总体进度计划及施工计划的需求,对长周期工艺阀门、撬装设备等物资最先出具技术资料,采办管理部第一时间完成采买、下订单工作。对部分供货周期相对较长、需要供货商反馈设计图纸的工艺设备,加强与供货商的沟通、协调,解决技术问题、保证设计进度。

(5)物资生产过程管控措施

青宁输气管道工程项目采办管理采用第三方专业机构驻场监造的方式,从钢板开始到物资生产的各个环节进行监管监造,对生产的产品进行检验,不允许不合格产品出厂,以保证从源头实现质量管控。

工程按照管道施工、水网穿越、站场施工等大的工程节点制订阶段性节点提料计划,按区域整理同类材料的预估用量。在图纸到位前统计物资用量大数据,提前组织招标采办工

作,提前了解施工进度的时间节点及所需的材料种类,对材料进场时间提前预估。在材料使用方面,对一些未出现在大计划上的常规用料及时与技术部门沟通并予以确认,以免后期使用时丢项。例如,施工进度和材料用量要求成品材料在见到提料计划后一到两天内进场,而且项目所有加工类材料的进场时间基本比常规工期都有减少,这些节省的时间归功于节点大计划,物资部门可根据计划提前招标,提前准备,合理整合资源安排生产进度。

由于原材料成本价格受市场经济的影响较大,因此物资采购计划的制定需充分考虑到材料价格的变化规律。物资计划管理者加强对所采办材料价格的管控,设置专人定期调研记录市场价格,随时了解材料采办价格的变动并有效预测物资价格的实际变化趋势,以保证物资采办计划的合理、及时、高收益,尽可能降低物资采办的成本。

采购人员与供应商建立常态化协调机制,通过周报、日报、即时通信工具等多种方式,对物资生产过程进行动态记录、监控。依照设备状态记录和大宗材料状态记录中相关项目的进度描述计算项目的采购进度完成百分比,并制定纠偏措施。对于重要物资,安排专人监控制造进度,有效控制供货周期,确保按计划供应到场。

针对项目大量的物资计划、进场量和每天快速的信息交替,采办部门通过分区域、分工种对提料计划分类上墙,明晰物资提料计划量、材料进场使用情况。管理负责人要求物资部门按区域分工,责任到人,每个人对本周工作采用广告牌式管理,排出先后和主次顺序,对重点、急需的计划优先处理、亲自过问。既整合了资源,又分散了总包物资人员的工作,减少了工作量,加快了工作速度,也避免了人员重复作业。

(6) 信息化管理措施

利用现代科技、物联网、专业化采购管理软件进行物资采购信息化管理,能够规范采购过程信息收集、整理、分析、处置、储存、传递与使用等工作,保证信息的真实性、及时性、完整性、可追溯性,能够有效提升采购效率。

工程进度计划管理采用 PRIMAVERA P6 软件,编制网络计划时考虑各项物资采购、合同签订、生产过程、关键节点检查、出厂验收、物流运输、出入库等各个环节时间节点,并与设计、施工节点进行关联。通过网络信息技术、云计算和大数据等收集实际时间,将其进行分纳和归类,与 PRIMAVERA P6 计划进行比对,及时发现进度偏差,提出纠偏措施,保证采购进度满足工程要求。

工程采用中石化 ERP 系统、EC(电子商务)系统,采购工作流程化、透明化、系统化,提升了工作效率。通过优化采购组织机构,明确 ERP 系统上各部门的职责、权限,计划部门、设计部门、采办部门、质检部门、仓储管理部门、供应商等不同部门之间在 ERP 系统上进行物资采办、物资入库、物资出库等业务的处理,相关业务处理便捷,信息流通更加通畅。

建立物资信息标准化系统,统一票据、台账等内业资料标准化格式,做到表表相通,账账相连,信息共享,互为依据。数据在制表过程中反复可查,强化对物资数量、单价、金额等数据的筛选功能,做到了物资记录详细清晰,查询简单方便,表单标准统一,提高了工作效率,降低了错误率,避免了重复工作,为后续工作如物资进场、验收、对账、查询等奠定了基础。

4.6 采办质量管理

加强采购质量过程控制,是降低采购质量风险,确保项目物资质量安全的保证。

4.6.1 采购质量目标及要求

遵循质量第一原则,建立物资供应质量保证体系,加强物资供应全过程质量管理与控制,把好供应商选择、合同签订、过程监造、出厂检验、验收使用等质量管理与控制的关键环节。

对项目采办实施的各阶段,确定各质量控制关键点及控制要求,具体见表4-9所示。

表 4-9　采购质量控制关键点及要求

序号	控制阶段	控制关键点	控制要求
1	计划阶段（O版请购文件提报前）	检验计划清册	确定分级质量控制计划,明确第三方监造服务商执行框架协议依据,上报业主审批
2		供应商考察	根据设计需求,按规定组织关键性设备进行供应商考察,为设计提供技术支持
3		供应商寻源	针对供应商可供资源调查统计的标准化管理文档,针对资质、业绩、检验能力、运输条件进行预审
4		供应商技术交流	根据设计需求,组织设计筛选在供应商可供资源调查中符合技术要求的供应商,进行技术交流,为设计提供技术支持
5		技术文件支持	根据设计需求,协调反馈供应商设备设计资料
6		检验要求	按照经业主批复的物资检验计划清册,配合设计在规格中明确各物资的检验计划要求:从原材进场到制造再到检验等各物资制造阶段,各关键点的检验要求
7		技术文件清单	对在投标阶段、物资制造阶段、随货发运阶段需供应商提交的技术文件节点要求、深度要求、技术要求进行明确
8	采购阶段（收到O版请购文件至开标）	评分细则	组织设计确定评分细则和使用说明,符合项目物资在进度、质量、售后、付款等方面的实际需求
9		投标文件中的技术文件要求	以O版规格书一文件清单中关于投标阶段提交的技术文件要求为依据,细化并进一步明确技术文件要求

（续表）

序号	控制阶段	控制关键点	控制要求
10	采购阶段（收到 O 版请购文件至开标）	招标文件	在招标文件中,对于 A、B 类设备,明确要求供应商在投标文件中提交制造检验计划、物资制造安排、外购件清单及品牌
11		招标文件澄清	针对投标商提出的澄清,及时组织设计进行澄清,并在 EC 系统上尽快提报澄清内容至物装审批,并公布给每家应标的投标商
12		技术协议签署	对中标通知书公示期后经确认的中标供应商,按照以 O 版技术文件为优先级,结合投标澄清及投标文件,签订技术协议
13	执行阶段（下发中标通知书至物资出厂前）	技术资料反馈	下发中标通知书 7 日内,要求供应商按照规格书中文件清单要求反馈技术资料至设计
14		采购合同	采购合同评审,合同内容明确,通过法律约束保证物资采购目标的实现
15		开工会议	A 类物资召开开工会议,邀请业主参加,明确制造检验要求
16		质量管理方案	A 类设备及制造周期 3 个月以上的 B 类设备:要求供应商上报提交从原材料进场、制造加工工艺、工序检验、组装、中间产品试验、整机试验、表面处理试验、包装检验全流程的质量管理方案,并作为对物资检验的监督方案
17		预检验会议	A、B 类物资实施检验前召开预检验会议,审核供应商检验计划
18		检验报告/监造报告	由第三方监造公司关键点检验人员到厂,针对检验计划执行检验工作,并上报检验报告
19		完工资料	供应商上报完工资料,采办管理部组织设计部按照规格书中文件清单及合同要求对完工资料进行审核
20	现场管理阶段	联合验收	物资到场后,按照项目接保检大纲和合同技术约定,对物资执行联合验收
21		物资质量记录	建立包含合同文件、采购全流程文件、现场物资质量问题处理报告的质量记录
22		不合格品处理	现场经检验不合格的物资做好标记、隔离、处置工作,并记录在册

4.6.2　物资质量管理分级控制

根据物资使用方向、质量特性、生产周期等要素,依据《天然气分公司物资质量管理办法》对建设用物资划分质量控制等级,实行 A、B、C 三级质量控制。按照控制效果好、控制成本合理的原则,不同等级的物资采用入库检验、监控检验、驻厂监造、关键点监检、出厂验收、联合验收、到货验收等质量控制方式。

项目主要物资的质量管理级别划分如下：

（1）A类物资

A类物资指主管材、热煨弯管、收发球筒、绝缘接头、球阀等。物资质量控制方式以驻厂监造为主，由建设单位委托具有资质的单位实施。

（2）B类物资

B类物资指计量撬、调压撬、旋风分离器、过滤分离器、旋塞阀、安全阀、排污阀、节流放空阀、管道弯头三通等配件。物资质量控制方式分别以监控检验、关键点监检、出厂验收为主。物资的监控检验、关键点监检、出厂验收由采办管理部组织实施。

（3）C类物资

C类物资指普通钢板、中低压电缆、通用仪器仪表、汽车配件、计算机配件等。物资质量控制方式分别以入库检验、监控检验、委托检验、到货验收等为主。物资的入库检验、监控检验、委托检验、到货验收由采办管理部组织实施。

4.6.3 质量管控措施

物资质量的好坏关乎整个项目的安全性，是整个工程的物质前提。青宁输气管道工程项目采用乙方供给模式，专门成立物资装备部负责物资采办管理工作，采取措施有效管控物资的采办进度和材料质量，为工程的物资输送提供坚实保障。质量管控流程见图4-2所示。

（1）优选供应商，从源头把控产品质量

EPC采办部按照集团公司"七统一"要求，从供应商资源库中择优选取潜在供应商。对供应商进行资格预审，资审范围包括有效的营业执照等资质文件、产品制造资格、质量保证体系、财务报表、银行资信、专利证书、年生产能力、近三年同类型产品销售业绩及现状使用情况、售后服务等。

青宁输气管道工程在供应商网络内以竞争方式择优选择供应商，任何单位和个人不得指定供应商，关键性物资必须从生产商处进行采办，非关键性物资严格控制从中间商（流通商及代理商）采办。严禁从处于违约停用期的供应商处采办物资。EPC物资供应部门组织建立供应商动态量化考评机制，定期对供应商资质、履约、进度、服务等四个方面进行考核。每月向物资装备部报送月度供应商考核表，严格进行违约供应商处理，营造公平诚信竞争氛围。

采办重点、关键物资（如钢管、主要工艺设备、控制系统等）时对供应商进行现场考察、物资质量抽查或进行质量、安全、环境管理体系审核，对供应商提供的产品和服务质量保证能力进行检查或验证。加强对供应商现场服务管理，提高供应商现场服务工作效率、工作质量，降低项目管理成本，以保证工程质量。对于重要设备材料开箱检验供应商现场服务预约，采购部质检工程师应提前3天（国外供应商应提前20天）以书面形式预约供应商到现场。供应商在接到《供应商现场服务预约单》后，服务人员应在3日（国外供应商可在20日）内抵达现场。

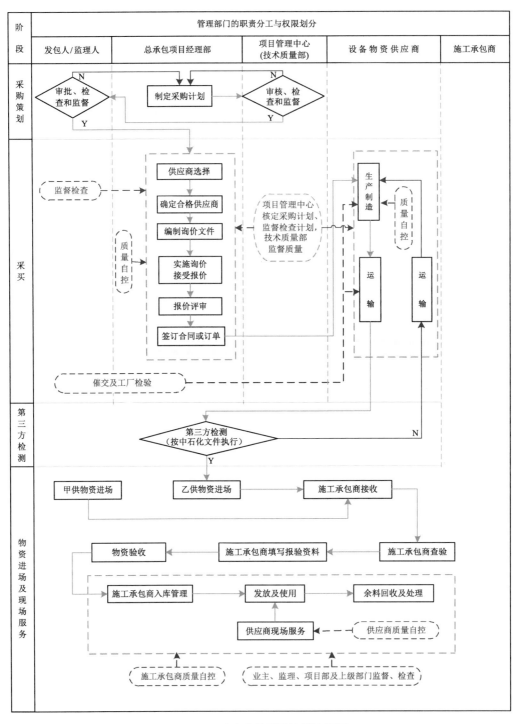

图 4-2　采购阶段质量控制流程图

对出现问题的供应商,除依据合同追究相关责任外,按照管理权限由物资供应商管理单位根据问题的严重程度,分别给予通报批评、暂停产品交易权限、取消产品准入资格和取消供应商准入资格的处理。

（2）采购端口前移,提升采购技术文件质量

为了加快采购进度,把控采购物资质量,将采购端口前移,在设计阶段就与设计建立常态化沟通机制,提前确定采购物资供货范围、产品技术条件、性能要求,确保所采购物资满足工程需要。针对重点物资,采购管理部在收到第一版采购技术文件时,编制采购技术文件偏差确认表、采购澄清填报表、外购件清单、物资制造进度网络图、资格文件要求等,由供应商对设计提供的技术文件进行逐条响应,明确供应商在投标前、制造中和出厂后三个阶段需提交至设计的各类技术文件的清单及节点要求,由各专业设计人员技术反馈、书面回复,必要时组织供应商同设计进行面对面技术交流。通过技术确认及技术澄清确保采购技术文件的标准化,确保设计编制的采购技术文件深度符合物资采购需求。

（3）强化标准化采购,确保产品性能一致

按照项目采购技术文件标准化的统一要求,对技术规格书中检验及文件清单要求进行逐项检查。以项目两个标段EPC单位中的一家作为拿总单位,统一设计标准、统一设备选型、统一技术要求、统一框架招标采购,特别是钢管、过滤分离器、旋风分离器、调压计量撬、控制系统、电气一体化小屋等物资,组织设计单位、供货厂家进行多次沟通,确保整个项目同类物资采购基本一致、备品备件一致,便于后期生产运行、维护管理。

青宁输气管道工程参建单位众多,物资采办工作涉及诸多数据统计及各类报表报告的编制工作,为保证数据统计的准确性、及时性和连续性,切实提升项目物资采办数据管理水平,采办部采用专业化软件,统一报表格式,实现数据统计的标准化和汇总自动化,提升工作效率。

（4）严格招标过程管理,保证优秀供货商入围

为保证招标文件的完整性、严密性,物资请购单、综合评标法评分细则、采购预案、招标委托单必须经EPC联合体项目部审核通过后,报中石化电子商务系统网上审定后方可发布招标文件。公开招标由中国石化国际事业有限公司招标中心负责,评委成员从中国石化技术、经济及法律等方面的评标专家库中抽取,评委人数为5人以上单数。严格按照招标的相关规定,本着公开、公平、公正、诚实信用的原则组织招标工作。要求招标流程严密无漏洞,评标办法合理,以确保中标的供应商能够提供满足项目需要的优质设备。

青宁输气管道工程EPC单位物资管理部门严格按照采办物资目录确定采办的物资品种和采办类型,执行总部、建设单位的物资采办管理规定,全部实行网上采办,杜绝线下采办的情况出现。如出现不合程序的采办情况,建设单位在结算时不予认可,并严肃处理。EPC单位根据采办物资的重要性及概算金额采用合理的采办方式,上报项目部物资装备部

进行审核,审核完成后予以实施。

(5)加强质量过程管控,确保产品质量

青宁输气管道工程采购过程实行业主+EPC 联合监督管理机制,加强 EPC 采购物资生产过程质量控制,强化合同执行控制。按照质量分级管控原则,对长周期、次长周期设备、材料、重要物资实施分级管理。一级物资原则上采用驻厂监造,二级物资采用关键点监检和出厂验收的方式,三级物资采用出厂前检验和现场抽检的方式。对施工质量影响大的关键设备,如线路主管材、阀门、机制设备、绝缘接头、热煨弯管、管件等物资实施驻厂监造,调压撬、限流孔板等物资采用关键点监造。

在物资生产过程中,驻厂监造单位或第三方检验机构对生产中的关键过程、关键点实施现场检验;物资出厂发货前,驻厂监造单位或第三方检验机构实施物资出厂前检验,发现问题及时纠正处理;物资出厂后到达指定交货地点,按照相关规范的物资复检要求,由工程监理单位组织及时抽样并送至有资质的第三方检验机构进行复检,待收到复检合格报告后再进行验收发放使用,并按照国家相关要求对商检目录内的物资进行商检。

在第三方监造服务的前提下,EPC 采办部门继续安排质量管控人员实施双重质量控制。设备生产完成无监造签字确认的放行单,一律不准产品出厂,把好关键设备出厂验收关,最大限度地减轻设备出厂质量对工程质量的影响,提高关键设备生产过程的控制力。

(6)强化运输、仓储质量管控,防止不合格品进场

采办部根据物资特性(特别是超大、超限物资)、供货时间、地点、数量以及需用情况,组织有关单位进行运输调查,编制运输方案,选择合适的装卸运输工具和方式,选择具备相应资质和条件的运输单位和人员,并投保运输保险,确保装卸运输过程中质量完好。

根据项目具体情况,制定《现场验收管理规定》,组织对所采购的设备、材料、构配件等按照国家、行业有关标准、设计图纸及《入库验收规定》进行质量检验与验收。在质量验收过程中对质量证明书中数据有疑问或外观质量存在有可能影响使用性能的缺陷时,委托经业主认可的第三方检测单位进行材质、性能复验。重要设备、物资现场开箱验收由 EPC 联合体项目部组织设计管理部、HSE 部、工程技术部、监理联合交付验收并入库管理,并负责审核供应商出具的合格的图纸、证书、检验证明等,实施归档入册管理。在开箱检验过程中发现的一般性短残、外观缺陷、尺寸不符类问题,EPC 联合体采购部负责联系供货厂商修理、补供,监理单位确认;发现材质不符、装配不良、严重损伤等重大缺陷时,采购部应立即报告建设单位质量管理部门,并负责组织召开专题会议,探讨、研究并确定解决的办法,采购部负责联系供货厂商等制定书面整改方案,监理批准并确认整改结果。进口设备、材料和构配件的检验验收必须根据《中华人民共和国进出口商品检验法》《中华人民共和国进出口商品检验法实施条例》等商检有关规定进行检验验收。

（7）严控不合格品，谨慎材料代用

对在检查、验收过程中发现的质量不合格、质量问题，严格按照《不合格品控制程序》，做出明显标识，做好记录、评价，并进行隔离，同时出具不合格/不符合报告（NCR）、质量问题通知单（QCR）。对发现的不合格品，查明不合格、质量问题发生的直接原因和潜在原因，确定不合格、质量问题的影响程度，采取供应商补供、更换或进行简单补修或退货处理等预防纠正措施，阻止不合格、质量问题的再发生，并对实施效果进行检查验证，确保物资产品满足标准规范、生产和使用要求，确保工程质量受控。

对于外观检验合格，第三方检验（包括材料复验、设备监造）结果合格而质量保证文件不能及时到达，或材料已送复检但检验出报告周期较长，而施工急需的材料，采购部或施工单位按照紧急放行原则，报批准后可以紧急放行。

施工现场紧急使用或者合理利用库存材料需要材料代用的，由提出单位按照"以大代小、以高代低、以好代差"的代用原则提出申请，并写明材料代用理由、规格型号、数量及使用部位等详细信息，经设计管理部组织设计、生产、质量等人员技术确认后，才能使用。

对因材料质量不好造成退货、让步接收的供应商，要纳入供应商考核管理，对严重影响项目工期或造成经济损失的，按照违约程度要进行警告、通报、取消资质等处理，并要追究其相应责任，赔偿损失。

4.7 催交、检验、运输和材料控制

4.7.1 催交控制

催交催运管理工作应贯穿于中标通知书下发后直到货物制造完成运至施工现场的全过程，目的是采取一系列督促活动，促使供货厂商切实履行卖方合同义务，按采购合同规定的进度提交制造文件、图纸资料和最终货物，以满足工程设计和现场施工安装的要求。

4.7.1.1 物资催交催运方式

物资催交催运方式分为驻厂催交、定期访问催交、办公室催交三种方式。在采取短期驻厂催交、定期访问催交时，也可以使用通信催交方式，定期或不定期通过电话、邮件、信函等手段对供货厂商进行进度督查和督办。

4.7.1.2 催交等级划分

根据物资采购进度等级划分，结合项目物资重要性和延期可能对设计、施工和总体进度造成的影响程度，对应物资采购进度等级对催交划分为四个等级，针对不同的催交等级，催交方式和催交频率也有所不同。青宁输气管道工程二标段催交催运等级、催交方式和频率见表 4-10 所示,根据项目情况催交方式、催交频次随时调整。

表 4-10 二标段催交催运等级、催交方式和频率表

等级	物资明细	催交方式			
		驻厂	定期访问 (1次/月)	定期访问 (1次/2月)	办公室 (随时)
一级	螺旋管、直缝管、热煨弯管等线路工程关键物资;全通径强制密封钢法兰电动球阀、调压撬;计量撬	√		√	√
二级	SCADA 自控系统;RTU 系统、PCS 系统、SIS 系统;电动执行机构、气液联动阀执行机构;放空阀/截止阀/排污阀、旋塞阀、气液联动球阀、工艺球阀			√	√
三级	过滤分离器、旋风分离器、收发球筒、限流孔板;光传输系统、网络系统、扩音对讲系统、安防系统;发电机组、变配电智能管理系统、高压计量装置、高压开关柜、低压开关柜		√		√
四级	常规仪表;仪控电缆、电力电缆;光缆、硅芯管、热收缩带、镀锌钢管、牺牲阳极、普通测试桩;各类工艺管件				√

4.7.1.3 催交催运工作措施

催交催运工作由项目部采办管理部指派专人负责执行,具体工作措施如下:

(1)根据各设备的催交级别,编制催缴计划,确定催缴人员及催缴方式,并每月定期提交催交报告至项目领导、计划控制部经理、施工经理,及时通报设备的制造及运输情况,以便施工部及时做好接货、检验及入库、安装的准备工作。

催交的级别和方式可根据各设备的制造情况、现场的紧急需求情况的变更进行合理的调整。

(2)按照采购合同附件一技术协议中所规定的技术文件提交要求,要求供应商按期提交技术资料(图纸等)至采办管理部。采办管理部将技术资料提交至设计管理部进行审核,催促设计管理部按时确认图纸和技术资料,并负责将审核之后的技术资料及时提供至供应商。

(3)要求供应商定期提交生产制造周报。密切跟踪各设备制造进度,确定设备供货是否存在或者即将存在延误的情况。针对延误情况,及时向项目部领导及相关部门进行报告,并协同各部门或其他有效力量及时采取纠偏措施,确保按期供货,必要时到厂进行监造及催货。

(4)在设备出厂前 10 天,发送物资发运通知单至供应商,要求供应商做好发货准备。同时在发货前一周,要求供应商提交装箱清单及完工资料的电子版至项目部审核,并落实供应商提交设备的包装及运输方案是否能按期完成。在设备发运前两个工作日,要求供应

商以物资查收单的形式提交所要发运物资的合同编号、装箱清单、随附文件清单、包装物描述(材料、尺寸、数量和单件质量)、运货汽车车牌号、运货汽车司机联系电话等内容。在设备运输过程中,及时与运输负责人保持联系,密切关注物流情况。

4.7.2 运输管理

4.7.2.1 物资运输等级及管理策略

物资运输等级及管理策略见表 4-11 所示。

表 4-11 物资运输等级及管理策略

控制级别	物资类型	策略内容	等级编号
1	大宗物资(煤炭、石油专用管、油井水泥等)	拟订物流方案,主要包括计划运输方式、运输线路、日常运量等信息	1
2	超重、超限物资(大型石油钻机、设备等超重、超限物资)	主管业务人员与供应商共同制定物流方案,主要包括运输方式、运输线路、物流服务商等信息等。对于特大型装备,在运输路线的选择方面,必须充分考虑沿途道路、桥梁、涵洞、电力通信等公共设施的限制。方案确定后,立即与途经地政府的道路交通主管部门进行沟通,办理道路运输许可证	2
3	危险化学品(无机酸、无机碱、油料等危险化学品)	根据危险化学品等级,由具备相关资质的物流商进行运输。供应商在送货前按照国家法律法规及时取得相关销售、运输许可证	3
4	一般物资	供应商按合同规定的交货日期、运输方式将物资发送到库房或使用单位	4

4.7.2.2 主要物资运输管理措施

(1)主管材运输

必须编制专项物流方案,规范各种关键控制点。防腐管运输时进行柔性捆扎,管与管不得直接接触,以防止运输过程中滑窜、碰撞造成防腐层损坏。运管使用专用运管车,运管车与驾驶室之间设置牢固的止滑挡板,车体长度需满足防腐管运输要求,不超高、超载。

(2)大型设备运输

对于超限大型物资,按照大型设备的重要程度、运输重量、外形尺寸、距离、时间、成本等因素,选择合理的运输方式、运输路线。超限物资的运输要根据外包装上的防护标识要求,做好运输途中的防护工作,保证标识的完整有效。

(3)油漆等化工品等危险物资运输

油漆等化工危险物资运输前必须进行运输条件确认,严格执行国家《危险化学品安全管理条例》和项目管理部相关管理规定,确保危险货物采购、运输和存储安全。供应商负责提供危险物资运输、装卸和存储安全作业技术条件,按照 EPC 承包商批准的危险物资运输、装卸和存储方案,组织危险物资的运输。

4.8　中转站及仓储管理

4.8.1　中转站设置

4.8.1.1　中转站设置目的

中转站主要用于集中接收保管从火车站、码头、公路运输过来的管线建设物资,并根据施工需要为各施工单位发放管线建设物资。

设置中转站便于转运物资,减少物资滞留费用,解决施工单位到火车站、码头提货困难,能够起到物资验收、保管保养和发放作用,能够避免因物资损坏而降低物资使用价值、降低施工单位拉运成本,便于回收工程余料,减少物料损失。中转站在特殊情况下(指工农关系、极端气候)可以起到物资调节保供作用。

4.8.1.2　中转站设置原则

根据项目建设物资供应的需要,综合考虑管道建设地理环境、交通运输、仓储条件等情况,方便生产组织与协调,确保合理、适用、经济,确定中转站设置的数量和位置。

(1) 靠近管道施工路线,有效覆盖施工全线;

(2) 靠近铁路货场,交通便利,能够满足物资中转要求;

(3) 有满足物资储存要求的场地和库房;

(4) 有适宜的生活、办公依托条件;

(5) 所使用场地和库房已得到相关部门的同意或批准。

4.8.1.3　中转站配置要求

青宁输气管道工程线路较长、地形复杂、站场分布较广,现场不具备物料临时存放点条件时,物资无法直达现场,若暂存在火车站、港口,则不仅会增加物资保管成本、施工单位运输成本,施工急需时,也会因提货手续办理及长距离运输的原因,物资到场时间节点滞后,进而影响工程进度。

通过对青宁管道线路走向,经过地区的自然环境、社会资源、气候条件、火车站等公用设施、道路及周边等情况进行详细勘察,依据中转站设置依据和原则,结合项目物资及管道沿线情况,二标段共设置淮安、扬州 2 个物资中转站。

项目线路长,物料种类多,中转站本着"适用、高效、便捷"的原则,充分考虑物流管理及运输成本,考虑工程工期、中转站的运转工作量、中转站的资源配置及运行方案以及针对运

行过程中的应急配置措施等,采用数学模型进行数值模拟,确定中转站配置方案。配置要求如下:

(1)中转站的设置要靠近管道施工路由,单程运距不超过 100 km,中转站库区具备铁路货场或铁路专用线。

(2)中转站仓储、倒运、检测面积不低于 1 万 m^2,场地硬化厚度 20 cm,中转站设置管道专用支护设施,标准化库房面积不低于 5 000 m^2。

(3)中转站具备专业装卸、检测设备,30 t 起重设备不少于 2 台,5 t 叉车不少于 1 台,配备质量检测设备中径规、锥度仪、尺高仪、超声波测厚仪等。

(4)每个中转站的人员配备不低于 10 人,包括总协调、调度员、检测人员、机车司机、仓库保管员等。

4.8.1.4 中转站管理措施

采用"EPC 总承包单位统一管理、业主方过程监管"方式保证业主方在项目建设过程中对中转站有调度权。EPC 总承包单位根据统一管理要求,编制下发管理程序文件及实施办法,明确物资验收管理、质量管理、凭证管理、出入库管理、安全控制等方面的要求,满足出入库有序、账目清楚、堆放整齐、标识清楚、发放准确、保管无损伤、账卡物相符、品种无混淆、性能不降低等要求,保证物资管理的高效、有序开展;针对物流仓储管理方面的关键环节进行检查和考核,不断提高管理人员的管理水平和素质,不断提升标准化管理水平。

4.8.2 仓储管理

青宁输气管道工程物资的储存与保管,采用储备模式,将各项物资进行科学的保管,保证各类物资得到有效的管理与分配,将各类物资按照原有的计划,科学分配与供应。通过加强项目现场物资仓储管理力度,可以减少物资的浪费与损耗,保证项目现场物资得到高效利用。

4.8.2.1 物资保管与发放

物资进库按物资特性分库、分区、分类储存。摆放做到"四号定位"和"五五摆放"。定期检查物资质量,有锈蚀、变形、潮解、潮结等质量下降迹象的物资及时保养,需要定期保养的物资根据保养周期按时保养,确保库存物资包装完整、标识明显、数量准确、质量完好、规格不串、材质不混;无差错、无丢失、无损坏、无变质。

按照"先进先出、限期先出、易损先出"的原则发放物资。物资发放时,中转站保留质量技术资料原件(包括产品合格证、质量证明书、检验报告、图纸、产品说明书等),随机质量技术资料复印件及随机配件应完整齐全,并交给施工单位,双方确认无误后在清单上签字。

项目实施过程中,针对采办、施工中计划与实际偏差情况在两家 EPC 间进行物资调剂。

施工伊始,EPC 一标段在青岛段计划螺旋焊缝管段,由于外部协调问题,无法打开作业面,只好改为施工直缝管段,急需直缝焊管。物资装备部根据管材到货进度情况和施工单位施工进度情况,从 EPC 二标段协调了 2 km。在一年间,物资装备部居中平衡,协调两家 EPC 进行管材调剂 3 次,保证了施工快的单位有管材,施工慢的单位不积压,有效弥补了采办的不足。同时从项目整体利益出发,在符合技术标准和质量文件的基础上,采用内部互供的方式,消化吸收建设单位工程余料 13 km,有效提高了工程整体物资利用率。

4.8.2.2　直达现场物资管理

直达施工现场的物资,由各施工单位负责卸车和保管,承担相关费用。EPC 联合体采办部至少提前三天通知业主项目部和施工部,提供到货物资信息和物流信息,由施工部负责通知协调施工单位准备吊车、叉车等工机具和卸车人员。

关键、重要设备由采办部负责组织相关部门人员、现场监理人员和施工单位供应人员进行验收,填写《物资现场验收记录》;通用物资由项目分部负责组织施工单位供应人员和现场监理人员共同进行验收,填写《物资现场验收记录》,施工单位须在验收记录上加盖备案章,监理签字,并及时将验收记录递交项目采办部。

如在卸车或安装过程中造成物资损坏,应及时通知 EPC 项目部,由物资采办部负责联系生产厂家进行协调处理,同时追究责任单位和人员的责任。各分部在物资验收结束后,如发现数量或外观质量问题,必须立即以书面加照片形式向采办部反馈,以便及时协调解决;到货设备在安装调试中如发现产品内在质量问题,由采办部及时联系生产厂家到现场处理。

4.8.2.3　工程余料控制管理

采购部制定《工程余料控制管理规定》,对采购的工程剩余物资的形成、保管、处置等过程进行管控,保证对采购的工程剩余物资处置的规范性、合规性。项目控制部负责组织质量管理部、设计管理部、采购部对剩余物资的判定进行核实,分析原因,落实责任,制定处置方案和期限。采购部在项目完工 3 个月内,完成工程剩余物资的清点;建立工程剩余物资台账,按物资状态初步进行工程剩余物资的判断。

4.8.2.4　备品备件管理

备品备件作为项目投产运行过程中的重要物资,需要建立设备备品备件、专用工具清单。合理规划确定备品备件的专用存放地点,及时将备品备件的专用存放地点等相关信息通知供货商。

对于随主设备一起到达中转站的备品备件,根据到货通知及装箱清单,验收时将备品备件、专用工具进行单独存放、专区保管,并及时将备品备件移至专用存放地点。待项目投产运行后,按照 EPC 项目部程序统一向运行单位交接,办理交接手续。

4.8.2.5　信息化仓储管理措施

青宁输气管道工程,根据物资种类、储存条件,运用二维码、条形码、无线射频识别等现代化技术手段,对所存储物资进行信息化管理,并与施工现场相结合,确保物资准确、及时、有序供应现场,保障工程顺利实施。

4.9　采购变更管理

针对工程运行过程中由于设计、施工或材料替代等原因引起的采购变更,EPC采购部制定采购变更管理规定和审批流程,包含变更依据、变更原因、变更内容及必要的附件,其中原因分析应考虑技术、质量、安全、经济等各方面因素,变更采用申请、审查、批准和执行流程,保证工程建设项目工程质量,保障工程建设的安全性、可靠性和经济性。

4.10　采购合同管理

依据"依法、平等、自愿、诚实、守信"原则,制定合同谈判、合同签订、合同执行、合同支付、合同结算、合同关闭等合同管理流程,保证供货商、建设单位、EPC联合体、施工单位等各单位认真履行合同,保证合同各方权利义务全面履行。

工程中标通知书公示完成后,采办管理部负责向确定的中标供应商发放中标通知书,设计管理部负责在中标通知书下发一周内与供应商签署技术协议,采办管理部根据中标结果、技术协议内容与供应商签订合同。

合同订立的文件依据主要包括:经审批过的终版设计图纸、规格书、数据表、料表等设计文件;招标文件、中标供应商投标文件、开标一览表、评标报告、定标单、中标通知书;同中标供应商签署的技术协议等。

4.11　采办 HSE 管控

在采办阶段实行全过程 HSE 管理,有效控制各类物资采办的 HSE 风险,提前规避物资采办带来的 HSE 隐患和事故,保证管道工程整体的安全质量,保证采办的材料、设备及其售后服务符合安全、环境和健康要求,保障施工现场的作业人员的职业健康、安全文明施工和环境保护。

4.11.1　采办 HSE 管控的实施

EPC 联合体项目部 HSE 管理人员按照 HSE 管理体系对供应商、服务商的要求,督促其遵守相关 HSE 规定,并对各种材料、物资的采办过程进行 HSE 监督。

(1)协同采办人员识别物资采购存在的风险,并制定相应的管控措施。

(2)严格按照签订的采办合同和青宁输气管道工程项目制定的《采办控制程序》执行,保证青宁输气管道工程项目使用符合 HSE 要求的材料和设备,保质保量。

(3)按照法律法规及 HSE 管理体系要求审核供应商安全资质,审核关键岗位人员安全资格,督促其遵守相关 HSE 规定,并对施工物资的采购、运输、催交、监造过程进行 HSE 监督。

(4)对供应商提供产品的运输安全提出 HSE 要求,包括大件装卸和运输、危险化学品运输、承运单位的选择、车辆及驾驶员资质等,确保供应商按时、安全、保质运送产品到目的地,不延误项目建设进度安排。

(5)参与物资中转站、阀门试压站的招标,审核物资中转站、阀门试压站安全资质,关键岗位人员安全资格及涉及的特种设备、特种设备操作人员、特种作业人员资格证件。

(6)负责物资中转站、阀门试压站人员的入场安全教育、考核,其人员、设备报备等,建立信息台账,并对关键岗位人员持证上岗,仓储、装卸、试压涉及的特种设备及临电、起重作业开展监督检查、考核。

(7)负责对施工现场物料临存点的卸车、堆放安全防护措施落实情况开展监督检查。

4.11.2 采办 HSE 管控遇到的问题及解决措施

针对采办阶段 HSE 风险识别不到位,对供应商、服务商的管控力度较弱的问题,EPC 联合体项目部 HSE 管理人员需强化采办阶段 HSE 风险管控,消除采办过程中存在的安全隐患。

4.11.2.1 采办物流环节出现的问题

(1)采办人员风险意识相对较弱,HSE 风险识别不到位。

(2)采办人员对供应商、服务商的管控力度较弱,具体体现在供应商选择的物流承运商雇用的部分运输车辆为社会个体车辆,驾驶员安全意识较差,安全教育不到位,车辆应具备的箱体前端、两侧防冲撞、防滚落安全防护措施不符合安全要求,有较大的交通安全隐患。

(3)现场物流服务 HSE 管理机构有待完善。近几年,由于国家大力投资建设管道工程,一些管道工程物流服务在同一年度承担的现场物流服务多达八九十个,而在定员定编上又受到上级下发的指标的限制,因此,不得不采取一岗兼多职的方式,现场负责人同时兼任 HSE 管理员、质量管理员、保管员等多种职务,只有少数设立了专职的 HSE 管理员,导致在 HSE 管理中存在敷衍、方法简单等问题。

(4)第三方驻厂监造人员责任心不强,对监造产品的质量把关不严,对物资启运安全条件确认不到位,不仅存在运输路途的交通安全风险,也存在有质量问题的物资、设备流入施工现场,导致施工过程甚至运行过程潜在的安全风险。

(5) 现场物料临时存放点中转站验收人员配备不足,个别验收人员责任心不强,管材存放的安全防护措施不到位,尤其是热煨弯头的存放、管端的封堵等。

(6) 安全文化建设有待加强。企业的安全文化是存在于单位和个人中的各种素质和对安全的态度的总和。企业的安全文化是个人和集体的价值观、态度、能力和行为方式的综合产物,它决定于健康安全管理上的承诺、工作作风和精通程度。目前,管道工程物流服务基层员工的安全意识还停留在"要我安全"的阶段,对安全管理工作还是被动的接受,缺乏"我要安全"的意识,安全文化建设有待进一步加强。

4.11.2.2 采办物流 HSE 保证措施

(1) 加强宣传和教育工作,提高全员对 HSE 管理的正确认识。真正将 HSE 管理工作落到实处,只依靠 HSE 管理部门的努力是不行的,必须有全体员工的大力配合。而使全体员工真正树立起 HSE 管理意识,自觉地配合 HSE 管理部门的工作,就必须通过持续的宣传和教育工作,帮助全体员工真正转变认识、行动起来。

(2) 加强对采办人员的培训,采用外聘、内请、师傅带徒弟、集中观摩学习等方式定期对采办人员进行培训,同时,组织采办人员进行安全、风险知识培训,参与采购物流环节风险识别、评价,制定风险管控措施,通过培训、活动参与提高采办人员的业务素质、物流管理意识和风险识别、评价、管控能力。在尽可能短的时间内,使采办人员在业务上能够胜任工作,在技能上能够满足物流管理的需求。

(3) 供应商招标前,应优先选择中石化网内且已获得 QHSE 管理体系认证证书的合格供应商。

(4) 采购合同中应明确供应商合同范围内质量、运输、装卸等 HSE 要求、具体措施及应承担的安全主体责任,并签订安全协议,协议中列明供应商对承运商应尽的监管责任(承运商选择、驾驶员资格及安全教育、车辆相关的安全条件确认等)及违约处罚条款,确保施工物资、设备在运输过程中的安全。

(5) 针对超限和有危险性的设备、材料,应在采购合同中列明安全条款,并监督供应商审查承运商提交的货物运输方案的可行性、可靠性和安全性以及相关安全措施,必要时,在运输过程中进行跟踪监督。

(6) 与第三方监造单位签订监造服务协议时,约定双方的责任、义务、违约处罚条款,要求驻厂监造人员严格执行生产厂家的 HSE 管理要求,确保自身生命安全;同时,认真履行监造产品的质量监管及产品启运时车辆、人员、承运产品的安全条件确认义务。

(7) 采购的施工物资应严格履行报检程序,检查相关质量和 HSE 证明(如特种设备的安全认证、消防产品的 3C 认证、建筑材料的环保认证等),有可能影响安全或造成污染的材料,需放置在指定地点,并应有安全可靠的包装或醒目的标识。

（8）加大对物资中转站履约的监督检查力度，督促按要求配齐验收人员，并履行现场物资存放的 HSE 管理责任。

（9）实施 HSE 管理职责归位。中石化 HSE 管理体系要求："各级管理者对业务范围内的健康安全环境负责"。根据这一规定，各部门、下属各单位、各级领导和全体员工是 HSE 管理的责任主体，都对自己业务范围内的 HSE 管理负责。因此，必须彻底消除"HSE 管理是 HSE 管理部门的事情"的错误观念，实施 HSE 管理职责归位，切实做到"谁的工作谁负责""谁的属地谁负责"。在规定了各部门、各岗位的 HSE 管理职责后，根据管理层级进行属地划分，明确属地主管，落实属地管理责任，并在此基础上进行岗位 HSE 管理的描述，实现 HSE 管理职责归位，使员工从 HSE 管理的"参与者"转变为 HSE 管理的"责任人"。以直接责任为"线"，以属地管理为"面"，构建起"线""面"结合、纵横相连、覆盖全面、各司其职的 HSE 管理的责任体系。

（10）健全物流管理机构，为其提供组织保障。针对人员编制不足造成的物流管理机构不健全的现状，靠自身挖潜或其他途径解决。目前最有效的方法就是采取外包的方式。通过制定现场物流服务外包单位的评价标准和监督、检查、考核标准，明确物流管理机构的选择原则和标准，确定合格的外包单位名录。这样，管道工程物流服务不但可以集中精力建立健全现场服务流程，还可以有效提升物流管理水平。

4.12 采办与设计、施工和试运行的接口控制

4.12.1 采办与设计的接口控制

4.12.1.1 接口控制重点

在采购与设计的接口关系中，对下列内容的接口实施重点控制：

（1）采购接收设计提交的请购文件。

（2）采购接收设计提交的报价技术评价文件。

（3）采购向设计提交订货的设备、材料资料。

（4）采购接收设计对制造厂图纸的评阅意见。

（5）采购评估设计变更对采购进度的影响。

（6）如有需要，采购邀请设计参加产品的中间检验、出厂检验和现场开箱检验。

4.12.1.2 接口控制措施

设计与采购保持紧密配合，对采购交货周期较长的设备，采办管理部提前介入，并根据施工计划中的设备材料要求倒排计划，设计管理部优先完成并提供这方面的设计文件，提高设计质量，缩短采购周期。

（1）与设计部建立联络机制，对重点物资、设计与采购接口等文件提交、审查进度进行跟踪、督办。

（2）由设计管理部提出采购文件、请购单分阶段、分批次（技术交流、询价、采购招标、技术协议签订、合同签订等）提交计划，EPC联合体项目部进行审核，采办部根据不同阶段需求，制订物资采购详细计划。

（3）采办部协调物资供货商文件提交计划，及时组织设计部开展技术交流、文件评审、质量查验等工作。

（4）充分利用设计部门的技术优势和采办部门物资供应经验，共同研究项目重点、特点和物流难点，以及采办过程中存在的风险，有的放矢地开展采办预策划，初步明晰总体采办流程方案和可采取的主要技术方案。

（5）通过技术、经济分析和比选，工期优劣分析及质量安全风险影响的评估，初步确定拟采用的总体采办部署和主要技术方案及管理重点和对策。

（6）采办部门通过对前期设计资料、合同及阶段设计成果的研究，草拟总体采办流程方案并分析工期，排演总体进度计划，确定满足合同要求且成本最低的物资供应形式。

4.12.2 采办与施工的接口控制

4.12.2.1 接口控制重点

采办管理部同工程技术部密切联系，结合施工进度计划，统一协调，提前介入，及早做好询价、供货商选择等工作。在采购与施工的接口关系中，对下列主要内容的接口进度实施重点控制：

（1）所有设备、材料运抵现场。

（2）现场的开箱检验、库房管理。

（3）施工过程中发现与设备、材料质量有关问题的处理对施工进度的影响。

（4）需供货商提供的现场设备调试支持。

（5）采购变更对施工进度的影响。

4.12.2.2 接口控制措施

为保证项目采办与施工环节的有序对接，EPC联合体项目部针对此类环节的接口管理进行了优化，定期组织采办、工程技术等部门、四家施工单位物资管理人员及施工技术人员进行讨论对接。采办与施工的接口和界面见图4-3所示。

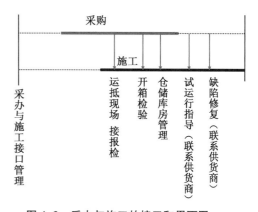

图4-3 采办与施工的接口和界面图

（1）由施工单位根据现场情况和施工计划提出物资需求，EPC 联合体项目部进行审核，采办就相关物资的采办流程及时间逐项进行落实，确保对接无误后，以会议纪要的形式下发，并对各方工作落实情况进行督办。

（2）采办与施工管理工作紧密对接，及时了解施工现场的材料消耗情况，对材料消耗动态进行全面准确的了解，以此达到工程的总体要求，有效降低工程的总体成本。

4.12.3 采办与试运行的接口控制

4.12.3.1 接口控制重点

在采购与试运行的接口关系中，对下列主要内容的接口进度实施重点控制：

（1）对试运行所需材料及备件的确认。

（2）试运行过程中发现的与设备、材料质量有关问题的处理对试运行进度的影响。

（3）需供货商提供的试运行支持。

4.12.3.2 接口控制措施

在采办与试运行的对接管理过程中，加强采办阶段与试运行阶段的接口控制。

（1）通过采办与试运行的深度融合，根据试运行计划分阶段调整物资供应计划，保证采办和试运行计划协调一致，缩短项目建设周期。

（2）试运行团队提前参与物资采购计划的审查及到货验收，确保物资质量及完整性、及时性。

（3）采办部门及时反馈试运行团队审查意见，主动优化完善物资采购计划及供应商服务承诺，提高产品质量，防止运行过程出现质量问题，最大限度地减少返工保修工作量。

4.13 绿色低碳采购管理

青宁输气管道工程践行绿色低碳战略，坚持绿色供应理念，构建环保、节能、循环、高效的绿色采购管理机制，充分考虑环境保护、资源节约、安全健康、循环低碳和回收利用，优先采购有利于节约资源和对环境影响最小的原材料、产品和服务。主要措施包括：

（1）突出环境效益原则。在物资采购中充分考虑环保、能耗等全生命周期因素，加大采购中环境效益因素权重，实施节能、减排、降碳采购行动，优先采购环境友好型、循环利用型、资源节约型物资，实现经济、社会和生态效益最佳。

（2）绿色供应链管理原则。在设计选型、采购实施、仓储配送和废旧物资处置等全过程中，带动供应链上下游企业共同践行环境保护、节能减排等社会责任，打造绿色供应链。

（3）将 HSE 管理相关资质纳入供应商资格审查条件，引导供应商走绿色低碳发展道路。

4.14　文件和记录控制

4.14.1　文件管理

项目文件和资料随项目的实施进度进行收集、归档和处理,并按项目统一规定进行管理。严格执行档案管理标准和规定,确保档案资料真实、有效和完整。采购文件主要包括以下几点:

(1)控制管理文件:包括采购策划、采购计划、质量管理计划、监造大纲等资料。

(2)技术文件:包括与设计、施工、供应商、业主之间有关工程技术、采购的信函、报告等;采购技术文件、技术规格书、数据表、图纸等设计文件;供应商提供产品的设计文件交接记录。

(3)质量文件:包括与设计、施工、供应商、业主之间有关质量的信函、报告等,供应商的资质资料,质量手册、质量控制程序及质量管理文件,合格证、质量检验记录及质量评定资料等。

(4)合同管理文件:包括合同管理记录及评价报告,合同变更文件,与供应商之间关于合同管理的信函、报告等。

4.14.2　文件记录控制

(1)采办管理部负责采办过程文件和记录控制和管理,为采办物资质量和工程施工质量提供可靠的依据,标识清楚并具有可追溯性。

(2)按照合同要求,供货厂商应提供工程所需的采购物资技术文件资料,所有采购物资文件资料应保持清晰完整,列出目录,便于检索和保存。

(3)采办过程应留下记录,记录内容齐全、不漏项,数据真实、可靠,签证手续完备、符合要求,监理人进行随机检查,发现问题及时纠正。需要控制的过程记录包括:所有合同文件、相关设计文件、采办文件、要求供货厂商提供的技术文件资料、产品质量证明文件、检验和试验报告、物资检验和验收记录、不合格品记录及处置报告等。

4.15　采办工作实施成效

青宁输气管道工程采办工作充分发挥 EPC 总承包模式的优势,对物资管理中的大量市场信息进行收集整合,使采办环节与设计、施工等工作深度交叉、紧密配合,并结合施工现场的征地、租地及外协等实际进展,完善物资管理数据库,逐步出图,按批采办,同步实施,取得了很好的成效。

采购部门按照设计部门提供的技术规格书、数据表等采购文件进行物资采购,有效控制了采购产品的质量。依据采购计划并结合工程实际进度,通过招标方式选择合格的供应商,以经济合理的价格签订采购及服务合同,优质高效组织监造、催交催运、安装调试、验收、资料交接和物资仓储等工作,严格采购全流程管理,全面把控物资采购进度,保质、保量、按时完成了青宁输气管道工程物资保供任务。

二标段采购物资 10 大类,97 标包,采购质量合格率 100%;供货计划准点率 98%;技术资料返回进度合格率 98%;合同签约率 100%,合同履约率 100%,合同纠纷案件为零;有效地提升了设计、施工效率,极大地缩短了工程周期。

针对青宁输气管道工程线路长、站点多、过程管理复杂等特点,物资采办采取多种组织模式,实现了安全、及时、经济供应的目标。

4.15.1　优化招标组织管理模式,提升采购效率

青宁输气管道工程项目的物资采办主体包括 2 家 EPC 设计单位和 6 家施工单位。经过与建设单位沟通,确认一家作为拿总 EPC 联合单位,统筹项目物资需求,负责组织项目全线系统物资和重点物资的框架协议招标工作,通过框架协议招标确定统一的供应商及采办价格,其他 EPC 单位、施工单位按照框架协议招标结果直接下达采办订单。这种集中采购方式在全线系统物资的管理上(例如 SCADA 系统、通信系统等)发挥了很好的作用,有效避免了采办主体分散造成的设备品牌多样、产品性能不一、后期数据接入点问题多、价格高低差异、招标竞争力和吸引力降低、后期服务困难等多种弊端。

大型长输管道项目实行由拿总 EPC 单位统筹整个项目重点物资的招标工作,主要有以下优点:

(1) 优化资源配置,避免同一工程重复招标,减少招标工作量及采办人力资源投入。

(2) 增强招标竞争力,提升项目集采效益。汇总整个项目物资需求,增强招标主体竞争力,有利于实现项目物资质量及效益双提升。

(3) 统一品牌、质量,优化后期运维管理。实现了全线物资生产商供应、安装、调试的统一性,有利于业主的生产、运维管理,降低协调成本,提升业主满意度。

4.15.2　有序高效催交催运,保障施工进度

物资催交催运工作直接影响到工程物资采购的时效性,是项目物资管理的重要组成部分,对项目建设的进度和成败具有重大影响。

(1) 保证了主管材分批次提前进场

由于天然气长输管道工程是线性工程,其建设是分段、分批次进行,因此物资采购也要

根据工程施工计划,分为若干批次进行。根据工程施工进度,主管材的采购共分为6个批次进行,除第1批为业主采购外,其余5批次均为EPC采购。

工程二标段在完成第2、3批主管材的订货后,采购工作重点立刻转移到物资的催交催运上。为了加快沟通协调,采办部组织召开主管材生产进度专题会,现场与各钢厂及管厂代表沟通确定生产计划,确保钢管尽快完成生产并发运到场。主管材催交催运工作从原材料源头抓起,既保证原料能按计划如期发货,又要求钢管厂做好制管准备,待钢板到货后第一时间进行检验、第一时间进行投料、第一时间进行防腐,将制管周期压缩在最小范围,确保主管材能如期发运,从而实现各管厂接替有序,确保现场主管材供应,现场主管材库存最多时接近100 km。

全线重点控制性工程——高邮湖定向钻穿越工程共有8条定向钻穿越,连续穿越长度达7.8 km。为了避开汛期,在11月至来年4月高邮湖枯水期完成定向钻施工,采办部门提前申请采购,与中石化物资部门紧密配合,确定生产厂家,安排监造催交,落实生产进度,比原计划提前3天交付了第一批钢板,为钢管厂按期制管提供了有利条件。后续批次的物资也超计划提前到场,为按期完成高邮湖定向钻穿越提供了物资保障。

(2)保障了长周期设备的及时到位

长周期设备以撬装设备为主,主要有调压撬、计量撬、旋风分离器、过滤分离器、收发球筒等。对于撬装设备,在合同签订后督促供应商返回设计图纸和基础图纸,以便设计团队确认技术参数和进行基础预制,同时紧盯原材料和外购件的采购、进场进度。此外,多次安排人员与供应商沟通生产进度,并实地考察原材料、胚件的进场进度,对供应商反馈的制造进度进行实地核实。这些催交催运措施保障了长周期设备的及时到位。

4.15.3 坚持打造廉洁阳光工程

廉洁阳光是物资采办工作的基本要求,执行一票否决制。项目部坚持定期组织内部会议,强化廉洁作风,积极与公司级纪检监察部门沟通交流,按照各级监督部门的要求,开展形式多样的廉洁教育活动,确保工程物资采办工作的有序规范运行。

EPC联合体采购部与建设单位及参建各单位通过规范化管理,严格执行采购制度和业务流程,开门采购,阳光操作,切实提高招标采购达标率,提升了物资供应规范化水平。突出计划管理的龙头地位,抓细抓实计划管理,全方位推进框架协议招标采购,提高了计划管理水平。推行精细管理理念,积极发现合同执行过程中潜在的风险,主动采取防范措施,提升了合同执行效果。建立了物资供应绩效考核指标体系,实现了物资保供和绩效考核互促共进。

5 项目施工管理

施工是工程总承包项目建设全过程中的重要阶段,是 EPC 项目的三大重要环节之一,也是 EPC 项目实施的难点。青宁输气管道 EPC 联合体总承包施工管理以"管理＋服务"为宗旨,以进度、质量、HSE、成本管控为重点,充分发挥 EPC 联合体模式的优势与业主的管控作用,形成"以业主为主导的,EPC 联合体为主力,监理、检测、第三方服务为助力"的施工管理模式,确保了工程建设按时保质保量完成,实现了施工进度、质量、HSE 和成本等控制工作目标。

5.1 施工范围及界面

青宁输气管道工程施工范围包括 531 km 线路工程、11 座输气站场、22 座阀室,全线根据行政区域划分为 6 个施工标段,每个施工标段均涵盖线路工程(含穿越工程)、站场工程、阀室工程和地方关系外协等,具体工作内容为：标段内的线路(含穿越)、站场、阀室等施工;光缆敷设、水土保持、管道杂散电流干扰模拟、阴极保护、三桩制作与安装及试压吹扫、管段初步干燥等工作;设备调试、中间交接,配合投产试运、工程交工、专项验收、竣工验收、项目文件归档等全过程服务;数字化管道的现场数据采集和录入并配合交付;林地使用等手续办理、临时用地复垦方案编审等;地表附着物清点、补偿谈判、临时及永久性征地、"三穿"手续办理等地方关系协调等工作。

5.2 施工管理策划

5.2.1 施工管理内容

施工管理是指在完成所承揽的工程建设施工任务的过程中,运用系统的观点和理论以及现代科学技术手段对施工活动进行计划、组织、安排、指挥、管理、监督、控制、协调等全过程的管理。

项目施工管理的过程中主要内容有施工进度管理、施工质量管理、施工 HSE 管理、施工成本管理、施工合同管理、施工信息管理以及与施工相关的组织与协调等。

青宁输气管道工程是EPC联合体总承包项目,根据合作模式及分工,牵头人对项目施工管理的重点是通过建立项目施工管理体系,落实施工管理职责,对施工实施过程中各个环节进行有效控制,协调解决施工与设计、采办、试运行的接口问题,实现合同约定的施工进度、质量、HSE、成本等目标。施工区段主要施工管理内容及工作分解结构见表5-1所示。

表5-1 某区段施工工作分解结构

WBS 分类码	WBS 名称	WBS 分类码	WBS 名称
QNGD-6.1.3	施工	QNGD-6.1.3.1.1.7	水工保护及地貌恢复
QNGD-6.1.3.1	某区段	QNGD-6.1.3.1.1.8	三桩埋设
QNGD-6.1.3.1.1	线路工程	QNGD-6.1.3.1.2	站场工程
QNGD-6.1.3.1.1.1	施工准备	QNGD-6.1.3.1.2.1	**站
QNGD-6.1.3.1.1.2	一般线路施工	QNGD-6.1.3.1.2.2	**站
QNGD-6.1.3.1.1.3	非开挖穿跨越施工	QNGD-6.1.3.1.3	阀室工程
QNGD-6.1.3.1.1.4	线路连头施工	QNGD-6.1.3.1.3.1	**阀室
QNGD-6.1.3.1.1.5	线路通信工程施工	QNGD-6.1.3.1.3.2	**阀室
QNGD-6.1.3.1.1.6	分段清管、测径、试压、干燥		

5.2.2 施工管理难点

结合EPC联合体项目管理模式及青宁输气管道工程的特点,项目在施工管理方面主要存在的难点包括:

(1)一体化运作难度大

EPC联合体成员单位多,在发挥"专业化"的基础上,如何更好地发挥"一体化"优势,做到施工与设计、采办的充分融合,确保项目优质、高效运行,是项目施工管理的主要难点。

(2)施工管理界面不易划分

项目参建单位多,施工机组多,施工管理内容多,施工管理界面容易混淆,施工指令和沟通容易混乱无序,施工进度、质量、HSE、费用等控制难度大。

(3)统一施工管理平台搭建复杂

在EPC联合体模式下,如何搭建统一施工管理平台,制定出联合体各方认可、切实可行的EPC项目施工管理体系文件并确保有效运行,是项目施工管理面临的难点。

(4)项目点多面广线长结构复杂

青宁输气管道工程管径大、线路长、穿越多、站场及阀室涉及专业多等,如何有效开展施工进度、质量、HSE、费用管控,确保各项指标实现,是项目施工管理面临的挑战。

5.2.3 施工管理指导思想

青宁输气管道工程采用一体化运作理念进行施工管控,充分发挥 EPC 联合体牵头人的主导作用,在发挥各自专业优势的基础上,做好施工与设计、采购、试运行的深度融合,实现项目施工资源的优化配置,并对各生产要素进行有效的计划、组织、指导、控制、监测等一系列过程管理。

(1)建立一体化施工管理体系文件。体系文件明确联合体各方施工管理职责,统一文件编制模板、统一文件编码规则、建立文件编审流程等,从源头规范施工管理。

(2)建立监督检查机制。建立日常巡检、与监理和业主联检、关键重点环节旁站的监督检查机制,及时发现和解决现场施工问题。

(3)建立设计、采办服务机制。设计、采办代表常驻现场、下沉一线,及时开展技术交底,协调处理与施工的接口问题,保证施工工作的顺利开展。

(4)建立沟通协调机制。通过会议、电话、网络等多渠道,建立沟通协调机制,重点解决施工与设计、采办、试运行的接口问题,保证项目的顺利实施。

5.2.4 施工管理组织

5.2.4.1 施工管理组织机构

青宁输气管道工程 EPC 联合体根据合同约定、项目范围、施工标段划分等,按决策层、管理层、执行层,搭建 EPC 联合体项目部、施工项目部、施工机组三级施工组织结构(图 5-1)。施工项目部组织机构见图 5-2 所示。

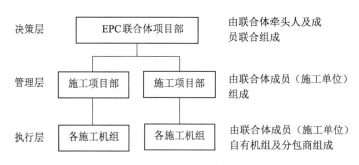

图 5-1 施工组织结构图

5.2.4.2 施工管理组织协调

青宁输气管道工程通过构建纵向分级、横向分类的施工管理框架来进行组织协调。其中,纵向分级即针对 EPC 联合体的各管理机构进行纵向的管理层级划分;横向分类即针对划分的管理层级逐一进行横向的管理职责分配。施工组织管理框架见图 5-3 所示。

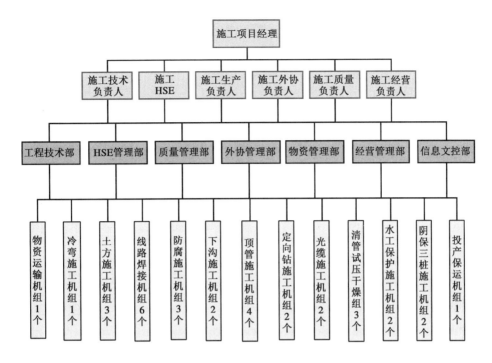

图 5-2　施工项目部组织机构图

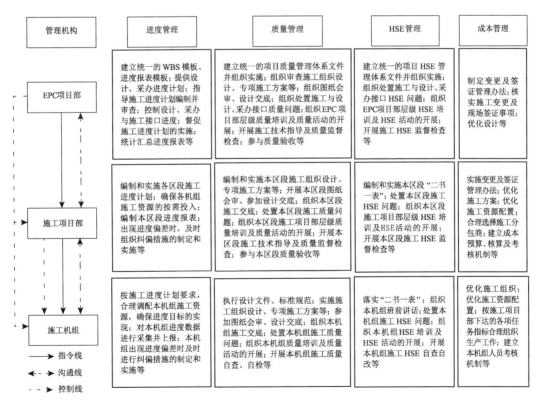

图 5-3　施工组织管理框架图

通过构建施工组织管理框架图,明确组织机构内部管理界面、流程和指令关系:

(1)指令关系:EPC 联合体项目部→施工项目部→施工机组的指令关系,确保指令的单一性,避免多头管理。

(2)沟通关系:EPC 联合体项目部与施工项目部之间双向沟通,施工项目部与施工机组之间双向沟通,EPC 联合体项目部与施工机组之间原则上不进行直接沟通。

(3)控制关系:EPC 联合体项目部对施工项目部、施工机组可进行进度、质量、HSE、费用等方面的指导、监督检查等,施工项目部对施工机组可进行进度、质量、HSE、费用等方面的指导、监督检查等。

(4)主要管理分工:在进度、质量、HSE、费用管控方面进行细致分工,有效减少管理重叠、管理空缺等。

同时,通过施工管理界面分工表(表 5-2)及施工管理体系文件,进一步细化各方施工管理界面及要求。

表 5-2　施工管理界面分工表(部分)

序号	工作内容	负责单位	
		EPC 联合体项目部	施工项目部
一	**企业资质**		
1	制定企业资质管理要求	√	
2	联合体牵头人企业资质收集、整理	√	
3	联合体成员企业资质收集、整理及向 EPC 备案		√
4	联合体牵头人分包商企业资质收集、整理	√	
5	联合体成员分包商企业资质收集、整理及向 EPC 备案		√
二	**生产协调**		
1	制定生产协调管理程序	√	
2	组织生产协调会,协调处理设计、采办(牵头人)与施工界面问题	√	
3	施工单位内部生产协调会及施工内部问题处理		√
三	**施工资源**		
1	编制施工资源管理程序	√	
2	施工资源配置及调配		√
3	定期统计上报施工资源报表		√
4	对资源报表数据进行抽查,并将抽查结果通报施工单位,必要时上报联管会	√	

序号	工作内容	负责单位	
		EPC 联合体项目部	施工项目部
四	**图纸会审**		
1	制定图纸会审管理要求	√	
2	EPC 图纸会审工作	√	
3	施工单位图纸会审工作		√
4	各方图纸会审问题收集、反馈至设计团队	√	
5	协调图纸会审中设计问题的答复	√	
6	参加业主组织的图纸会审会	√	√
五	**设计交底**		
1	制定设计交底管理要求	√	
2	协调设计团队做好设计交底准备	√	
3	施工单位做好设计交底准备		√
4	参加业主组织的设计交底会	√	√

5.2.5 施工管理体系文件

项目施工管理体系文件是施工管理的基础,是顺利开展施工活动及对施工活动进行管控的保障。施工管理体系的建立主要是根据施工内容及管理目标,确定施工管理指导思想,建立施工管理组织机构,明确施工管理职责,制定施工管理体系文件等。针对青宁输气管道工程 EPC 联合体内各施工单位均有其企业自身管理体系文件的现状,为做好各方体系文件的衔接,统一项目施工管理,提升施工管理效率和效果,EPC 联合体项目部建立了一体化施工管理体系文件,进一步明确联合体各方施工管理职责,统一施工管理各环节的方式方法,统一文件编制模板、统一文件编码规则、建立文件编审流程等,从源头规范施工管理。施工管理体系文件的层级结构见图 5-4 所示。

(1)进度管理方面:EPC 联合体项目部制定了统筹网络控制计划、施工进度计划管理规定、进度报表管理规定等,各施工项目部制定了施工资源管理办法、纠偏管理办法等。

(2)质量管理方面:EPC 联合体项目部制定了项目质量计划、施工执行计划、项目创优计划、施工组织设计编制模版及审批流程、专项方案编制模版及审批流程、施工交工技术文件编码规则、焊缝编码规则、单项(单位)工程划分等文件,各施工项目部制定了施工组织设计、专项施工方案、质量检验计划、焊接作业指导书、补口作业指导书等文件。

(3)HSE 管理方面:EPC 联合体项目部制定了 HSE 管理手册、HSE 程序文件、HSE

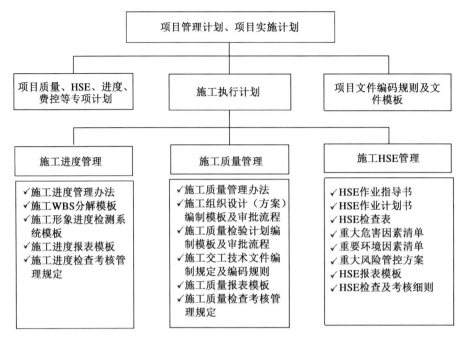

图 5-4　施工管理体系文件层级结构图

管理制度、重大危害因素清单、重要环境因素清单、重大风险管控方案、重大风险动态管控表等文件,各施工项目部制定了 HSE 作业指导书、HSE 作业计划书、HSE 检查表等文件。

（4）费用管理方面：EPC 联合体项目部制定了设计优化管理办法、变更及签证管理办法,各施工项目部制定了成本预算、核算及考核办法。

5.3　施工进度管理

项目进度管理是指在项目实施过程中,对各阶段的进展程度和项目最终完成的期限所进行的管理,是在规定的时间内,拟订出合理且经济的进度计划（包括多级管理的子计划）,在执行该计划的过程中,经常检查实际进度是否按计划要求进行,若出现偏差,则要及时找出原因,采取必要的补救措施或调整、修改原计划,直至项目完成。项目进度管理的目的是保证项目能在满足其时间约束条件的前提下实现其总体目标。

5.3.1　进度目标

（1）总体进度控制目标

2019 年 4 月 30 日,工程开工;

2019 年 5 月 16 日,线路（含穿越）全面开工;

2019 年 12 月 31 日,站场、阀室开工;

2020年6月30日,站场、阀室施工完成;

2020年8月20日,线路分段清管试压干燥完成;

2020年8月30日,工程中交;

2020年10月30日,全线达到投用条件。

(2)关键控制性工程进度控制目标

高邮湖穿越、铁路穿越、高等级公路穿越为青宁输气管道工程控制性工程,其进度控制目标如下:

① 高邮湖穿越

第一窗口期2019年12月30日,完成淮河入江水道西岸大堤定向钻穿越(515 m)、庄台河定向钻穿越(680 m)、二桥河+小港子河+大管滩河定向钻穿越(1 042 m)、王港河定向钻穿越(1 037 m);

第二窗口期2020年2月28日,完成杨庄河定向钻穿越(2 007 m)、京杭大运河+深泓河定向钻穿越(1 037 m);

2020年4月30日,完成滩区连头、管线清管、试压工作。

② 铁路穿越

2020年6月30日,完成所有施工标段的铁路穿越工作。

③ 高等级公路

2020年6月30日,完成所有施工标段的高等级公路穿越工作。

5.3.2 进度管理体系

项目在施工进度管理上设置了EPC联合体项目部、施工项目部、施工机组三层管理机构,并明确了施工进度管理方面的职责分工,每层机构均配备了专兼职的进度管理人员。通过对招投标文件、合同文件、业主管理文件等的收集和学习,EPC联合体项目部制定了统筹控制计划、施工进度计划管理规定、进度报表管理规定、施工WBS分解模板、施工形象进度检测系统模板等,各施工项目部制定了施工资源管理办法、纠偏管理办法等用于项目施工进度管理。

5.3.3 进度计划管理

5.3.3.1 进度计划管理流程

青宁输气管道工程施工进度计划管理的总体流程见图5-5所示。

5.3.3.2 进度计划制定

(1)编制施工进度计划

采用WBS方法将合同范围内的施工工作进行逐层级分解,形成工作分解结构(图

5-6),并通过 P6、Project 等软件将工作分解结构中的活动单元赋予工期安排及逻辑关系,形成项目进度控制计划(图 5-7)。根据项目进度控制计划,制订年度、季度、月度、周计划及专项计划等,实现进度计划分层级管理。

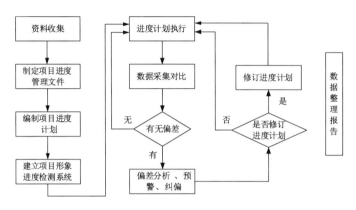

图 5-5　施工进度计划管理总体流程图

(2)建立施工形象进度检测系统

将工作分解结构中的活动单元赋予权重(图 5-8),再结合施工进度控制计划的工期安排,确定每期的权重计划值,并绘制计划值 S 形曲线(图 5-9),曲线的横坐标表示进度时间,纵坐标表示累计完成任务量。计划值 S 形曲线的绘制便于后续采用赢得值原理与赢得值 S 形曲线进行对比分析。

利用 EXCEL 软件,对 WBS 增加权重、工程量等因素,制作形象进度统计表(图 5-8),定期(每周、每月)对底层单元的数据进行采集,生成项目的形象进度,使管理者能够时刻把控现场进展情况。

制定进度数据采集报表,定期对工作分解结构中活动单元的实物工作量数据进行采集,生成项目的形象进度统计表及绘制赢得值 S 形曲线(图 5-9),通过计划值 S 形曲线与赢得值 S 形曲线的对比,使管理者能够时刻直观把控现场进展情况及进度偏差情况,并可利用赢得值原理进行偏差分析。工程中建立了一般线路工程、穿跨越工程、阴极保护工程、通信工程、线路附属工程、站场阀室工程等各类数据采集报表 14 类(图 5-10)。

5.3.3.3　进度计划执行

施工进度计划及施工形象进度检测系统经监理、业主确认后,用于施工进度控制;施工项目部根据施工进度计划,组织施工资源,按照预定施工方案、措施开展施工工作,确保每级进度计划目标的实现。

5.3.3.4　进度计划控制

建立项目进度偏差分析、预警、纠偏、调整管理机制。定期对项目进度偏差从资源因素

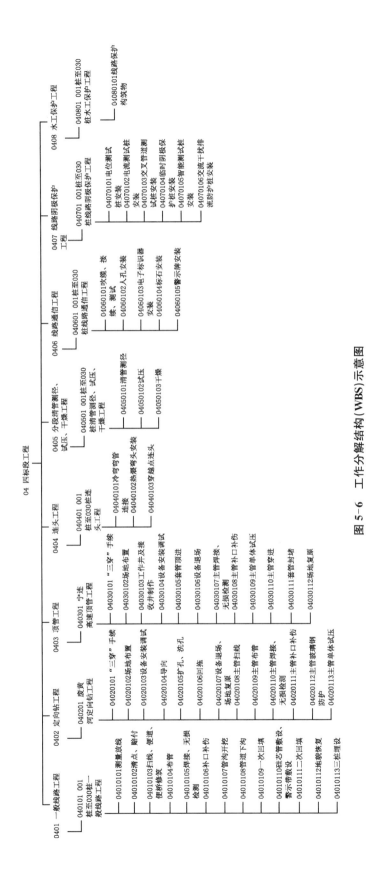

图 5-6 工作分解结构(WBS)示意图

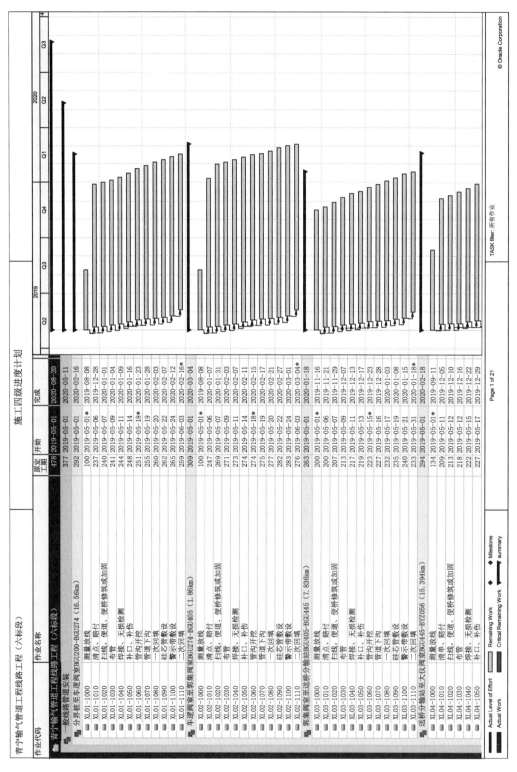

图 5-7 施工四级进度计划图

一级结构		二级结构			三级结构			四级结构							形象进度		
编码	名称	编码	名称	权重%	编码	名称	权重%	编码	名称	权重%	单位	设计量	完成量	完成百分比%	三级结构	二级结构	一级结构
04	四标段	0401	一般线路工程		040101	001桩至030桩一般线路工程		04010101	测量放线								
								04010102	清单、赔付								
								04010103	扫线、便道、便桥修筑								
								04010104	布管								
								04010105	焊接、无损检测								
								04010106	补口、补伤								
								04010107	管沟开挖								
								04010108	管道下沟								
								04010109	一次回填								
								04010110	硅芯管敷设、警示带敷设								
								04010111	二次回填								
								04010112	地貌恢复								
								04010113	三桩埋设								
					...	...		...	...								
		0402	定向钻工程		040201	届黄河定向钻工程		04020101	"三穿"手续								
								04020102	场地布置								
								04020103	设备安装调试								
								04020104	导向								
								04020105	扩孔、洗孔								

图 5-8　线路工程形象进度统计表(示意)

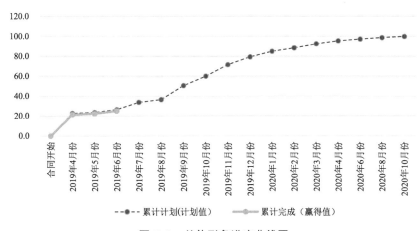

图 5-9　总体形象进度曲线图

(人、机、料、法、环等)、外界因素(行政许可、工农协调、疫情防控等)、内部因素(图纸问题、物资供应问题、接口问题等)等方面进行分析,找出进度偏差产生的原因,并对重大偏差实施预警和纠偏,必要时征得监理、业主同意对进度计划进行调整。

建立协调沟通机制。分层级组建信息交流群、定期召开生产例会、适时召开生产专题会,强化部门间、施工队伍间的沟通交流和信息共享;协调解决施工与设计、采办间的接口问题及施工队伍间问题等,确保项目生产工作顺利进行。

5.3.4　进度控制措施

5.3.4.1　进度控制常用措施

EPC联合体总承包项目的施工管控的重点是通过建立项目施工管理体系,落实施工管理职责,对施工实施过程中各个环节进行有效控制,实现合同约定的施工进度、质量、HSE纵向分级等目标。

青宁输气管道工程线路安装进度日报表
（QNGD-SGRB-F-01）

填报单位：江汉油建青宁输气管道工程项目部　　填报日期：2022/8/26

施工单位	标段	工序名称	测量放线	清点	赔付	扫线	收管		布管		焊接		补口		开挖	下沟	一次回填	砼管敷设	警示带敷设	二次回填	地貌恢复	标志桩	警示牌	完成百分比（%）
		工序权重(%)	2	N/A	N/A	8	N/A	N/A	10	N/A	30	N/A	7	N/A	20	5	6	2	1	4	3	1	1	
		计量单位	km	km	km	km	km	根	km	根	km	口	km	口	km	km	km	km	km	km	km	个	个	
		设计/估算工作量																						
江汉油建	五标段	本期进展	0	0	0	0	0	0	0	0	0	0	0	0	0	0	0	0	0	0	0	0	0	
		累计进展	0	0	0	0	0	0	0	0	0	0	0	0	0	0	0	0	0	0	0	0	0	
备注																								

填报人：　　审核人：

青宁输气管道工程定向钻穿越进度日报表
（QNGD-SGRB-F-03）

填报单位：江汉油建青宁输气管道工程项目部　　填报日期：2022/8/26

施工标段：六标段　　设计长度（m）：　　设计数量（条/处）：

序号	穿越名称	单体穿越长度(m)	单体穿越焊口数(口)	单体穿越权重(%)	工序名称	定向钻：穿越手续	场地布置	设备安装	导向孔	一次扩孔	二次扩孔	三次扩孔	四次扩孔	五次扩孔	六次扩孔	七次扩孔	八次扩孔	一次洗孔	二次洗孔	回拖	设备退场	场地复原	主管：布管	焊接	补口	玻璃钢防护层	单体试压	完成百分比(%)：单体 定向钻	单体 主管	单体 累计	总体	自登记用：开始日期	结束日期
					工序权重(%)	3	2	10	10	8	8	8	8	8	8	8	0	8	0	8	3	1	10	30	20	30	10						
					计量单位	项	项	项	m	m	m	m	m	m	m	m	m	m	m	m	项	项	m	口	口	m	项						
					本期进展																									#VALUE!			
					累计进展																									#VALUE!			
					本期进展																									#VALUE!			
					累计进展																									#VALUE!			
					本期进展																									#VALUE!			
					累计进展																									#VALUE!			
					本期进展																									#VALUE!			
					累计进展																									#VALUE!			
					本期进展																									#VALUE!			
					累计进展																									#VALUE!			
					本期进展																									#VALUE!			
					累计进展																									#VALUE!			
					本期进展																									#VALUE!			
					累计进展																									#VALUE!			

青宁输气管道工程顶管穿越进度日报表
（QNGD-SGRB-F-04）

填报单位：江汉油建青宁输气管道工程项目部　　填报日期：2022/8/26

施工标段：　　设计长度（m）：　　设计数量（条/处）：

序号	穿越名称	起始桩号	终止桩号	单体穿越长度(m)	单体穿越焊口数(口)	单体穿越权重(%)	工序名称	穿越手续	场地布置	设备安装	套管顶进	设备退场	焊接	补口	单体试压	主管穿越	套管封堵	场地复原	完成百分比(%)：单体	总体	自登记用：开始日期	结束日期
							工序权重(%)	3	5	10	50	2	10	5	5	5	3	2				
							计量单位	项	项	项	m	项	口	口	项	项	项	项	单体	总体		
							本期进展															
							累计进展															
							本期进展															
							累计进展															
							本期进展															
							累计进展															
							本期进展															
							累计进展															
							本期进展															
							累计进展															
							本期进展															
							累计进展															
							本期进展															
							累计进展															
							本期进展															
							累计进展															
							本期进展															
							累计进展															

图 5-10　数据采集报表(样表截图)

（1）规范层级控制和管理

项目工作结构分解是依据项目的层级形式展开的,每一层次都有相应的组织或部门,进度计划制订是根据活动以及活动所涉及的相关部门来决定的,因此对进度控制也应该遵循层级的形式进行控制管理。各个层级之间相互配合,做到及时沟通协调,如果出现进度偏差时立即汇报,共同商讨解决方案。

（2）建立有效的沟通机制

项目施工过程中,保持不同的管理部门和专业之间的沟通和协调,尤其重点加强各工序交接前后专业施工队伍之间的沟通,保证每一道工序的顺利衔接,不影响施工进度;同时各参建单位彼此之间也都需要保持良好的沟通和协调关系,从而促进技术交流和方便信息的收集工作,保证项目按照计划进度顺利开展。

（3）采用奖罚制度,强化管理和控制

采用奖惩制度,对于能够按时完成相应进度任务的施工单位进行一定的绩效奖励,对于延误工期的施工单位进行处罚,实行奖勤罚懒。不定期地开展劳动竞赛活动,奖励竞赛中表现出色的单位和个人,从而调动单位和个人的工作积极性,使其更好地投入生产工作中。

5.3.4.2 青宁输气管道工程进度控制措施

（1）完善进度计划管理体系

按照业主下发的统筹控制计划,EPC联合体项目部组织编制项目整体三级进度控制计划,施工项目部细化至施工四级进度计划,并在执行过程中将施工四级进度计划的工作任务逐级分配至年度、季度、月度、周、日计划等,用日保周、周保月、月保季、季保年的方式实现总体进度目标。EPC联合体项目部每周发布进度偏差预警,定期对项目进度偏差从资源因素（人、机、料、法、环等）、外界因素（行政许可、工农协调、疫情防控等）、内部因素（图纸问题、物资供应问题、接口问题等）等方面进行分析,找出进度偏差产生的原因,组织实施纠偏工作。

（2）建立协调沟通机制

分层级组建信息交流群、定期召开生产例会、适时召开生产专题会,强化部门间、施工队伍间的沟通交流和信息共享;协调解决施工与设计、采办间的接口问题及施工队伍间问题等,确保项目生产工作顺利进行。

（3）多措并举保障施工进度

以进度计划为主线,从人员、物资、资金、对外关系协调等各个方面做好充分保障,提早、超前打开工作局面。强化设计主导作用,深化采购保供服务,与现场施工交叉融合,及时化解设计变更多、设计变更突发、主要物资生产周期紧等难题。自开工以来,除2019年8月受台风影响外,各施工标段没有出现一天大面积停工现象;在2020年发生新冠肺炎疫情后,EPC 联合体提前制定疫情防控方案,准备疫情防控物资、落实疫情防控措施,紧密结合当地疫情政策,与地方政府积极协调沟通,实现了 2020 年 4 月底全线复工,为青宁输气管道工程的按期中交奠定了基础。

（4）制定有效工期保障措施

工程沿途地质条件复杂,既有丘陵石方地段,又经水网密布区域,定向钻及顶管穿越较多,给管道施工带来诸多困难,同时也存在较大风险。针对难点及风险点,采取"一案一策"方案,邀请专家预判,制定合理措施,最大限度地防控风险,保障项目顺利实施。

（5）严抓考核,开展竞赛提高效率

定期对各施工区段的计划完成情况进行检查和考核,并适时组织开展劳动竞赛活动,设置工期节点奖及先进单位奖、先进个人奖等,通过考核制度及劳动竞赛活动的实施,有效调动施工单位的工作积极性,确保工程安全、质量受控,加快了施工速度。

5.3.4.3 关键控制性工程进度控制措施

（1）提前部署关键控制性工程

针对高邮湖穿越、铁路穿越、高等级公路穿越等控制性工程,根据施工工序及气候的影响,组织施工项目部提前筹划,及早安排,制定专项方案,重点控制,有效分解施工周期,降低由此带来的工期风险。

（2）制订专项进度控制计划

针对关键控制性工程,采用 WBS 方法,将所有工作内容进行逐步分解,明确各项工作的时间节点及责任人。在高邮湖穿越中,先后制订了高邮湖总体穿越施工进度计划、7 条定向钻穿越单项施工进度计划及滩区连头专项计划。

（3）强化外部的协调沟通,为施工早日进场创造条件

成立专门的外协攻关小组,提前与相关部门取得联系,办理涉河、涉铁、涉路的相关手续,尤其是铁路穿越,及早委托有资质的设计院开展铁路穿越专项设计及安全评价工作,为后续施工创造条件。

（4）加强施工组织,确保施工连续性

根据进度计划,制订资源需求计划,并确保资源按需到场;在施工环节加强各工序衔接管理,避免工序脱节造成工期延误;强化质量管控,提高成品合格率,避免返工;强化过程HSE 管控,确保安全、环保生产。

（5）建立沟通机制,解决施工中遇到的各种问题

建立日例会制度,针对关键控制性工程遇到的各项问题及时处理,为生产工作保驾护航。

5.3.5 进度管理效果

通过科学组织,多措并举,克服了水网密布、地质条件复杂、穿越多等不利条件的影响,并成功抵御"利奇马"(Super Typhoon Lekim)台风和新冠肺炎疫情等不可抗力,最终实现了 2020 年 10 月 30 日工程中间交接、2020 年 12 月 15 日试运行投产的建设目标。

5.4 施工质量管理

施工质量是指建设工程施工活动及其产品的质量,即通过施工使工程的固有特性满足建设单位(业主或顾客)需要,并符合国家法律、行政法规和技术标准、规范的要求。其质量特性主要体现在由施工形成的建设工程的适用性、安全性、耐久性、可靠性、经济性及与环境的协调性等 6 个方面。

质量管理是在质量方面指挥和控制组织的协调活动,包括建立和确定质量方针和质量目标,并在质量管理体系中通过质量策划、质量保证、质量控制和质量改进等手段来实施全部质量管理职能,从而实现质量目标的所有活动。质量控制是质量管理的重要组成部分,其包括事前、事中和事后质量控制。

5.4.1 质量方针及目标

(1)质量方针

质量永远领先一步。

(2)质量目标

工程施工质量目标:工程检测齐全准确率 100%,焊接一次合格率 96% 以上(以焊口统计);管线不同壁厚、材质、防腐涂层的对号准确率 100%;弯头、弯管对号准确率 100%;设备、阀门安装一次合格,对号准确率 100%;埋地管道补口补伤合格率 100%;埋地管道回填后,地面音频检漏漏电点数不超过 5 处/10 km;埋地管道埋深及回填合格率 100%;电缆、光缆敷设及测试合格率 100%;系统压力试验一次成功;水工保护合格率 100%;单位工程质量验收合格率 100%;竣工资料准确率 100%;投产试运一次成功。

5.4.2 质量管理体系

设置 EPC 联合体项目部、施工项目部、施工机组三层管理机构,明确施工质量管理方面的职责分工。每层机构均配备专职质量管理人员及专业技术人员。为确保施工质量管理统一、有序、高效,EPC 联合体项目部制定了项目质量计划、施工执行计划、项目创优计划、施工组织设计编制模版及审批流程、专项方案编制模版及审批流程、施工质量检验计划编制模板及审批流程、施工交工技术文件编码规则、焊缝编码规则、单项（单位）工程划分、质量控制点划分、施工质量报表模板等文件，各施工项目部在此基础上编制了施工组织设计、专项施工方案、质量检验计划、焊接工艺规程、焊接作业指导书、补口工艺规程、补口作业指导书等各类文件。

通过建立健全施工质量管理体系，有效规避项目上参建单位多、质量管理组织机构杂、个别单位机构配置不合理、质量管理职责及分工不明确等带来的质量风险。

5.4.3 质量控制流程及要点

5.4.3.1 质量控制流程

EPC 联合体项目部建立了施工总体质量控制流程，见图 5-11 所示。

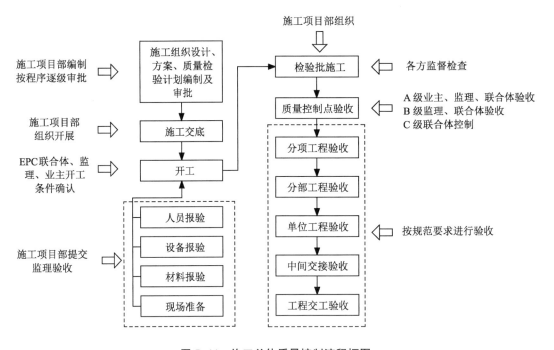

图 5-11 施工总体质量控制流程框图

5.4.3.2 质量控制要点

（1）事前质量控制要点

严格施工分包商的选择。各施工项目部严格按照国家、中石化、建设单位、各联合体单位的施工分包相关管理规定开展施工分包工作。施工分包商的资质、业绩、资源及人员配置应满足项目管理需求。

严肃图纸会审及设计交底工作。施工图设计文件下发后，EPC 联合体项目部第一时间组织开展图纸会审工作，并要求将会审中提出的问题逐一澄清及答复；安排设计人员进行设计交底工作,将设计意图、图纸表示方法、设计特点、施工难点及特殊要求等向施工人员交代清楚;派遣设计人员常驻现场,第一时间解决施工中遇到的设计问题。

注重施工组织设计、危大方案、重大方案管理,具体为:

① 制定统一的施工组织设计、专项施工方案编制模板及审查流程。

② 对施工组织设计、专项施工方案实施动态管理,建立了动态管理台账(表5-3)。

表5-3 施工组织设计(方案)动态管理台账

工程名称:青宁输气管道工程　　　　　施工单位:中石化×××××公司　　　　　填报(更新)时间:2019/12/10

序号	施工组织设计(方案)名称	施工组织设计(方案)编号	编制完成时间	审查完成时间					专家论证通过时间	交底时间	实施时间		实施效果		备注
				施工项目部	施工企业	EPC联合体项目部	监理单位	建设单位			开始	结束	质量	HSE	

③ 对项目上的危大工程进行识别,建立危大工程识别清单(表5-4)。

表5-4 危大工程识别清单示意表

工程名称		青宁输气管道工程		单位工程名称	青宁输气管道工程线路工程(六标段)
序号	级别	类别	描述	部位	备注
1	B	穿跨越工程	顶管操作坑深4.98 m	BGU210-BGU211	水泥路(305县道)
2	A	穿跨越工程	顶管操作坑深6.96 m	BGU225-BGU226	S333省道(在建)
3	B	穿跨越工程	顶管操作坑深3.5 m	BGU234-BGU235	水泥路(永和路)
4	A	穿跨越工程	顶管操作坑深5.1 m	BGU238-BGU239	水泥路(307县道)
5	B	穿跨越工程	顶管操作坑深4.6 m	BGU242-BGU243	沥青路(八支渠路)
6	B	穿跨越工程	顶管操作坑深3.62 m	BGU243-BGU244	G2京沪高速
7	B	穿跨越工程	顶管操作坑深4.38 m	BGU251-BGU252	水泥路(明灯路)

④ 对EPC联合体、监理、业主中业绩足、经验丰富的施工技术人员进行遴选,建立项目危大方案、重大方案内部审查专家库,对危大方案、重大方案实施内部联审,提高审查效率。对于超过一定规模的危大工程施工方案、高邮湖连续定向钻穿越施工方案及超过1 km定向钻穿越重大施工方案实施外部专家论证。

⑤ 强化施工交底过程管控工作。施工交底按单位工程、专业工程、专项工程三个阶段

开展施工交底工作。交底内容包括但不限于工程概况、主要工作量、施工方法、设备机具及材料、进度要求、质量要求、HSE 要求等,交底内容应具有针对性及可操作性。施工交底由施工项目部组织开展,EPC 联合体项目部进行监督检查。

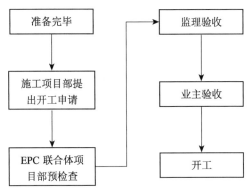

图 5-12　开工前条件确认流程

⑥ 注重开工前条件确认工作。建立开工前条件确认流程(图 5-12)及开工条件确认表,由施工项目部、EPC 联合体项目部、监理、业主共同对开工条件进行把关,对不符合开工条件的不允许开工,以消除后续施工过程中的安全和质量隐患。

(2)事中质量控制要点

事中质量控制重点是强化生产要素"人、机、料、法、环"的管理。

施工人员管理:管理人员入场实施资格报审制,在岗实施钉钉打卡制,变更履行审批制;特殊工种、特种作业人员实施入场报验制,电焊工、防腐工实施上岗前考核制。

施工机械、机具管理:对影响施工质量和安全的重要施工机械、机具及计量器具、试验设备实施入场报验制,检查合格后方能使用。

工程实体自检报验管理:对工程实体设备、材料实施自检及入场报验制,验收合格后方能使用。

施工方案变更管理:施工作业方法变更应履行方案变更手续,审批后实施。

施工作业环保工作:施工作业环境应满足操作规程,并符合生产合格产品、作业安全健康环保的要求。

(3)事后质量控制要点

严格执行质量验收程序,对 A 级质量控制点实施业主、监理、EPC 联合体三方控制,B 级质量控制点实施监理、EPC 联合体两方控制,C 级质量控制点实施 EPC 联合体内部控制,检验批、分项工程、分部工程、单位工程严格按标准规范要求的验收程序进行控制。

5.4.4　质量控制措施

(1)分层级建立质量监督检查及考核机制

建立日常巡检、专项检查及施工机组考核机制。EPC 联合体项目部建立日常巡检、专项检查及质量违约考核机制;监理机构建立巡视、旁站、平行检验及质量违约考核机制;业主建立周联合检查、月联合检查、专项联合检查及违约考核机制;质监站建立月度检查及停检点检查机制等。

除此之外,中石化质监总站、中石化天然气分公司、石工建质量监督中心、联合体成员企业等多次进行质量监督检查和指导。通过内、外部质量监督检查及考核,确保工程质量的持续提升。

(2)推行样板引路制

创建施工作业、补口作业、开挖作业、回填作业等样板,规范方案编制及审批、施工交底、施工执行、质量验收、过程资料编制等过程,切实提升质量管理水平及实体质量。

(3)持续性开展质量管理活动

组织开展质量现场分析会活动。根据建设过程中不同阶段质量控制要点开展质量管理活动,针对现场出现的质量问题,适时组织召开转向质量分析会、现场会。

组织开展质量宣传和教育工作。按要求开展质量日、质量月活动,通过质量宣传和教育,提升全员质量意识。

组织开展"低老坏"专项整治活动。针对施工现场"低老坏"现象整改不力的情况,收集制作了100个需要解决的质量和安全问题清单PPT,并深入施工机组进行集中宣讲,促进现场各项管理水平不断提高。

组织开展劳动竞赛活动。项目部适时开展劳动竞赛,将焊接一次合格率、一级片合格率等重要质量绩效指标纳入劳动竞赛考核体系,通过劳动竞赛,焊接一次合格率始终控制在99%以上,一级片合格率逐步提升到80%以上,管道焊接质量水平得到切实提高。

(4)强化关键工序(部位)的质量控制

针对焊接、补口、清管试压、定向钻穿越、顶管穿越、隐蔽工程等关键工序(部位)实施重点控制,主要包括下列几个方面。

焊接质量控制:开工前,由业主委托有相应资质的单位进行焊接工艺评定及焊接工艺规程编制,同时,由业主牵头组织,EPC联合体项目部邀请业内专家对焊接工艺报告及焊接工艺规程进行评审,评审内容包括焊接工艺方法、焊接材料、焊接参数、焊接技术要求、检验和试验结果等,通过事前评审,从源头上确保了焊接质量。对于焊工实施上岗前考核,由具有相关资质的单位对所有参加本项目的焊工开展上岗前考试工作,考核合格后颁发上岗证,并在上岗证允许的操作项目上作业。对影响焊接质量的各要素进行严格控制,主要包括:焊接设备的性能评价及选用,焊接材料的保管、烘干、发放、回收,焊接材料的选择,焊接环境评价,管道组对、焊前清理及焊前预热,焊接方法选用,焊接电流、电压、焊接速度等线能量输入,焊缝的层数、道数,焊缝外观控制等;同时建立焊接机组百口考核及千口抽检制度,确保焊接工艺得到严格执行。

防腐补口质量控制:开展补口工艺评定,制定补口工艺规程,在补口工艺执行上,对基层除锈质量、底漆涂刷厚度、热收缩带的加热温度及补口成型质量等严格控制,确保满足验收规范要求。

水平定向钻穿越质量控制:重点控制出入土点位置、导向曲线数据、泥浆配比数据、回拖数据及回拖后的电导率测试数据等,确保满足设计及规范要求。

顶管穿越质量控制:重点控制穿越套管的起点、终点,工作井、接收井的位置、深度,顶进设备的性能,后背墙的强度及稳定性,导轨的平行度、水平度及标高等,确保穿越后的路径、长度、标高满足设计要求。

清管试压质量控制:清管环节重点控制清管器的组合形式,测径板的材质、厚度及直径,清管次数等。试压环节重点控制水质质量、试验计量器具(如压力表、温度计)、线路长度及高差、试验压力、试验温度、稳压时间及压降等,确保清管试压满足设计及规范要求。

隐蔽工程质量控制:实施施工项目部、EPC联合体项目部、监理、业主联合验收制度。

5.4.5 质量管理效果

通过建立健全质量体系,坚持全过程、全方位、全员控制,从人、机、环、料、法等质量因素入手开展事前、事中和事后质量控制,有效保证了青宁输气管道工程项目的质量。从2019年6月至12月,41个机组施工500 km,管道累计焊接一次合格率99.70%,累计一级焊口合格率达到78.50%,防腐补口合格率达到99.99%。

由表5-5及图5-13可以看出,各区段施工单位累计焊接一次合格率都在99%以上,除F区段施工单位小范围浮动外,剩余五个区段施工单位都保持平稳状态。

表5-5 累计焊接一次合格率统计表 %

单位	6月	7月	8月	9月	10月	11月	12月
A区段	99.80	99.80	99.76	99.77	99.77	99.70	99.69
B区段	99.70	99.86	99.71	99.71	99.71	99.69	99.70
C区段	99.60	99.73	99.73	99.63	99.67	99.67	99.68
D区段	99.40	99.51	99.48	99.50	99.52	99.48	99.60
E区段	99.75	99.79	99.80	99.81	99.75	99.77	99.76
F区段	99.81	99.51	99.59	99.62	99.24	99.65	99.70

针对一级焊口施工(表5-6和图5-14),通过及时比对各区段施工单位一级焊口率,分析原因并采取针对性措施,促进了一级焊口率稳步提升。

表 5-6　累计一级焊口率统计表　　　　　　　　　　　　%

单位	6 月	7 月	8 月	9 月	10 月	11 月	12 月
A 区段	68.25	70.40	77.52	80.28	81.55	86.44	86.42
B 区段	63.28	79.01	71.72	72.22	73.94	74.59	76.52
C 区段	62.15	66.45	66.45	69.72	70.32	71.38	74.68
D 区段	73.23	76.34	78.25	80.91	84.92	84.95	85.21
E 区段	45.25	48.01	56.18	61.98	64.60	64.48	68.52
F 区段	65.76	75.11	76.45	75.67	76.44	76.46	77.67

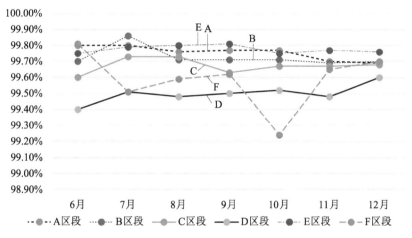

图 5-13　累计焊接一次合格率统计图

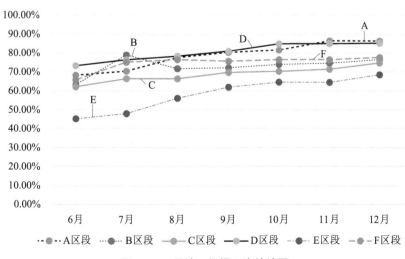

图 5-14　累计一级焊口率统计图

表 5-7 显示,各区段施工单位防腐补口合格率都表现良好,五个区段施工单位达 100%。

表 5-7　防腐补口合格率　　　　　　　　　　　　　　　　%

单位	6 月	7 月	8 月	9 月	10 月	11 月	12 月
A 区段	100	100	100	100	100	100	100
B 区段	100	100	100	100	99.93	99.95	99.99
C 区段	100	100	100	100	100	100	100
D 区段	100	100	100	100	100	100	100
E 区段	100	100	100	100	100	100	100
F 区段	100	100	100	100	100	100	100

5.5　施工 HSE 管理

青宁输气管道工程业主方采取"融入式"第三方 HSE 管理模式,对施工全过程进行 HSE 管理。在这一模式下,由第三方工程咨询有限公司提供专业齐全的 HSE 管理团队,编制和执行统一的 HSE 管理标准,对所有的作业活动进行有效的风险控制,提高了工程建设项目的 HSE 管理水平。

5.5.1　施工 HSE 管理的必要性

(1)安全法律法规的要求

《中华人民共和国安全生产法》《中华人民共和国环境保护法》等法律法规对生产过程的安全生产和环境保护工作提出了明确要求。青宁输气管道工程作为国家重大工程项目,必须严格执行国家法律法规和标准规范,确保安全生产,保护人员健康,实施环境保护。

(2)安全施工的要求

对于长输管道这样的线性工程,由于每一个项目的作业内容、作业环境、气候条件和施工中可能遇到的问题都存在较大差异,因此需要 HSE 专业管理人员来制定具体、全面、有针对性的施工计划、管控措施和事故应急预案。开工前,组织拟进入施工现场的管理、作业人员参加业主举办的入场安全教育,考核合格且签订安全承诺书后方可上岗。施工过程中,HSE 管理注重施工现场的日常巡检,及时掌握施工现场设备、人员及施工活动的最新动态,及时发现问题并现场监督整改,降低安全事故发生的可能性,保证每项施工活动的安全、平稳、高效运行。

（3）环境保护的要求

长输管道建设对环境的影响主要集中在施工阶段，包括对生态环境、大气环境、土壤、水环境、噪声、固体废弃物的影响等方面，因此，这一阶段对环境的保护工作尤为重要，HSE管理人员依据专业知识和实际经验，全面评价管道建设对环境各个方面的影响，制定具有可行性、有效性、科学性的环保方案，有利于减少施工对环境的影响。

5.5.2 施工 HSE 管理的实施

（1）施工阶段前期做好 HSE 管理准备工作

为了使施工现场规范化，有效统筹现场作业人员的职业健康管理、安全文明施工管理和环境保护管理，HSE 管理团队在施工开始之前就与第三方 HSE 监管团队集中办公，开展HSE 管理前期准备工作。

集中办公期间主要开展 HSE 体系编制、人员培训、物资准备、检查标准编制、培训课件整理、相关信息登记、报备资料建立、管理规定制定等工作，在项目正式开工前全部筹备工作就已完成。通过集中办公，组织内部培训 2 次，编制详细的承包商培训课件 2 套，协助第三方 HSE 监管团队编制施工项目检查标准 15 项 2 812 条，完成全部成员身份信息、个人信息和体检报告、资质证件信息等统计报备工作，并组织 EPC 联合体各成员管理团队参加业主举办的入场安全培训。

（2）建立 HSE 风险识别、评价及监控机制，动态管控重大风险

施工阶段是 HSE 问题频发的主要阶段。这个阶段中 EPC 联合体项目部 HSE 管理人员不仅要从整体上考虑建设工程的安全施工风险和环境污染风险，而且要加强各个具体施工环节风险的识别和安全管控，做到点面兼顾。

只有全面辨识风险、评价风险，才能有效控制风险。青宁输气管道工程距离长，时间跨度大，事前有效预防风险就显得至关重要。EPC 联合体项目部在严格落实中石化 HSE管理制度前提下，借鉴以往的施工现场 HSE 管理经验，针对各个施工环节可能存在的HSE 风险、危害因素及重大危险源，全面辨识可能造成施工安全事故的潜在风险因素，利用工作危害分析（JHA）法系统分析评价工程中存在风险因素的不同等级，梳理重大风险因素，并根据评价结果编制重大风险因素动态管控表。结合施工进度计划，将相关作业活动、存在的重大 HSE 风险及其出现的时间、地点以不同的等级采用图表的形式表现出来，使各个施工阶段重大 HSE 风险更加直观明确，动态管控重大风险，据此制定详细的风险管控流程和管控方案，将风险控制在事故发生前，把可能导致的后果限制在可防、可控范围内。

青宁输气管道工程重大风险动态管控表以施工进度计划为横轴，以 HSE 重点控制工

序为纵轴进行编制,见图 5-15 所示。随工程施工进度计划进展及时对重大风险因素出现的时间段进行跟踪调整,并对重大风险动态管控表进行升级,实现动态管控。

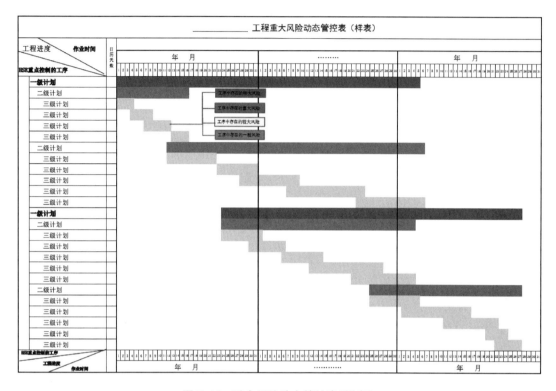

图 5-15　重大风险动态管控表(样表)

（3）规范工程重大风险管控流程

青宁输气管道工程 HSE 管理重大风险管控实施过程中,根据重大风险等级,明确项目经理、党工委书记、安全总监、工程技术副经理、计划控制副经理、外协副经理等为相关重大风险源责任人。根据存在的风险,开展有针对性的教育培训,了解风险因素,懂得风险防范,严格按照重大风险管控流程实施管理。重大风险管控流程见图 5-16 所示。

① 编制专项施工方案

对存在重大风险因素的分部分项工程、特殊/重点要害部位、关键作业环节及直接作业环节编制专项施工方案;超过一定规模的危险性较大的分部分项工程施工方案(如高邮湖定向钻穿越、G40 泥水平衡顶管、山东石方段等),须由施工项目部组织专家进行方案论证,论证通过后由施工项目部所在单位技术负责人审核,监理总监审批,EPC 项目部及业主的职能部门参与施工方案的审查。

② 安全技术交底

专项施工方案批准后,作业前对施工人员进行安全技术交底;现场施工负责人或技术

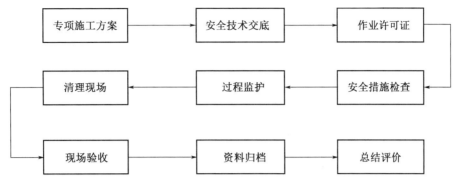

图 5-16　重大风险管控流程

负责人向作业人员进行交底,告知作业内容、风险及防护措施,参与交底的人员必须书面签字确认,不得代签。

③ 作业许可证

涉及动火、临时用电、受限空间、高处、动土、起重、脚手架等直接作业环节的,作业前办理作业许可证,涉及的申请人、接收人、审批人、监护人必须持证上岗。作业许可审批人必须在现场确认、审批。

④ 安全措施检查

作业前,HSE 管理人员对施工现场针对重大风险因素制定的安全措施进行检查,符合施工条件的,经现场负责人签字确认后,方可进行施工。

⑤ 过程监护

重点要害部位作业、实行许可要求的作业应指派专人监护,监护人不得随意离开现场或做与监护无关的事情。作业过程必须全程进行视频监控。

⑥ 清理现场

作业完成后,应组织清理现场,恢复正常状态,确认现场无安全隐患。

⑦ 现场验收

现场清理完毕后,经 HSE 监督人员现场验收,确保无风险隐患后,现场负责人对作业票进行签字,关闭作业许可证。

⑧ 资料归档

对施工方案、交底记录、视频影像等施工安全资料进行收集归档。

⑨ 总结评价

施工完毕后,HSE 管理部协助施工项目部针对本次施工进行总结、评价。

(4) 落实分包商监督管理,确保现场施工安全

分包商具有事故发生概率大、同类事故占比高的特点,也是安全监管的难点和重点。

分包商监督管理主要采取以下措施：

① 督促施工单位开展分包商入场 HSE 条件确认，落实分包商资质、关键岗位人员安全资格、特种作业人员及特种设备操作人员作业资格等。

② 联合业主、监理开展开工 HSE 等条件确认，查验机组"一长三员"到岗履职情况、关键人员持证上岗情况、设备报验情况，以及标准化现场设置等。

③ 监督检查直接作业环节许可票证办理、安全防护措施落实及监护人员到岗履职情况，必要时现场监督旁站。

④ 建立健全分包商奖罚考核机制，严格执行违章人员离岗培训制度，规范分包商安全行为。

（5）强化施工现场各个作业环节的 HSE 监督检查，严处违章行为

不同的施工作业环节会面临不同的 HSE 风险，且一旦发生事故就会影响项目的整体进度，如何化解施工安全与项目进度之间的矛盾，使安全监督管理服务于施工，为施工保驾护航，是施工现场 HSE 监督检查的宗旨。

施工现场各单位的机组类型多、数量多、作业周期短、机动性大，是事故多发群体。HSE 管理部门履行"四全"监督检查管理责任，协同业主、监理对各个施工机组入场前的安全条件进行确认，强化施工作业中的巡检力度，督促其遵守规章制度和操作规程，杜绝以包代管现象。HSE 管理人员对各个机组从接班到交班的施工行为进行跟踪观察和评定，根据不同风险等级给予各施工作业环节不同程度的监督管理。一旦发现施工作业环节的安全隐患，立即采取停工整治、约谈等措施进行整改，并要求相关作业人员剖析深层次原因，提高思想认识，避免相同问题再次发生；同时，教育与处罚双管齐下，对监督检查中发现的违章行为决不姑息迁就。通过 HSE 全方位监管，培养并提升施工人员的安全意识，促成"要我安全"理念向"我要安全"转变，营造人人要安全、人人保安全的良好氛围。

（6）实施施工图设计的环保措施

① 建立施工阶段环保管理相关制度。通过制度的建立，明确施工期环保管理相关工作的重点、责任单位、考核措施等，使施工阶段的环保管理有理可据、有章可依。

② 做好沿线生态保护和恢复工作。严格控制作业带宽度，严禁超占、超压；严禁作业人员捕猎野生动物，严禁破坏作业范围以外的植被；管沟采取分层开挖、表土剥离、分开堆放、分层回填。施工结束后及时对临时占地进行覆土和植被恢复。

③ 严格落实水环境保护措施。管道穿越水源保护区、湿地保护区应严格施工管理；禁止在河堤范围内清洗车辆、设备；禁止将污水、固体废弃物等抛入水体；试压废水采取沉淀、达标排放处理措施，禁止排至具有饮用水功能的水体；穿越河流施工完毕后，及时恢复地貌及河岸护砌。

④ 落实土壤和大气环境保护措施。做好固体废弃物收集，做到工完料净场地清；防腐

喷砂除锈做好扬尘防治及废砂收集,防腐涂刷做好土壤污染防治措施,防腐涂料不落地;现场堆积土方做好苫盖措施,防止扬尘污染。

⑤ 做好定向钻泥浆处置工作。定向钻现场做好泥浆池防渗及场地防尘工作,加强巡视,如发现冒浆及时处理,尽可能减少环境影响;多雨季节,充分考虑泥浆池余量,防止泥浆外溢;定向钻废弃泥浆交由具备处理资质的单位处置,签订合同和安全协议,做好台账记录,留存影像资料。

⑥ 深化培育施工绿色文化。邀请环保专家对施工单位开展环保知识培训,普及环保法律、法规及当地环保规定,提高作业人员的环保意识。向施工人员发放环保口袋书,介绍施工期间环境保护管理的重点及标准,做到人手一册,随时随地对照口袋书检查环保工作是否做到位。以六五环境日为契机,开展一系列活动,通过横幅、展板、海报等多种形式认真传达"奉献清洁能源,践行绿色发展"理念,动员施工现场所有人员做绿色发展的实践者,积极践行自然、节约、环保、健康的生活办公方式。

(7) 加强施工作业现场安全检查,落实安全防护措施

加强施工作业现场安全检查,落实各项安全防护措施,使每位员工能防微杜渐,防患于未然,把安全事故消灭在萌芽状态,真正做到"事前预防"。

安全检查形式分为日常巡检、周安全检查、专项安全检查等。

① 日常巡检:对现场安全状态进行动态控制,识别危险状态和突发问题,及时采取纠正措施,是安全检查的主要方式和重要组成部分。

② 周安全检查:由监理单位、总承包单位和施工单位安全管理人员参加综合检查,每周一次。

③ 专项安全检查:对现场某一特定的操作和设备进行检查,通过检查和监督及时发现事故隐患,及时整改,把事故消灭在萌芽状态。安全检查的基本要求是:不敷衍了事,不外行凑数;深入细致,严肃认真;对查出的事故隐患及时整改,不能有始无终,不能查而不纠,不能放任自流,不能置之不理;贵在坚持,不"三天打鱼,两天晒网",不搞形式主义。

5.5.3 施工 HSE 管理遇到的问题及解决措施

(1) 施工阶段 HSE 管理遇到的问题

① 自然环境复杂,HSE 管理面临的不确定性增大

青宁输气管道工程位于我国东部地区,主要以亚热带湿润性季风气候和温带季风气候施工为主,雨量集中于每年的 7 月至 9 月,上游来水增加时极易产生暴雨、洪涝、风暴潮灾害,而且在每年的 12 月至次年的 2 月易出现大雾天气,对生产、生活造成极大不便。同时,工程途经地区河流纵横、水塘密布、沟渠发达,以江苏北部地区为例,水田、种植塘、"鱼虾蟹"塘遍布,土质以淤泥质粉质黏土为主,含水量和地下水位高,渗透力强,地基承载力差,

并伴有流沙。在此区域进行大口径管道工程建设容易发生淤陷、溺水、洪涝等事故。同时，施工过程存在环境污染、生态破坏等风险。

自然环境的特殊性给施工阶段的 HSE 管理带来不确定性。虽然设计和施工方案已经针对相关问题提出了解决措施，但是自然因素瞬息万变，不可抗力随时可能发生，提高了 HSE 管理的难度。

② EPC 联合体模式下各成员单位分包商的 HSE 意识参差不齐

从分包商的管理来看，有些分包商仍然存在"以包代管"问题，分包后就忽略对其分包单位的 HSE 管理，HSE 管理机构缺失，专职 HSE 管理人员配备不足，对分包单位的监督管理无法全覆盖。有的分包商只书面传达 HSE 管控程序、流程和作业文件，并未实际履行监管职责，对分包单位的管理形同虚设，增加了发生安全事故的概率。还有的分包商错误地认为，在 EPC 模式下只要 HSE 管理人员和联合体各成员单位负责相应工作就行了，分包商的管理人员可以专注于质量、进度、费用、合同等其他管理工作，从而完全依赖 EPC 联合体、监理和第三方 HSE 监管机构，降低了 HSE 管理标准，增加了 HSE 监管的难度，形成了新的风险隐患。

从分包单位所雇佣的作业人员来看，文化程度不高，整体素质偏低，HSE 意识不强。此外，这些人流动性较大，有的甚至是临时雇佣的农民工、季节工。在作业过程中，他们所从事的工作往往是又苦、又脏、又累的体力劳动，技术含量低但危险系数大，如土方挖掘、受限空间、临边作业、脚手架施工等，加上不注意自身的安全防护，极易造成人身安全事故。

（2）施工阶段 HSE 管理问题的解决措施

① 密切关注气候变化，实施动态监控

由于青宁输气管道工程施工全面展开正值高温暴雨期，因此 EPC 联合体项目部 HSE 管理领导小组联合监理、第三方 HSE 监管及其他管理部门密切关注高温、雷雨、强对流天气变化，实施动态监控，充分发挥组织、指挥、调度、抢险、救助职能，快速、有序、高效地组织汛期施工。同时编制汛期施工安全专项方案，重点抓好"组织领导、制定措施、落实任务、督促检查"四项工作，确保组织到位、人员到位、措施到位，有备无患。

当超强台风"利奇马"来袭时，EPC 联合体项目部 HSE 管理领导小组积极组织防范，启动恶劣天气应急预案，提前对未停工机组进行安全检查，落实人员、设备、驻地防台风措施，并积极向业主方汇报台风汛情防范日报。台风期间禁止人员外出，减少不必要的人员伤害。台风过后，立即联合业主、监理对施工现场受损情况进行安全排查，检查施工现场积水基坑和作业带排涝情况，开展复工安全条件确认，确保台风过后顺利复工。同时，根据业主指示，在 EPC 联合体项目部下发的《现场标准化建设指南》的基础上，要求各施工项目部编制施工标准化实施方案，规范施工现场布局，统一作业区域封闭围护规格，统一现场安全标识目视化标准，强化施工全面风险管控，促进夏季汛期施工专项方案安全实施。

② 严格规范施工,把好施工技术关

规范施工是施工过程中保证质量、控制安全的关键。科学的施工技术能够在保障安全的前提下加快施工进度,确保施工质量。同时,积极引进先进施工技术,严把施工技术关,还能有效控制施工过程中的 HSE 风险。

在穿越施工方面,采用先进的非开挖穿越施工技术(如泥水平衡顶管穿越、定向钻穿越工程技术等),大幅减少了对河流、铁路、林地等敏感区域和关键地段的扰动和破坏;定向钻穿越施工过程中,通过优化泥浆配比,优化扩孔工艺,有效防止了钻进扩孔施工中的冒浆,避免了泥浆对水源、湿地保护区土壤和水质的污染;在管沟开挖时,采用"分层开挖、分层堆放、分层回填"工艺,将生、熟土分别放置,将地表 30~50 cm 的熟土单独堆放,为施工后期地貌恢复和复耕复植创造了有利条件。

在线路、站场施工方面,通过保持作业带、作业面最小宽度,减少了施工对地表植被和地貌的损坏;严格限制施工设备与运输车辆在进场道路和施工作业带内通行,避免超范围碾压地表,最大限度地保护了原有地貌;通过对弃渣废料的妥善收集、清理和无害化处理,加强地表植物的补栽补种,确保了绿化效果,改善了沿线生态环境与景观环境。

针对江苏北部地区水系发达、地下水位浅的特点,放弃了低成本的人工顶管施工工艺,采用先进的泥水平衡顶管工艺技术,虽然增加了一定的成本,但缩短了施工时间,减少了 HSE 风险。

③ 压实管理责任,加强 HSE 制度建设

EPC 联合体项目部要求各成员单位必须根据规范、合同要求,做到 HSE 机构设置合理、人员配置齐全、管理制度到位。

在施工现场的 HSE 管理中,赋予 HSE 管理人员较高的管理权限,确保现场各项事宜能做到"五个凡事",即凡事有人负责、凡事有章可循、凡事有据可查、凡事有人监督、凡事有查必果。针对违章行为,按照有关规定对责任人给予相应的处罚,同时加强思想教育,重申其 HSE 职责,增强工作责任心。

在 HSE 宣传培训中,定期组织召开安全专题会议、环保专题会议、班组周一安全活动和班前讲话等活动,引领职工开展安全环保知识学习,监督各成员单位对全体作业人员进行安全操作规程、安全施工规范的培训学习,不断提高作业人员的安全意识,明确各岗位的 HSE 责任,做到既对自身负责,也对建设工程项目负责。

④ 改进管理程序,加强对分包商的 HSE 监管

建立报备制度。根据青宁输气管道工程建设实际,建立了报备制度,要求各成员单位如进行高风险作业和特殊作业,必须提前一天向 EPC 联合体项目部报备信息。项目部对报备项目进行 HSE 风险梳理分级,配合业主、监理对现场安全条件进行确认,并在作业实施过程中旁站监督,确保 HSE 监管工作监督有重点、检查有方向、管控见实效。

形成管理闭合。HSE 监管工作中,做到检查考核与整改落实并重。针对督查通报的每个 HSE 问题,明确整改时间、整改责任人和验收责任人,并要求责任单位及时反馈整改信息,按照作业报备—安全条件确认—巡检督查(旁站)—通报考核—整改验收—信息反馈的管理路径,实现 HSE 管理闭合。

强化督查绩效。结合长输管道项目施工特点,分标段向现场项目部派驻 HSE 管理人员,明确监管责任人,实施网格化管理。将对各成员单位的定期检查改为每天覆盖督查,做到监管工作日查日报,检查问题日清日结,最大限度地提高 HSE 监管效能,消减遗留问题带来的各种隐患和风险。

实现信息共享。施工现场的 HSE 管理人员充分利用微信和钉钉,建立内部信息平台,及时交流、沟通监管信息,及时分享监管经验和教训。同时,充分利用项目各个参建单位的微信群,对当天督查信息进行汇总和剖析,把存在的普遍问题、典型问题和好的做法及时进行信息通报和共享,进一步提高 HSE 监管工作的针对性和实效性。

把握工作重心。通过晨会、周例会、信息群交流和线下沟通,与业主、监理、第三方 HSE 监管建立有效和充分的交互渠道,时刻领会项目管理精神,把握业主管理导向,了解生产运行动态,确保 HSE 监管工作紧扣项目管理主线,重心不偏。

5.6 施工与设计、采办和试运行的接口控制

EPC 联合体项目部建立协调沟通机制,通过会议、电话、网络、报表、数字化平台等多渠道,做到信息共享、交流互通,及时协调解决施工与设计、采办和试运行的接口问题。施工与设计、采办和试运行的接口和界面见图 5-17 所示。

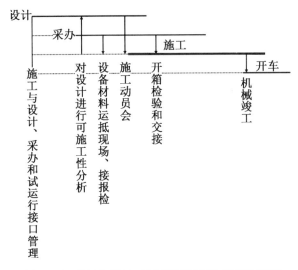

图 5-17 施工与设计、采办和试运行的接口和界面

5.6.1　施工与设计的接口控制

施工与设计的接口重点控制内容如下：

（1）对设计的可施工性进行分析；

（2）接收设计交付的文件；组织图纸会审及设计交底；

（3）评估设计变更对施工进度、质量和投资的影响。

施工提前介入前期设计。施工提前介入施工图的审查，确保设计文件的可执行性。在高邮湖连续定向钻穿越设计、新沂河"背靠背"定向钻穿越设计、仪征复杂地段设计上，设计人员多次与施工技术人员现场对接设计方案，并逐步优化，以减少施工难度、降低施工成本；在站场、阀室工程施工图出版前，施工项目部提前介入施工图的审查工作并提出改进建议，针对采纳的建议，设计人员在 0 版施工图中体现，确保了设计文件更切合实际，更加合理。

设计交付与交底满足施工要求。根据施工的进度安排，分批开展图纸设计、图纸会审及设计交底工作，确保施工的按期开工及施工连续性。其中，定向钻穿越设计工作量大，根据施工的外协进展情况，由各施工项目部分批提出图纸需求计划，设计人员根据图纸需求计划有序安排图纸设计工作，确保了施工工作的正常开展。

设计变更核实与确认。针对现场涉及的设计变更，由施工项目部提出设计变更方案，设计代表第一时间进行现场核实和对接，并最终确定更优的变更方案。

5.6.2　施工与采办的接口控制

施工与采办的接口重点控制内容如下：

（1）施工接收设备材料，与采购共同进行现场设备材料的开箱检验；

（2）施工过程中设备、材料质量问题对施工进度的影响；

（3）采购变更对施工影响的评估。

采办人员定期发布物资到场计划，施工项目部根据物资到场计划可提前调整施工部署，避免窝工现象；针对施工急需的物资，采办人员第一时间采取标段内调配或厂家催交催运措施，保证施工的顺利进行；为减少中转站至现场运输环节的费用支出及降低安全风险，积极协调开展物资直抵现场工作；针对需厂家指导安装调试的设备，由施工项目部提出厂家服务需求计划，采办人员根据需求计划及时协调厂家到场服务；针对物资质量问题，采办人员也是第一时间协调厂家进行处置。

5.6.3　施工与试运行的接口控制

施工与试运行的接口和界面见图 5-18 所示。在施工与试运行接口关系中，应对下列主要内容的接口实施重点控制：

（1）施工执行计划与试运行执行计划不协调时对进度的影响；

（2）试运行过程中发现的施工问题的处理对进度的影响。

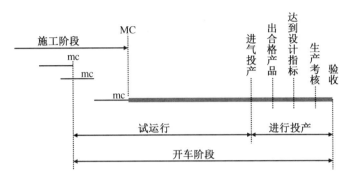

mc— 按线路和站场进行中间交接，管理权移交，部分进入试运行。
MC— 进行工程交接，全面进入预试车。

图 5-18 施工与试运行的接口和界面

青宁输气管道工程通过施工与设计、采办、试运行的深度融合，确保了施工的连续性，加快了项目建设进度。

5.7 EPC 联合体模式下施工管理取得的成果

青宁输气管道工程 EPC 联合体统筹安排，从各成员单位抽调一批有资质、技术好、懂管理的人员组建 EPC 施工管理团队，为工程的施工管理提供了人员和组织保障。施工管理团队通过工程前期运行过程的不断磨合，逐渐摸索了一套行之有效的管理经验，在项目建设中后期高效运行，圆满完成了青宁输气管道工程的施工管理任务。

搭建纵向分级、横向分类的施工管理职责框架，制定统一的施工管理体系文件，采用"一体化"运作理念和 WBS 方法，青宁输气管道工程的施工管控取得了阶段性成果。首先，确保了施工的进度、质量、安全、费用等处于受控状态，实现了 256 万工时无事故；其次，2019 年度施工进度比计划提前 30 余天，创造了天然气长输管道建设的"青宁速度"；最后，工程检测齐全准确率 100%，管道埋深一次合格率 100%，焊接一次合格率达到 99.70%，有效提升了施工质量。

6 工程中间交接与项目试运行

工程中间交接标志着工程施工安装结束,由单机试车转入联动试车阶段,是总承包单位(施工单位)向建设单位办理工程交接的必要程序。工程中间交接一般按单项或系统工程进行交接,与生产交叉的技术改造项目,可办理单项以下工程的中间交接。中间交接是指装置保管、使用责任的移交,不解除总承包、施工单位对工程质量、竣工验收应负的责任。工程中间交接后,工程管理部门继续对工程负责,直至竣工验收。工程中间交接后,对装置要进行封闭化管理,建设单位机、电、仪维修人员必须已上岗。

工程安装基本结束时,按照工程建设程序,施工单位应抓收尾、保试车,按照设计和试车要求,合理组织力量,认真清理未完工程和工程尾项,并负责整改消缺。建设单位应抓试车、促收尾,协调、衔接好收尾与试车进度,组织生产人员尽早进入现场,及时发现问题,以便尽快整改。

项目试运行管理是依据合同约定,在工程中间交接后,由项目发包人或项目承包人组织进行的包括合同目标考核验收在内的全部试验。试运行在不同的领域表述不同,如试车、开车、调试、联动试车、整套(或整体)试运、联调联试、竣工试验和竣工后试验等。

依据青宁输气管道工程 EPC 合同约定,总承包单位完成项目工程中间交接节点之前的工作,试运行工作由项目发包人负责组织实施,总承包单位负责试运行技术服务和投产保运工作。试运行的准备工作包括人力、机具、物资、能源、组织系统、安全、职业健康和环境保护,以及文件资料的准备。试运行管理内容包括试运行执行计划的编制、试运行准备、人员培训、试运行过程指导与服务等。

6.1 "三查四定"与工程中间交接

6.1.1 "三查四定"工作定义和原则

6.1.1.1 "三查四定"定义

"三查四定"是指工程按设计文件规定内容安装结束,在施工单位自检合格和监理单位复查合格的基础上,建设单位会同生产准备部门共同组织设计、采购、施工承包、监理等单位按单元和系统,分专业进行的工程项目清理和检查活动。

"三查"即查设计漏项、查施工质量隐患、查未完工程;

"四定"即对检查出的问题定任务、定负责处理单位和人员、定处理措施、定整改期限。

6.1.1.2 "三查四定"原则

"三查四定"应遵循的原则如下:

(1)"三查"工作要细

对每一张设计图纸,每一项工艺技术方案,每一项控制方案,每一台设备、管线、阀门、仪表等安装质量进行认真检查,并分类登记造册。各专业按设计要求,对照图纸逐项检查,看设备、管道、阀门、仪表、电气、土建等项目是否符合设计要求,工艺是否合理,流程是否畅通,操作是否方便,设备方位是否有误,管道焊接有无漏洞、盲板、法兰、垫片是否符合要求,阀门走向有无颠倒,避雷、静电装置是否达到要求,阀门开关是否灵活,压力表、温度计安装部位与数量是否达到要求等等。

① 查设计漏项。除设计人员参加外,建设单位管理人员、操作人员、业内专家必须参加。

② 查施工质量隐患。未按规定与标准进行作业的部位产生的质量隐患,损害了使用功能和安全功能。对此施工人员、质检人员、监理人员都负有责任,专业监理工程师应拿出主导意见。

③ 查未完工程。施工单位对未完工程负主要责任,因此施工单位应及早对照设计,自查缺项。

(2)"四定"工作要准

生产准备的技术负责人,会同设计、施工单位,对查出的问题逐项进行论证。凡是影响开工、正常生产、安全生产的项目必须增加或修改。对"锦上添花"可上可不上的项目,一律不上,以保证工程进度和控制工程费用。

6.1.2 "三查四定"工作流程

施工单位按照设计内容安装结束、施工单位质量自检合格后,由质量监督部门进行工程质量初评,建设单位(或总承包单位)组织施工、设计、监理等单位按单元和系统,分专业进行"三查四定"。工作流程图见图 6-1 所示。

6.1.3 工程中间交接程序、条件及内容

6.1.3.1 中间交接程序

根据 EPC 合同和标准规范要求,结合项目实际情况,经与业主协商,明确了工程中间交接、交工验收和工程结算程序。工程中间交接程序见图 6-2 所示。

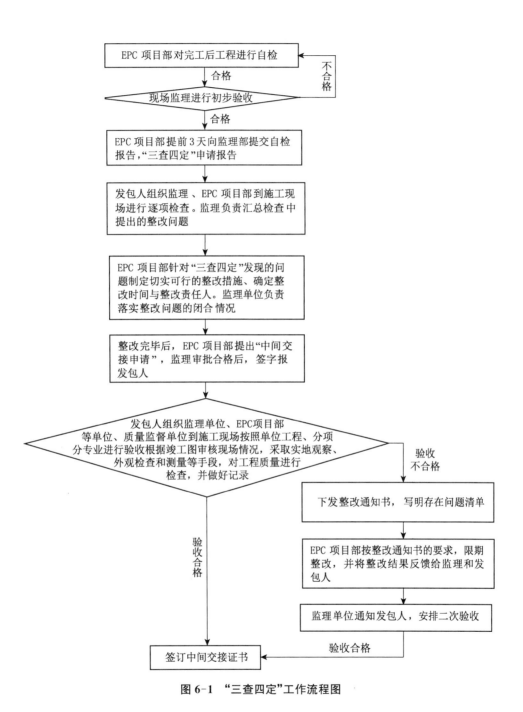

图 6-1 "三查四定"工作流程图

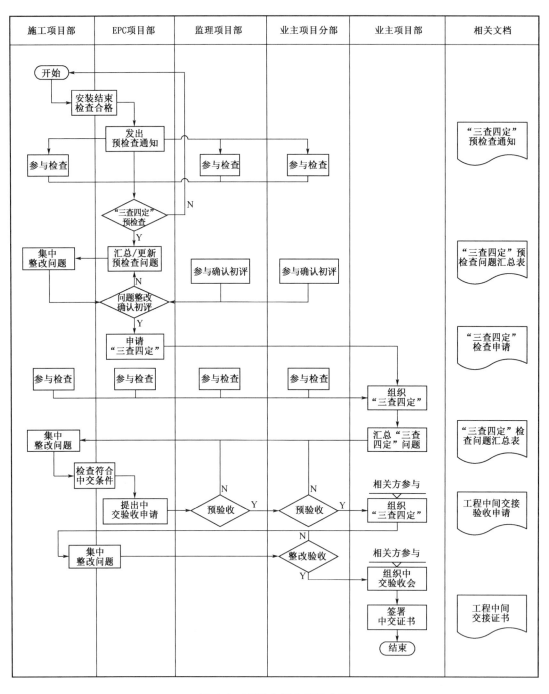

图 6-2　项目中间交接程序图

6.1.3.2　工程中间交接条件

工程中间交接应具备的条件：

（1）工程按设计内容完成施工。

（2）工程质量符合国家和行业标准。

（3）工艺、动力管道的耐压试验完成，系统清洗、吹扫完，保温基本完成。

（4）静设备无损检验、强度试验、清扫完成；安全附件（安全阀、防爆门等）已调试合格。

（5）动设备单机试车合格（需实物料或特殊介质而未试车的除外）。

（6）大机组空负荷试车完成，机组保护性联锁和报警等自控系统静态调试联校合格。

（7）装置电气、仪表、计算机、防毒防火防爆等系统调试联校合格。

（8）装置区施工临时设施已拆除，工完、料净、场地清，竖向工程施工已完成。

（9）对联动试车有影响的"三查四定"项目及设计变更已处理完成，其他未完成的施工尾项责任、完成时间已明确。

6.1.3.3　工程中间交接内容

工程中间交接的内容如下：

（1）按设计内容对工程实物量的核对交接。

（2）工程质量资料及有关调试记录的审核验证与交接。

（3）安装专用工具和剩余随机备件、材料交接。

（4）工程尾项清理，明确实施方案及完成时间。

（5）随机技术资料交接。

6.1.4　工程中间交接管理措施

（1）自查自检

① 项目工程安装结束后，由工程验收组副组长编制自检自查计划表，组织验收小组的成员对完工的工程进行整体的自检自查。

② 自检自查一定要做到细致认真，分部门分专业进行。每天将各专业口检查出来的问题统一进行汇总，并制定整改计划和措施。

③ 各施工项目部负责自检自查出问题的整改工作，工程技术部负责问题整改后的验收工作。

（2）"三查四定"

① EPC联合体项目部在对工程质量进行自检合格后，提前三天向监理人提交符合要求的自检报告及相应的资料，并向监理提出"三查四定"申请。

② 参加发包人及监理单位组织的"三查四定"工作，及时记录发包人和监理单位提出的

工程质量问题和缺陷。

③ 工程验收小组各施工项目部针对"三查四定"提出的问题逐条制定切实可行的整改措施、确定整改时间和整改责任人。

④ 工程验收小组综合管理部负责编制整改问题闭合日报和周报，及时向监理和发包人针对整改情况进行汇报。

（3）中间交接

① "三查四定"提出整改问题闭合后，在确认工程已经达到中间交接具备的条件时，上报监理并做好工程交接相关准备工作。

② 工程验收小组向监理提交工程中间交接计划，详细说明区域设施工程中间交接的各阶段安排，并编制详细的工程中间交接检查清单，作为工程中间交接的指导。

③ 工程验收小组分专业配合发包人、监理、质量监督对施工现场按照单位工程、分项分专业进行验收，并做好记录。

④ 工程验收小组对检查出的问题进行全过程记录，并得到监理人和发包人的认可。发包人通过检查认为工程符合中间交接条件的，签发中间交接证书，工程视为完成中间交接。未通过中间交接验收的工程不允许进行投产试运。

⑤ 检查过程中如果发现"三查四定"中未发现的工程质量问题或"三查四定"整改不到位的问题，各施工项目部根据监理单位下发的整改通知书，限期进行整改并及时将整改信息反馈给监理，并申请组织第二次验收。

⑥ 工程验收小组在获颁中间交接证书后，将工程的照管责任移交发包人，在完成中间交接后，协调发包人接收现场和工程。

⑦ 对未参加中交验收的未完工程（尾工）制订施工计划，明确责任人、完工时间。实施过程中必须遵守与发包人签订安全协议，防止施工对投产后的管道安全造成影响。完成后，按中间交接验收程序进行验收。

6.1.5 青宁输气管道中间交接实施情况

（1）"三查四定"预检查

"三查四定"预检查工作由 EPC 联合体项目部牵头完成，其检查流程如图 6-3 所示。在施工项目部自检确认实物工作内容已按设计要求完成后，EPC 联合体项目部根据各施工区段进度完成情况，编制平行搭接的进度计划，根据业主关于工程中交的相关管理文件，编制线路部分（含穿跨越）和站场部分问题检查表，正式发出"三查四定"预检查通知，邀请业主和监理共同参加由 EPC 联合体项目部组织的"三查四定"预检查全过程。联合检查后，EPC联合体项目部汇总编制"三查四定"预检查问题整改销项表（表 6-1），问题 A、B、C 分类，定时间、定措施、定责任人，按责任主体逐项组织整改销项。

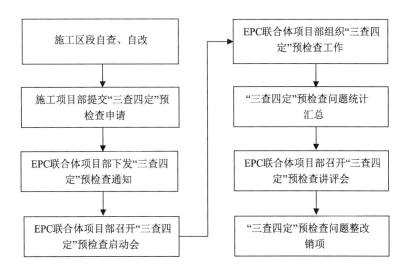

图 6-3 "三查四定"预检查工作流程图

表 6-1 "三查四定"预检查问题整改销项表

工程名称：　　　　　　　　　　　单位工程名称：

序号	问题描述	问题等级	整改措施	责任单位	责任人	计划完成时间	实际完成时间	确认人	备注

（2）"三查四定"检查

"三查四定"检查工作由建设单位组织，在完成"三查四定"预检查主要问题整改销项后，EPC联合体项目部正式向业主申请"三查四定"检查。在确认工程实体施工和预检查问题整改进度满足条件后，业主组织监理、EPC联合体项目部、施工项目部进行全面"三查四定"检查。检查后，业主汇总编制"三查四定"检查问题表，EPC联合体项目部负责组织整改销项。

（3）工程中间交接

2020年11月3日，业主单位对"三查四定"检查问题整改情况进行了逐项审查，在确认影响投产的问题均已整改到位后，签署了青宁输气管道工程中间交接证书，并进场接收工程实体，开始承担对工程的保管、使用责任。

6.2 项目试运行投产

依据合同约定,EPC 承包商负责协助项目发包人编制试运行投产方案,协助项目发包人完成试运行投产工作,并做好试运行投产期间的保驾工作。试运行投产期间一切听从项目发包人的指令,对过程中出现的设计、施工、设备、材料等问题,各责任部门应迅速予以处理。

6.2.1 试运行投产方案

依据合同约定,EPC 联合体负责协助项目发包人编制试运行方案。

(1)试运行方案的编制原则

① 编制试运行方案,包括生产主体、配套和辅助系统以及阶段性试运行安排;

② 按照实际情况进行综合协调,合理安排配套和辅助系统先行或同步投运,以保证主体试运行的连续性和稳定性;

③ 按照实际情况统筹安排,为保证计划目标的实现,及时提出解决问题的措施和办法;

④ 对采用第三方技术或邀请示范操作团队时,事先征求专利商或示范操作团队的意见并形成书面文件,指导试运行工作正常进展;

⑤ 环境保护设施投运安排和安全及职业健康要求,都应包括对应急预案的要求。

(2)青宁输气管道工程试运行投产方案的主要内容

① 总述,包括编制依据、投产范围、投产时间、投产资源、投产压力、投产方式、投产控制方式、投产计划等;

② 工程概况,包括工程总体概况、各专业概况等;

③ 投产组织机构,包括组织机构图、人员、职责、指挥流程、汇报流程等;

④ 投产必备条件和准备,包括投产必备条件、投产前条件检查、临时设施准备、介质准备、物资准备等;

⑤ 管道投产,包括注氮方案、置换方案、升压方案、负荷调试方案、72 h 试运方案等;

⑥ HSE 要求;

⑦ 应急预案;

⑧ 保驾方案。

6.2.2 试运行投产保驾

6.2.2.1 成立试运行投产保驾的组织机构

为了做好青宁输气管道工程试运行投产期间保驾工作,保证试运行投产工作顺利进行,EPC联合体项目部牵头成立试运行投产保驾领导小组,统一组织,协调指挥试运行投产保驾工作。组长由EPC项目经理担任,副组长由主管设计、采办、施工、HSE的EPC项目副经理担任,成员由EPC项目部各部门经理、施工项目部主要管理人员组成。

试运行投产保驾领导小组下设设计保驾组、采办保驾组、各标段工程保驾组,由设计人员、采办人员及各标段施工单位人员组成。其具体职责见表6-2所示。

表6-2 投产保驾工作职责划分表

序号	机构	职责
1	领导小组	① 组织编制各施工标段试运行投产保驾方案,落实有关组织机构、机具设备、保驾人员等事项,报监理及建设单位确认; ② 负责组建、指挥、协调各施工标段试运行投产保驾人员,做好突发事件及试运行投产中可能发生事故的抢修工作; ③ 熟练掌握试运行投产期间突发事故应急预案及各类可能发生事故处理时的注意事项,并实行24 h现场值班,各工种、工具齐全,做到随叫随到,负责及时处理试运行投产期间发生的突发事件; ④ 负责督促施工单位整改调试、试运行投产过程中暴露的问题,处理发生的突发事件,组织相关单位履行试运行投产维抢修任务; ⑤ 按照"谁安装谁保驾"的原则,组织设计、施工单位和供货商完成各自负责承建的单元工程范围的试运行投产保驾工作; ⑥ 完成建设单位下达的其他工作
2	设计保驾组	① 参与试运行投产保驾方案的制定; ② 处理试运行投产过程中出现的设计问题; ③ 协助施工单位做好试运行投产期间工程安装方面的问题整改; ④ 完成试运行投产保驾领导小组下达的其他工作安排
3	采办保驾组	① 参与试运行投产保驾方案的制定; ② 协调供货商现场保驾; ③ 协调处理试运行投产过程中出现的设备、材料质量问题; ④ 做好试运行投产期间问题整改急需物资的采购
4	各标段工程保驾组	① 制定各自的试运行投产保驾方案,做到思想、组织、抢修方案、设备机具、交通工具、通信、HSE方案、人员培训的落实; ② 按试运行投产保驾领导小组安排,及时做好试运行投产期间发现的工程安装方面的问题整改; ③ 对参加工程试运行投产保驾的所有人员进行一次天然气性质、天然气管道置换、升压、运行知识和安全教育培训; ④ 对参加试运行投产保驾的所有人员进行一次应急预案的演练工作; ⑤ 按试运行投产保驾领导小组的指令,在管道运行开始1天前到达预先规定的地点集结待命;没有试运行投产保驾领导小组的指令,各施工标段试运行投产保驾组不得调动、动用所有工程保驾的资源

6.2.2.2 做好试运行投产保驾的前期准备

(1)对参加试运行投产的人员进行技术和安全交底,明确试运行投产方案和有关操作规程,熟悉操作流程,责任落实到人。保驾前,由施工单位和生产单位组织对保驾人员进行

技术交底和安全交底,使保驾人员达到下列要求:

① 管工保驾人员必须熟悉主要管路及重要管路的材质、工艺介质、操作压力、操作温度及工艺流程,并具备在运行状态下处理泄漏的能力。

② 电工保驾必须熟悉各控制柜、盘的操作程序、规程,并应熟悉有关的安全规定。

③ 仪表保驾人员必须熟悉保驾区域内的仪表、仪器及其使用性能,清楚各部分仪表回路及调整方法。

（2）对动设备的精平尺寸进行校对,检查各部位的配合尺寸是否符合标准及设备产品说明书要求。

（3）准备好可拆卸的活动脚手架,简易小操作平台。

（4）保驾人员、设备、工机具、物资等按需准备到位。

（5）落实通信系统,确保畅通。

6.2.2.3 试运行投产期间保驾措施

（1）工程试运行投产期间,保驾队伍全天候、全过程保驾。

（2）保驾队伍按工程的专业系统,按流程区块、设备装置系统定岗保驾。

（3）保驾人员在现场的有关设备、工机具、劳保用品穿戴等应符合生产单位有关要求,同时应执行生产单位有关安全制度要求。

（4）保驾期间一旦发生需要电焊、气焊整改时,需及时办理相应的审批手续并进行充分准备,方可进行整改工作。

（5）试运行投产期间,参加保驾人员,不准串岗、脱岗,无关人员不得进入现场。

（6）针对试运行投产期间可能出现的阀门内漏、阀门开关失效、阀门冻结、管道穿孔、天然气泄漏、电气类故障、仪表类故障、通信光缆故障、事故险情等,应严格按照试运行投产方案预定的措施进行处理。

6.2.2.4 试运行投产保驾的 HSE 要求

（1）人员管理要求

① 试运行投产前组织安排参与保驾的人员认真学习试运行投产保驾方案,进行培训和方案交底,熟悉投产流程,了解操作要求,明确责任分工,达到职责清楚、操作熟练的目的。

② 组织参加试运行投产保驾的人员进行安全教育和 HSE 相关管理文件学习,进行安全消防培训和应急预案演练,使每位保驾员工了解本岗位投产过程中的操作风险因素,落实相关风险控制措施,不得携带火种、手机、穿着化纤制品等容易产生静电的内衣和钉铁掌的鞋等。

③ 保驾人员未经运行单位批准,不得操作、动用任何生产设备,对管线、阀室的一切维修和更换作业都必须得到运行单位授权并确认降压至安全条件下方可进入作业。

（2）安全抢修要求

① 服从现场试运行投产指挥部的统一指挥，建立畅通的上传下达信息渠道。

② 协助运行单位组织对沿线居民开展管道保护和管道知识宣传。

③ 现场保驾人员一律穿着工服、工鞋，戴安全帽，佩戴胸卡。人员工作标牌需注明姓名、所属单位、试运投产过程所在岗位。进入试运投产区域人员必须佩戴工作标牌，严禁无关人员进入现场和阀室。

④ 进入现场和阀室人员必须关闭手机等非防爆电子产品，严禁吸烟，严禁将火种带入现场。

⑤ 严禁违章指挥、违章操作。

⑥ 快开盲板严禁带压操作，操作时盲板正面不得站人。

⑦ 夜间操作时，应配备防爆灯具。

（3）环境保护措施要求

① 组织好生产现场的环保工作，严格落实环保目标责任制。

② 及时对生产现场环保管理检查，保留检查记录。现场中，对存在的问题下发"隐患整改通知单"，责令被检查单位限期整改。

③ 加强污染物治理与防污设施管理。

（4）车辆、消防管理

① 现场配备值班车辆，车辆状况良好且燃料充足。为防止意外情况发生，配备巡逻车辆，车辆上设置标志，对管道沿线进行巡逻，禁止行人、牲畜、车辆等在禁区内停留。

② 消防车、灭火器必须提前安排指定地点；根据抢修作业区的范围要求放置足够的灭火器、消防车进行保障。

③ 天然气发生意外泄漏要迅速切断气源，严防火种。同时要疏散无关人员到安全地点；可燃气/火灾检测报警系统必须投入运行，消防道路必须畅通。必须确定消防人员（包括义务消防组织），且消防人员要经过消防演练，有一定的消防知识和技能。

（5）对疾病和人员伤害救治的要求

① 以保护人员安全为第一出发点，严防事态扩大。

② 加强地方医疗合作关系，投产前落实周边医疗点的联系方式。

③ 发生人员伤害时，当事人或第一发现者要立即报告现场安全负责人或领导，并尽快通知急救中心或最近的医院实施救护。

④ 加强自救技能的培训，配备必要的自救器具和医疗急救药品。

（6）设备管理要求

① 设备保持良好状态。

② 定期对设备进行维护保养。

③ 安排专职设备管理员对设备进行管理。

6.2.2.5 试运行投产应急处理措施

（1）应急处理流程

① 现场保运人员巡视到现场险情时，立即报告给调度、直接领导或现场投产指挥部。紧急情况下，在确保人员安全的前提下应立即采取应急措施，防止事故扩大。

② 现场投产指挥部马上组织人员设备赶往事发地点，并在途中立即向上级报告，详细介绍险情及人员所在的位置。

③ 在专业抢修人员没有到达现场时，现场人员应与外界保持联系，随时报告险情的发展。

④ 必要时启动应急预案，如需要当地相关部门帮助，应及时向当地部门报告险情，以得到及时的救助。

⑤ 对事发现场进行全面检查，正确判断在抢修的同时，还有没有可能在其他地点发生新险情。

⑥ 运行人员关闭相关流程，以确保在抢修过程中安全无事故。

⑦ 根据险情具体情况，组织人员抢修。抢修结束后，运行人员开启阀门进行试运，试运确认无误后，按照现场投产指挥部的指令再进行正式投产。

（2）应急处理原则及注意事项

① 总体原则：先保证抢修人员的人身安全，后抢救国家财产。

② 疏散无关人员，最大限度减少人员伤亡。

③ 阻断危险物源，防止二次事故发生及事态蔓延。

④ 保持通信畅通，随时掌握险情动态。

⑤ 调集救助力量，迅速控制事态发展。

⑥ 正确分析现场情况和风险损益，及时划分危险范围，在尽可能减少人员伤亡的前提下组织抢救。

（3）事故类型及应急预案

试运行投产期间可能出现的事故类型包括天然气泄漏、氮气或天然气引起的窒息、火灾爆炸等，事故应急处理应执行试运行投产方案中预定的应急预案。

6.2.2.6 试运行投产保驾资源配备

试运行投产保驾机组一般根据标段设置，主要设置依据是标段内线路长度、线路特殊位置、阀室数量及位置、站场数量及位置等。青宁输气管道工程全线共设置 9 个线路保驾机组、11 个站场保驾机组。

（1）某一线路保驾机组资源配置，分别见表 6-3～表 6-5 所示。

表 6-3 线路保驾机组人员配置

序号	岗位名称	人数	序号	岗位名称	人数
1	机组长	1	8	起重工	2
2	技术员	1	9	机械操作手	2
3	质检员	1	10	仪表工	2
4	安全员	3	11	电工	2
5	管工	2	12	防腐工	2
6	电焊工	2	13	普工	4
7	气焊工	1	14	司机	7

表 6-4 线路保驾机组主要设备机具配置

序号	设备名称	规格型号	配置数量	用途
1	焊机	MPS-500	2台	焊接作业
2	焊接移动电站	HY125	1台	发电
3	外对口器	DN1000	1套	组对
4	吊车	25 t	1台	起重吊装
5	挖掘机	PC360	2台	挖掘作业
6	内燃空气压缩机	P185	1台	防腐补口
7	喷砂除锈罐	AC-3	1台	防腐补口
8	平板拖车	40 t	1台	拉运材料
9	焊条烘干箱	ZYH-60	1台	焊条烘干
10	指挥车	越野5~7座	1辆	—
11	工程车	11座	2辆	—
12	值班车	双排	3辆	—
13	音频检漏仪	PCMx-雷迪	1台	漏点检测
14	电火花检漏仪	DJ-6	1台	漏点检测
15	OTDR反射仪	OTD-3000	1台	光缆检测
16	便携式气体探测器	BX172/CH$_4$	3台	可燃气体检测
17	污水潜水泵	抽水量 40 m^3/h	2台	排水
18	环形火焰加热器	JRQ48	1套	预热、层间温度加热

序号	设备名称	规格型号	配置数量	用途
19	焊条保温桶	$L=450$ mm	2个	焊条保温
20	磁力切割机	CG2-11	1台	管道切割
21	绝缘电阻表	ZC25B-3	1台	电仪
22	数字万用表	DT9205L	1台	电仪
23	接地电阻测试仪	1625	1台	电仪
24	钳形电流表	FLUKE36	1台	电仪

表 6-5　线路保架机组主要物资配置

序号	材料、工器具名称	规格	单位	数量
1	防爆呆扳手	12～32	套	2
2	防爆活扳手	12″～27″	套	2
3	防爆八角锤	8P	个	2
4	防爆尖锹		个	2
5	防爆方锹		个	2
6	防爆管钳	250	个	2
7	防爆管钳	350	个	2
8	防爆管钳	450	个	2
9	防爆管钳	600	个	2
10	重型套筒	26件	套	2
11	套筒扳手	32件	套	2
12	钢丝钳	8″	个	2
13	组套工具	75件	个	2
14	组套工具	50件	个	2
15	一字改锥	100	个	4
16	一字改锥	125	个	4
17	一字改锥	150	个	4
18	十字改锥	100	个	4
19	十字改锥	125	个	4
20	十字改锥	150	个	4
21	钢锯架		个	4
22	手锯条		个	250

（续表）

序号	材料、工器具名称	规格	单位	数量
23	撬杠		根	5
24	车用防火帽		个	6
25	石棉灭火毯		条	20
26	警戒带	WJ-125B(0.05 m×125 m)	盘	30
27	生料带		卷	20
28	防爆应急灯	CS-209	只	10
29	防爆手电筒	海洋王	只	10
30	电缆线	2 mm²	m	1 000
31	灭火器	8 kg	个	10
32	防爆对讲机		个	10
33	红外线测温仪	AR872	个	1
34	风速仪	AVM-03	个	1
35	温湿度计	A2000-TH	个	3
36	焊缝检验尺	HJC60	把	2
37	管材	各型号	m	若干
38	焊材	各型号	kg	若干
39	HDPE 硅芯管	φ40/33 型,厚 3.5 mm	m	500
40	光缆	GYTA-32B1	m	500
41	聚丙烯胶带	厚度 1.15 mm	m	100
42	热收缩带	总厚度≥2.8 mm	套	20

（2）某一站场保驾机组资源配置,见表 6-6～表 6-8 所示。

表 6-6　站场保驾机组人员配置

序号	岗位名称	人数	序号	岗位名称	人数
1	机组长	1	8	起重工	2
2	技术员	1	9	机械操作手	1
3	质检员	1	10	仪表工	2
4	安全员	2	11	电工	2
5	管工	2	12	防腐工	2
6	电焊工	4	13	普工	4
7	气焊工	2	14	司机	6

表 6-7　站场保驾机组主要设备机具配置

序号	设备名称	规格型号	配置数量	用途
1	焊机	MPS-500	4台	焊接作业
2	发电机	50 kW	2台	发电
3	外对口器	各型号	1套	组对
4	吊车	25 t	1台	起重吊装
5	挖掘机	PC360	1台	挖掘作业
6	平板拖车	40 t	1台	拉运材料
7	焊条烘干箱	ZYH-60	1台	焊条烘干
8	指挥车	越野5~7座	1辆	—
9	工程车	11座	2辆	—
10	值班车	双排	2辆	—
11	便携式气体探测器	BX172/CH_4	2台	可燃气体检测
12	污水潜水泵	抽水量 40 m^3/h	2台	排水
13	环形火焰加热器	JRQ48	1套	预热、层间温度加热
14	焊条保温桶	L=450 mm	4个	焊条保温
15	磁力切割机	CG2-11	1台	管道切割
16	千斤顶	15T	2台	顶升
17	绝缘电阻表	ZC25B-3	1台	电仪
18	数字万用表	DT9205L	1台	电仪
19	接地电阻测试仪	1625	1台	电仪
20	钳形电流表	FLUKE36	1台	电仪
21	手操器	485	1台	电仪

表 6-8　站场保驾机组主要物资配置

序号	材料、工器具名称	规格	单位	数量
1	防爆呆扳手	12~32	套	2
2	防爆活扳手	12″~27″	套	2
3	防爆八角锤	8P	个	2
4	防爆尖锹		个	2
5	防爆方锹		个	2
6	防爆管钳	250	个	2
7	防爆管钳	350	个	2
8	防爆管钳	450	个	2

序号	材料、工器具名称	规格	单位	数量
9	防爆管钳	600	个	2
10	重型套筒	26 件	套	2
11	套筒扳手	32 件	套	2
12	钢丝钳	8″	个	2
13	组套工具	75 件	个	2
14	组套工具	50 件	个	2
15	一字改锥	100	个	4
16	一字改锥	125	个	4
17	一字改锥	150	个	4
18	十字改锥	100	个	4
19	十字改锥	125	个	4
20	十字改锥	150	个	4
21	钢锯架		个	4
22	手锯条		个	250
23	撬杠		根	5
24	车用防火帽		个	5
25	石棉灭火毯		条	20
26	警戒带	WJ-125B(0.05 m×125 m)	盘	20
27	生料带		卷	30
28	防爆应急灯	CS-209	只	10
29	防爆手电筒	海洋王	只	10
30	电缆线	2 mm²	m	1 000
31	灭火器	8 kg	个	4
32	防爆对讲机		个	6
33	红外线测温仪	AR872	个	1
34	风速仪	AVM-03	个	1
35	温湿度计	A2000-TH	个	3
36	焊缝检验尺	HJC60	把	2
37	焊材	各型号	kg	若干

6.3 试运行与设计、采办和施工的接口控制

试运行期间,业主组织建立协调沟通机制,通过会议、电话、网络、报表、数字化平台等多渠道进行联系,做到信息共享、及时反馈,及时协调解决试运行与设计、采办、施工的接口问题。试运行与设计、采办、施工的接口界面见图 6-4 所示。

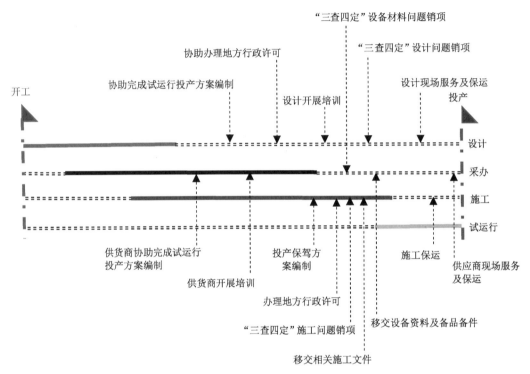

图 6-4 试运行与设计、采办、施工的接口界面

6.3.1 试运行与设计的接口控制

在试运行与设计的接口关系中,对下列主要内容的接口实施重点控制:

(1) 设计单位应协助业主完成试运行投产方案的编制,并提供相应的技术支持及设计文件。

(2) 设计单位协助业主或施工单位完成防雷、消防、安全、环境、职业卫生等行政许可的办理。

(3) 设计单位就初步设计中的工艺、电气、仪表自动化、消防等专业及操作原理对运行单位已进行培训。

(4) 设计单位对工程"三查四定"中提出的设计问题及时销项。

（5）设计单位对试运行投产过程进行指导和服务，对试运行投产过程中发现的有关设计问题予以处理，并对其他问题提出处理建议。

6.3.2　试运行与采办的接口控制

在试运行与采办的接口关系中，对下列主要内容的接口实施重点控制：

（1）采办部门及时组织向运行单位移交设备出厂资料及备品备件、两年配件等。

（2）采办部门组织供货商向运行单位开展站场主要设备的操作培训，主要包括：设备的工作原理、操作流程等；自动化系统的控制原理、调度员操作、系统维护等；通信系统的原理、操作、维护等；电气系统的原理、操作、维护等；消防系统的原理、操作、维护等。

（3）采办部门协调供货商对工程"三查四定"中提出的设备、材料问题及时销项。

（4）采办部门协调供货商参与试运行投产方案的编制，并提供必要的技术支持及相关资料。

（5）采办部门协调主要供货商参加试运行投产过程，并做好设备、材料保运工作，对试运行投产过程中发现的设备、材料问题予以处理，并对其他问题提出厂家处理建议。

6.3.3　试运行与施工的接口控制

在试运行与施工的接口关系中，对下列主要内容的接口实施重点控制：

（1）施工单位做好试运行投产保驾方案的编制。

（2）施工单位及时完成"三查四定"中的施工问题的销项。

（3）施工单位及时完成其负责的行政许可办理，如防雷验收、消防验收、特种设备注册登记、用电、取水等手续办理。

（4）施工单位协助业主外协部门对沿线居民开展管道保护和管道知识宣传及处理地方工农纠纷，确保试运行投产工作顺利开展。

（5）施工单位提交相关的施工技术文件、质量验收文件、调试记录、试验记录等。

（6）施工单位参加试运行投产过程，按照试运行投产临时流程，做好保驾工作，并对试运行投产过程中发现的施工问题及时予以处理，对其他问题提出处理建议。

7 项目风险管理

项目风险管理是对项目风险进行识别、分析、应对和监控的过程。在现代工程项目大型化、复杂化、投资额越来越高的趋势下,项目实施方特别是承包方所面临的风险也大大增加。为规避或分散风险,降低风险损失,通过多方合作以少量资源谋求更大利益的联合体方式也越来越受到承包商青睐,特别在承接大型 EPC 工程项目时,承包商往往更愿意采用这一合作方式。

青宁输气管道工程项目 EPC 联合体加强对项目风险的防范力度,全面落实风险控制与管理工作。首先是强化对风险的认识,根据工程实际建立完善的项目风险防范机制,有序开展风险防范工作。其次,严格按照风险防范机制的具体内容对管理人员的工作行为进行约束和管理,保证风险管理的有效性,从而有效防范风险,降低各个环节的风险等级,推动建设工程项目顺利实施。

7.1 项目风险管理范围及流程

7.1.1 项目风险管理范围

项目风险管理的范围,主要包含 17 个维度,其中内部风险管理 8 个维度,包括人员、物资设备、资金控制、技术控制、质量控制、进度控制、成本控制、安全管理;外部风险管理 9 个维度,包括自然环境、法律政治环境、社会环境、经济环境、业主、分包方、合作方、供应商、政府或行政管理部门。

7.1.2 项目风险管理流程

项目风险管理包括风险识别、风险评估、风险控制三个主要环节。

7.2 青宁输气管道工程项目风险管理体系

7.2.1 风险管理的原则

(1)全员参与。强化风险管控理念,统一全员风险认知,将风险意识传递到每名员工,对每一项工作都时刻保持危机感,将"控风险"作为日常行为习惯。

（2）全过程管理，重点管控概率大、损害大的风险因素。

（3）动态管理，随着项目输入条件的变化，对风险实施反复渐进式管控。

（4）预防为主，最大限度地将风险管理关口前移，实现超前管控。

（5）统一工作目标，规范管理程序，分级负责，协调管控，共同将风险影响程度降至最低，为项目建设提供最大保障。

7.2.2 风险管理的目标

（1）在项目活动开始前，对可预见或潜在的风险产生后果的可能性和严重性进行识别和分析，并采取有效的预防措施。

（2）采取相应的控制措施把风险削减到可接受的最低程度或消除。

（3）尽量扩大风险事件的有利结果，妥善处理其不利后果，以合理的成本，保证安全可靠地实施项目目标和任务。

7.2.3 风险管理组织机构

为有效开展风险管理，保证项目目标的实现，成立以 EPC 项目经理为组长，各部门负责人为成员的风险管理领导小组，组织领导和统筹协调项目风险管理工作，包括风险识别、风险评估、风险响应、风险监控等。各部门按照领导小组的要求，根据部门分工实施各自的风险管理，并接受领导小组的监督和审查。其组织机构见图 7-1 所示。

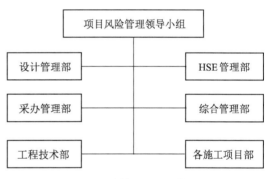

图 7-1　风险管理组织机构图

7.3　风险管理的实施

7.3.1　风险识别

在实际工程中可能出现的风险因素复杂多样，因此，需要认真细致地开展风险识别。既要对可能导致风险的各种因素反复分析，去伪存真，又要对各种倾向、趋势进行推测，做出判断，并对工程项目的各种内外因素及其变量进行评估；然后将这些风险因素逐一列出，以作为风险管理的对象。在不同阶段，由于目标设计、技术设计、计划和环境调查的深度不同，人们对风险的认识程度也不同，因此对风险的认识要经历一个由浅入深逐步细化的过程。但不管在哪个阶段，都要首先从多角度统计出对项目的总目标、子目标及操作目标有影响的风险因素，然后制作成项目风险目录表，最后采用系统方法进行分析。一般而言，工程项目的风险大致可归结为项目环境要素风险、项目系统结构风险、项目技术系统风险和管理过程风险。风险识别程序如图 7-2 所示。

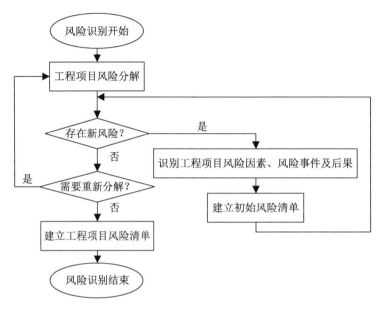

图 7-2   工程风险识别程序

风险识别可以通过感性认识和历史经验来判断,也可通过对各种客观资料和风险事故的记录来分析、归纳和整理,另外还可以通过专家的分析找出各种明显和潜在的风险及其损失规律。

项目风险纷繁复杂,既有共性又有特性。对于青宁输气管道工程 EPC 项目,其风险识别既要参考传统的风险识别方法,又要兼顾项目特色及项目风险的特殊性。成功的风险识别可及时发现影响项目实施计划的关键因素,为后续的风险管理提供正确的方向,控制项目的负面因素,保障项目有序运行。

青宁输气管道工程涉及区域广,自然地质风险状况复杂,且项目投资高、建设周期长、施工难度大、参与方数量多,因此项目不确定性和风险性较大。EPC 联合体项目部根据项目的合同、设计、采办、HSE、质量、进度、费用以及运营等方面确定可能的风险来源,进而识别出风险因素。

青宁输气管道工程先从风险识别规划开始对项目风险进行识别,采用层级风险分解结构方法将项目风险逐级分解,然后通过分析鉴别,汇总形成青宁线输气管道 EPC 项目的风险清单,如表 7-1 所示。

表 7-1   青宁输气管道工程项目风险识别表

序号	风险来源	风险因素
1	合同	合同文本、条款风险
		合同履行风险
		固定总价、合同变更、工程结算风险

序号	风险来源	风险因素
2	设计	规范标准使用不当,设计内容不全,设计缺陷、错误和遗漏风险
3	采办	物资质量不合格风险
		物资不能按时供货风险
4	HSE	职业健康风险
		作业安全风险
		环境影响因素
5	质量	施工质量控制风险
		交叉作业质量风险
		施工环境质量风险
6	进度	穿跨越控制性工程多且施工困难风险
		江苏雨季时间长,气候多变,地下水位影响风险
		工农关系复杂,阻工风险
7	费用	项目投标报价偏差
		合同文本缺陷,合同执行偏差
		项目组织过程中产生的资源闲置
		设计图纸的错误,预算人员、采购人员造成的材料、设备采购错误
		材料、设备采购价格偏差
		材料、设备进厂延迟,造成窝工,施工材料、设备质量缺陷
		材料和设备保管、使用过程中发生的破损、损耗、浪费
		施工过程中,质量事故、安全事故的发生
		使用落后的技术、设备风险
8	运营	站场、阀室及管道路由选址或工程措施不当
		管道穿越公路、铁路、其他已建管道以及活动断裂带等区域的安全运营风险
		施工过程中管理不严、检验标准和检验过程管控不严
		管道沿线在穿越农田或者人口密集区段,存在第三方破坏的可能
		管道站场与阀室经常遭受恶劣天气诸如暴雨

7.3.2 风险评估

项目风险评估是在风险识别后,通过对风险要素的充分、系统而又有条理的考虑,评估风险发生的可能性、后果严重程度、预期发生的时间等,进而综合确定风险等级。

青宁输气管道工程依据中国石化相关管理规定及中国石化安全风险矩阵、后果严重性分级、发生的可能性等级分别(见表7-2～表7-4)开展项目的风险评估工作,完善项目风险清单、重大风险因素清单等阶段性成果文件。

表 7-2 中国石化安全风险矩阵

安全风险矩阵		发生的可能性等级（从不可能到频繁发生）→							
		1	2	3	4	5	6	7	8
		类似的事件没有在石油石化行业发生过，且发生的可能性极低	类似的事件没有在石油石化行业发生过	类似事件在石油石化行业发生过	类似的事件在中国石化曾经发生过	类似的事件可能在多个相似设备设施的使用寿命中发生	在设备设施的使用寿命内可能发生1次或2次	在设备设施的使用寿命内可能发生多次	在设备设施中经常发生（至少每年发生）
后果等级		$F<10^{-6}$	$10^{-5}>F\geq10^{-6}$	$10^{-4}>F\geq10^{-5}$	$10^{-3}>F\geq10^{-4}$	$10^{-2}>F\geq10^{-3}$	$10^{-1}>F\geq10^{-2}$	$1>F\geq10^{-1}$	$F\geq1$
事故严重性等级（从轻到重）→	A	1	1	2	3	5	7	10	15
	B	2	2	3	5	7	10	15	23
	C	2	3	5	7	11	16	23	35
	D	5	8	12	17	25	37	55	81
	E	7	10	15	22	32	46	68	100
	F	10	15	20	30	43	64	94	138
	G	15	20	29	43	63	93	136	200

注：发生的频率 F（次/年）。

表 7-3　后果严重性分级表

后果等级	健康和安全影响（人员损害）	财产损失影响	非财务影响与社会影响
A	轻微影响的健康/安全事故： ① 急救处理或医疗处理，但不需住院，不会因事故伤害损失工作日 ② 短时间暴露超标，引起身体不适，但不会造成长期健康影响	事故直接经济损失在10万元以下	能够引起周围社区少数居民短期不满，抱怨或投诉（如抱怨设施噪声超标）
B	中等影响的健康/安全事故： ① 因事故伤害损失工作日 ② 1~2人轻伤	直接经济损失10万元以上，50万元以下；局部停车	① 当地媒体的短期报道 ② 对当地公共设施的日常运行造成干扰（如导致某道路在24 h内无法正常通行）
C	较大影响的健康/安全事故： ① 3人以上轻伤，1~2人重伤（包括急性工业中毒，下同） ② 暴露超标，带来长期健康影响或造成职业相关的严重疾病	直接经济损失50万元及以上，200万元以下；1~2套装置停车	① 存在合规性问题，不会造成严重的安全后果或不会导致地方政府相关部门采取强制性措施 ② 当地媒体的长期报道 ③ 在当地公共设施的日常运行造成不利影响，对当地公共设施的社会影响
D	较大的安全事故，导致人员死亡或重伤： ① 界区内死亡1~2人；3~9人重伤 ② 界区外1~2人重伤	直接经济损失200万元以上，1 000万元以下；3套及以上装置停车；发生局部区域的火灾爆炸	① 引起地方政府相关监管部门采取强制性措施 ② 引起国内或国际媒体的短期负面报道
E	严重的安全事故： ① 界区内3~9人死亡；10人死亡，50人以下重伤 ② 界区外3~9人死亡，3~9人重伤	事故直接经济损失1 000万元以上，5 000万元以下；发生失控的火灾或爆炸	① 引起国内或国际媒体长期面关注 ② 造成省范围内的不利影响 ③ 引起了省级政府相关部门采取强制性措施 ④ 导致失去当地市场的生产，经营利销售许可证
F	非常重大的安全事故，将导致工厂界区内或界区外多人伤亡： ① 界区内10人及以上，30人以下死亡；50人以上，100人以下重伤 ② 界区外3~9人死亡，10人以上，50人以下重伤	事故直接经济损失5 000万元以上，1亿元以下	① 引起了国家相关部门采取强制性措施 ② 在全国范围内造成严重的社会影响 ③ 引起国内国际媒体重点跟踪报道或系列影响
G	特别重大的灾难性安全事故，将导致工厂界区内或界区外大量人员伤亡： ① 界区内30人及以上死亡；100人及以上重伤 ② 界区外10人及以上死亡；50人及以上重伤	事故直接经济损失1亿元以上	① 引起国家领导人关注，或国务院、相关省委领导作出批示 ② 导致吊销国内主要市场的生产、销售或经营许可证 ③ 引起国际国内主要市场上公众或投资人的强烈愤慨或谴责

表 7-4 发生的可能性等级分级表

可能性分级	定性描述	定量描述
		发生的频率 F（次/年）
1	类似的事件没有在石油石化行业发生过，且发生的可能性极低	$F<10^{-6}$
2	类似的事件没有在石油石化行业发生过	$10^{-5}>F\geqslant10^{-6}$
3	类似事件在石油石化行业发生过	$10^{-4}>F\geqslant10^{-5}$
4	类似的事件在中国石化曾经发生过	$10^{-3}>F\geqslant10^{-4}$
5	类似的事件发生过或者可能在多个相似设备设施的使用寿命中发生	$10^{-2}>F\geqslant10^{-3}$
6	在设备设施的使用寿命内可能发生 1 次或 2 次	$10^{-1}>F\geqslant10^{-2}$
7	在设备设施的使用寿命内可能发生多次	$1>F\geqslant10^{-1}$
8	在设备设施中经常发生（至少每年发生）	$F\geqslant1$

以上表 7-2～表 7-4 中，风险等级分为重大风险（黑色）、较大风险（浅灰色）、一般风险（白色）和低风险（深灰色）4 个等级；风险矩阵中每一个具体数字代表该风险的风险指数值，非绝对风险值，最小为 1，最大为 200。

青宁输气管道工程项目重大风险因素清单评估阶段性成果文件见表 7-5 所示。勘察、设计、采办、施工过程风险评价详见表 7-6～表 7-9 所示。

表 7-5 青宁输气管道工程项目风险评价结果表

序号	风险因素	潜在影响后果
1	合同文本风险	工程合同金额大，内容多，涉及面广，如质量、工期、费用、HSE、保险等方方面面。若发生合同内容和条款不完整、表述不严谨、不准确，或存在重大疏漏（如重大技术条款、HSE 条款、保密条款、保险条款、成本回收条款、免责条款等不当）和欺诈，或选择合同形式不恰当，导致权责不清、诉讼风险或利益受损
2	合同履行风险	合同执行部门没有恰当地履行合同中约定的义务，导致行政处罚、合同争议、利益和信誉受损
3	固定总价、合同变更、工程结算风险	项目利益受损
4	规范标准使用不当，设计内容不全，设计缺陷、错误和遗漏风险	导致施工内容漏项、施工质量不符合标准要求，存在质量安全隐患
5	物资质量不合格风险	存在质量安全隐患
6	物资不能按时供货风险	导致工期延误、窝工
7	职业健康风险	传染病感染、人员中暑、食物中毒、电光辐射

序号	风险因素	潜在影响后果
8	作业安全风险(高邮湖定向钻、大口径顶管作业、水域施工等)	坍塌、高处坠落、机械伤害、起重伤害、物体打击、触电或火灾、雷击、溺水伤害
9	环境影响因素(高邮湖湿地保护区等环境敏感点、高后果区)	地表植被破坏,固体废弃物污染,沙尘、粉尘、漆雾污染、噪声排放、废水、废液污染等
10	施工质量控制风险	本工程涉及土建、工艺、电气、仪表等多个专业,参与人员多,工序庞杂,如存在技术工人水平不足、员工责任心不强、管理人员检查监督不到位等情况,易引发工程施工返工、遗留质量隐患等风险
11	交叉作业质量风险	在交叉作业时,不能合理保证技术间隔,不能做好成品及半成品保护,将有可能造成已施工成品、半成品受损,可能会为后续工序埋下质量隐患
12	施工环境质量风险	本工程横跨春夏秋冬四季,在不同季节情况下,不同的气候不利因素会对现场施工质量产生影响,如不能采取相应保护措施,将会直接导致工序质量不良,造成返修、返工等质量风险
13	穿跨越控制性工程多且施工困难风险	沿线有河流、铁路、高速等较多的困难段和控制性工程,困难段主要表现为施工窗口期短、地形地貌复杂、地质条件较差、行政许可办理难及与当地规划协调困难等;控制性工程主要是高邮湖、G40高速穿越、山东石方段定向钻对施工进度影响较大
14	气候多变,阻工风险	梅雨季节长,雨季时间长等气候影响施工进度,工程超工期风险
15	工农关系复杂,阻工风险	线路长,涉及的市、县、乡、村多,使协调工作难度较大,难免会出现阻工现象,对工期影响也较大
16	项目投标报价偏差	出现超合同价的风险
17	合同文本缺陷,合同执行偏差	出现合同纠纷和履约难度
18	项目组织过程中产生的资源闲置	资源浪费,产生资源占用费用
19	设计图纸的错误,预算人员、采购人员造成的材料、设备采购错误	返退错购的材料、设备并重新采购,造成不必要的损失,同时导致误工
20	材料、设备采购价格偏差	采购价格虚高
21	材料、设备进厂延迟,造成窝工,施工材料、设备质量缺陷	窝工、工期延误,导致人工、设备成本增加
22	材料和设备保管、使用过程中发生的破损、损耗、浪费	增加设备修复费用或重新采购费用,同时,可能延误施工,造成施工成本增加
23	施工过程中,质量事故、安全事故的发生	事故直接损失、间接损失和停工、误工造成的施工成本增加
24	使用落后的技术、设备风险	造成不必要的成本消耗,增加施工成本

（续表）

序号	风险因素	潜在影响后果
25	站场、阀室及管道路由选址或工程措施不当	影响管道的安全运营
26	管道穿越公路、铁路、其他已建管道以及活动断裂带等区域的安全运营风险	管道安全存在潜在的隐患
27	施工过程中管理不严、检验标准和检验过程管控不严	后期运营存在较大的安全隐患
28	管道沿线在穿越农田或者人口密集区段，存在第三方破坏的可能	根据以往管道建设运营的经验，第三方人为破坏对管道运营将会带来更严重的威胁
29	管道站场与阀室经常遭受恶劣天气诸如暴雨	存在运营期间的水灾问题

表 7-6　勘察测量实施过程风险评价

序号	作业活动	风险描述	潜在事件/主要后果	评价结果			责任人
				可能性	严重性	风险等级	
1	野外踏勘、选线、测量	在电力线路下作业，设备或器材接触高压线造成人员伤害、设备损坏	触电/人身伤害	4	C	7	主管设计项目副经理
		雷雨天作业避雷措施不当造成人员伤害		4	C	7	
		违规在树林、农田中吸烟，乱扔烟头造成人员伤亡、设备损坏	火灾事故/人身伤害、财产损失	4	C	7	
		飞石、滚石、高空坠物等意外坠物造成人员伤亡、设备损坏		4	C	7	
		配合钻探作业时钻塔倒塌或被器械砸伤造成人员伤亡、设备损坏	物体打击/人身伤害	4	C	7	
		当地百姓围攻、阻工、闹事造成人员伤亡、财产损失		4	B	5	
2	钻探作业	井位确认失误，钻穿地下管线	其他伤害/人身伤害	5	D	25	主管设计项目副经理
		未穿工鞋、未戴安全帽等劳动保护用品导致人员伤害		4	B	5	
		雷雨时未停机造成人员伤害	触电/人身伤害	4	B	5	
		钢丝绳有严重缺陷仍继续使用造成人员伤亡	物体打击/人身伤害	4	B	5	
		钢丝绳扎头一正一反，且螺帽未拧紧造成人员伤亡		4	B	5	
		用手触摸运转部件没有防护罩造成人员伤害	机械伤害	4	B	5	
		设备紧固件滑丝造成设备损坏		4	B	5	
		危险地段未设警戒线和警示牌造成人员伤害	其他伤害	4	B	5	

序号	作业活动	风险描述	潜在事件/主要后果	可能性	严重性	风险等级	责任人
3	工作途中及车辆运输	未遵守交通法规,超速行驶、违规变道等	交通事故	3	E	15	主管设计项目副经理
		多地办公,服务现场点多、线长、面广,长途用车量巨大		3	E	15	
		车辆老化严重,车况较差		3	E	15	
		开(乘)车时不系安全带,开车时接打电话		3	E	15	
		驾驶员年龄偏大,工作强度大		3	E	15	
		出车前未按照要求检查车辆		4	C	7	
		通过漫水桥、险桥、沼泽、泥泞和水淹路段前未停车确认		4	C	7	
		在恶劣天气未采取有效安全措施,就派放车辆且行驶		4	C	7	
		未经许可,擅自驾驶企业车辆		4	C	7	

表 7-7　详细设计实施过程风险评价

序号	作业活动	风险描述	潜在事件/主要后果	可能性	严重性	风险等级	责任人
1	设计产品及现场服务	未对涉及施工安全的重点部位和环节在设计文件中注明,并进行交底	人身伤害、财产损失	5	D	25	项目总工
		采用"四新"和特殊结构的工程在设计和交底中未提出保障施工作业人员安全和预防生产安全事故的措施建议	人身伤害、财产损失	5	D	25	
		未按照法律、法规和工程建设强制性标准进行设计,设计不合理导致生产安全事故	工程事故、人身伤害、财产损失	5	C	11	
		进入施工现场劳保用品穿戴不齐,未戴安全帽	物体打击	5	B	7	
		未经批准违规进入动土作业警戒范围	机械伤害、高处坠落	5	B	7	
		服务现场靠近漏电线路和设备	触电	5	B	7	

（续表）

序号	作业活动	风险描述	潜在事件/主要后果	评价结果 可能性	评价结果 严重性	评价结果 风险等级	责任人
1	设计产品及现场服务	现场服务靠近无防护装置的设备旋转部位	物体打击	5	B	7	项目总工
		未经批准进入容器、罐等受限空间部位	窒息和中毒	5	B	7	
		穿越起重作业警戒区	物体打击、起重伤害	5	B	7	
		穿越试压作业警戒区	物体打击	5	B	7	
		未经批准操作工艺阀门、电气开关等	物体打击、触电	5	B	7	
2	工作途中及车辆运输	未遵守交通法规，超速行驶、违规变道等	交通事故	3	E	15	项目总工
		多地办公，服务现场点多、线长、面广，长途用车量巨大		3	E	15	
		车辆老化严重，车况较差		3	E	15	
		开（乘）车时不系安全带，开车时接打电话		3	E	15	
		驾驶员年龄偏大，工作强度大		3	E	15	
		出车前未按照要求检查车辆		4	C	7	
		通过漫水桥、险桥、沼泽、泥泞和水淹路段前未停车确认		4	C	7	
		在恶劣天气未采取有效安全措施，就派放车辆且行驶		4	C	7	
		未经许可，擅自驾驶企业车辆		4	C	7	
3	办公、生活场所	使用破损插线板、破损老化裸露电源线，违规牵拉电源线造成人员伤害，设备损坏	触电	5	B	7	项目总工
		违规超负荷使用大功率电器、超负荷使用插线板造成人员伤害，设备损坏		5	B	7	
		电源线及线路老化、电器设备性能下降，绝缘失效短路造成人员伤害，设备损坏		5	B	7	
		违规使用电炉和电取暖器等大功率用电设备造成人员伤害，财产损失		5	B	7	
		易燃易爆物品与其他物品没有分类存放造成人员伤害，设备损坏	火灾	4	C	7	
		移动火源未彻底熄灭（如吸烟）造成人员伤害，财产损失		4	C	7	
		消防设施配备不全、灭火器失效造成人员伤害，设备损坏		4	B	5	

表 7-8　采办过程风险评价

序号	作业活动	风险描述	潜在事件/主要后果	评价结果			责任人
				可能性	严重性	风险等级	
1	物资采购过程控制,包括驻厂监造、功能测试、出厂质量验收等	对有特殊要求的设备、材料(如压力容器、压力管道、防爆产品、锅炉等),制造过程中质量检验的缺失或把关不严	交付的设备、材料不能完全满足采购合同要求,存在设备运行安全隐患或设备非正常检维修涉及的直接作业安全风险	3	D	12	主管采办项目副经理
2	物资采购中转库仓储环节,包括仓储设施.出入库管理及应急管理等	仓储设施不符合安全储存要求,或仓储管理不规范,或应急物资储备不足	存在火灾、爆炸、环境污染等隐患,以及安全事故发生后应急处置不力的风险	3	D	12	
3	物资采购物流运输,物流环节,包括包装、运输、交付现场等	设备材料运输过程中安全措施不到位;交付现场的设备、材料不能完全满足采购合同要求	导致运输过程中或到场装卸安全、环保事故;潜在的设备运行安全隐患	3	D	12	
4		商品混凝土在生产运输过程中易存在各种质量、安全等问题	混凝土标号低,造成的工程质量问题;混凝土运送亏方,造成的财产损失;运输过程中,造成的道路污染;搅拌车进入施工工地后,操作人员对现场情况不了解,易造成车辆伤害	3	D	12	
5	物资采购调试、试运,包括设备的预试运和联动试车等	特殊设备材料的试运方案考虑不周,存在误操作	导致物体打击、火灾爆炸等风险	4	D	17	

表 7-9 施工过程风险评价

| 序号 | 重大风险 | 施工工序 | 风险描述 | 风险评价 | | | 责任人 |
				可能性	严重性	风险等级	
1	火灾、爆炸	线路管沟开挖；顶管、定向钻施工操作坑开挖、顶进；线路焊接作业；站场流程动火施工；阀室流程动火施工；气源管线动火连头作业；线路、站场、阀室临时用电作业	动土作业破坏地下管道设施,易燃易爆介质泄漏导致的火灾、爆炸；未严格执行动火作业许可制度导致的火灾、爆炸；不熟悉作业环境或不具备相关安全技能作业人员进行用火作业导致的火灾、爆炸；动火作业区域易燃易爆物品未清理或清理不彻底导致的火灾；管线未进行置换、吹扫、盲板隔离等措施,未进行可燃气体检测,导致的火灾、爆炸；气瓶之间及气瓶与明火安全距离不够、气瓶压力表未校验、乙炔瓶未安装阻火器、胶管破损等导致的火灾、爆炸；气瓶无防晒措施导致的火灾、爆炸；其他违反用火作业安全规定导致的火灾、爆炸	5	D	25	项目经理
2	爆炸	线路试压；站场流程试压；阀室流程试压；整体试运行	作业人员不熟悉作业流程,试压时操作不当造成流程超压导致的爆炸；压力表未经校验使用或压力表与管线压力不匹配导致的爆炸；试压时,升压及降压速度太快导致的爆炸；在条件不具备的情况下进行试压作业导致的爆炸；违反操作规程,带压进行泄漏、渗漏处理导致的爆炸；试压完毕后,进行开孔、焊接作业,形成质量缺陷导致的爆炸；其他违反试压操作规程导致的爆炸	5	D	25	项目经理
3	坍塌	线路管沟开挖；顶管作业；定向钻作业；站场基坑开挖；阀室基坑开挖	不熟悉作业环境或不具备相关安全技能作业人员进行动土作业导致的坍塌；未按要求进行放坡或堆土距基坑边沿小于1 m、高度超过1.5 m,导致的坍塌；整体失稳,支撑体系的强度破坏导致的坍塌；未制定雨季防止雨水流入浸泡、降水措施导致的坍塌；未按规范要求进行放坡、支护导致的坍塌；使用不符合规定的脚手架材料进行脚手架作业导致的坍塌；使用搭设不符合规定的脚手架作业导致的坍塌；脚手架拆卸时,违反拆卸程序,先拆底部支撑,后拆上部支架导致的坍塌	5	D	25	项目书记

序号	重大风险	施工工序	风险描述	风险评价			责任人
				可能性	严重性	风险等级	
4	触电	线路施工临时用电；站场施工临时用电；阀室施工临时用电	动土作业破坏地下电缆导致的触电；起重作业吊臂碰触高压线导致的触电；不熟悉作业环境或不具备相关安全技能作业人员进行电气作业导致的触电；超出变压器或控制开关负荷用电导致的触电；用电设备、手动机具及电源线设备设施不合格，破损、漏电导致的触电；变压器、配电柜等带电设备未做隔离，警示标识不足导致的触电；检查和操作人员未按规定穿绝缘胶鞋、戴绝缘手套和使用专用绝缘工具导致的触电；配电箱、开关箱、施工机具接地或接零保护方式不正确或未做接地接零，无防雨措施导致的触电；用一个开关箱直接控制两台及以上用电设备导致的触电；电源线未架空、埋地敷设，随地摆放浸泡在水中，或直接缠绕在脚手架杆上，未采取套管防绝缘措施导致的触电；金属容器、潮湿环境、进入受限空间未使用安全电压导致的触电；电源线直接插入插座孔内导致的触电；手持电动工具电源线随意搭接导致的触电	4	D	17	安全总监
5	窒息、中毒	顶管作业；非标容器内部焊接、防腐作业	使用不熟悉作业环境或不具备相关安全技能作业人员进入受限空间作业导致的窒息、中毒；违反操作规程、安全规定，受限空间内未进行强制通风、氧含量检测、可燃和有毒气体浓度检测，未办理与之相关的其他直接作业许可，导致的窒息和中毒；受限空间内作业未系救生绳、未戴防毒面具等防护装备导致的窒息、中毒；受限空间外监护人员不到位或不履行监护义务导致的窒息、中毒；在防护措施不到位的情况下盲目进入受限空间救援导致的窒息、中毒；作业停工时，未设置"严禁入内"警告牌等预防误入措施导致的窒息、中毒	4	D	17	主管工程技术副经理

序号	重大风险	施工工序	风险描述	风险评价			责任人
				可能性	严重性	风险等级	
6	高处坠落	管沟、基坑开挖作业；站场和阀室建筑物施工脚手架作业；工艺设备安装作业	管沟、基坑未采取有效安全围护措施导致的高处坠落；高处作业人员未系挂安全带或系挂不符合安全要求导致的高处坠落；高处临边作业平台未采取围栏、防护网防护措施导致的高处坠落；不宜系挂安全带的作业区域未设置生命绳导致的高处坠落；高处作业人员穿硬底鞋或带钉易打滑的鞋上岗作业导致的高处坠落；作业人员患有不适宜高处作业的身体疾病或带病作业导致的高处坠落；存在上下交叉作业，未进行安全技术交底导致的高处坠落；脚手架铺板未固定、未满铺、防护栏杆设置不满足要求导致的高处坠落	4	D	17	主管计划控制副经理
7	起重伤害	管材、设备吊装作业	起重作业时距坑边沿较近，侧翻坑内导致的起重伤害；不熟悉作业环境或不具备相关安全技能作业人员进行起重作业导致起重伤害；使用技能不具备、无证上岗的起重指挥和起重机司机进行起重作业，或无专人指挥、专人监护导致的起重伤害；使用不合格的起重设备进行起重作业导致的起重伤害；起重臂下或吊物下方作业、停留，吊物上站人导致的起重伤害；起重机支腿不牢固，超载吊装，吊车侧翻导致的起重伤害；吊具、索具破损或承载能力不满足负荷要求导致的起重伤害；吊装方法不对，吊物捆扎不牢导致的起重伤害；同一作业点或相邻作业点两台吊车同时作业，缺乏统一指挥，吊装旋转半径有交叉导致的起重伤害	4	D	17	安全总监

序号	重大风险	施工工序	风险描述	风险评价			责任人
				可能性	严重性	风险等级	
8	物体打击	管沟、操作坑、基坑开挖作业；高处、脚手架作业；试压作业；手持电动工具作业	机械设备作业时距坑边沿较近，侧翻坑内导致的物体打击； 高处作业人员未随身携带工具包，工具自高空掉落导致的物体打击； 脚手架未设置踢脚板，施工工具、物料随手放置在铺板上导致的物体打击； 脚手架拆卸时，架杆随意抛掷到地面上导致的物体打击； 试压作业过程中，人员站在带压介质泄漏方向或盲板脱离方向，超压导致的物体打击； 试压设备的末端管线未进行固定导致的物体打击； 砂轮机、木工锯等机具使用时，砂轮片、木板飞出导致物体打击	4	D	17	主管外协副经理
9	淹溺	管材、设备水上运输	船舶未通过有关部门的检验，证件不全、无效，作业过程中船舶事故导致的人员溺亡； 未与当地气象、水文部门结合，不了解天气、航行水域水深及水下障碍物情况，盲目行驶导致的人员溺亡； 未办理水上施工作业许可证导致的人员溺亡； 未按指定路线行驶导致的人员溺亡； 船舶超载侧翻的人员溺亡； 作业人员未穿救生衣落水导致的溺亡； 与施工作业无关的船舶、排筏进入作业水域导致的溺亡； 船舶靠岸点及临水位置未设有效围护和警示标识，人员落水导致的溺亡； 作业人员私自下水游泳导致的人员溺亡	5	C	11	安全总监
10	车辆伤害	采购的管材、设备运输；参建人员上下班途中	车辆不遵守交通规则，争道抢行，超速行驶导致的车辆伤害； 不遵守项目部机动车管理制度导致的车辆伤害； 车辆安全行驶制度不落实，车况不良，车辆带"病"行驶导致的车辆伤害； 驾驶员行车中精神不集中导致的车辆伤害； 因风、雪、雨、雾等自然环境的变化，造成刹车制动时摩擦系数下降，制动距离变长，或产生横滑导致的车辆伤害； 道路条件差，视线不良，指挥人员站位错误导致的车辆伤害； 行人与车辆不遵守铁路道口安全规定，抢越铁路道口导致的车辆伤害	3	E	15	安全总监

7.3.3 风险控制

项目风险控制是整个风险管理的第三阶段。根据前期识别出来的风险,评估各个风险因素发生的概率和导致后果的严重性,将重要程度排在前列的风险制定科学有效的措施,并进行重点监控,对于除轻微风险外的风险进行一一应对,见表 7-10 所示。青宁输气管道工程 EPC 联合体项目部针对每一个确定的风险,选择适当的风险管控措施,制定风险管控责任人。

表 7-10 青宁输气管道工程项目风险管理措施表

序号	风险因素	应对管理措施
1	合同文本风险	根据 EPC 固定总价合同文本,针对本项目 E、P、C 各部分定价具体情况,预测可能要发生的情形以及可能存在的风险,争取在专用条款上修改补充完善
2	合同履行风险	合同生效后,合同执行部门应认真组织履行合同,按照合同约定行使权利、履行义务,并注意行使法定权利。若合同履行过程中出现问题时,在职责范围内及时处理,处理不了或超职责范围的及时上报,协助处理
3	固定总价、合同变更、工程结算风险	在合同履行过程中,如果合同约定不明确,或相关问题超越了原合同价款约定的,应当按原程序重新办理审核审批手续,不得以口头形式改变合同权利或义务,进行合同变更。确保工程变更以及合同外签证的时效性、合法性等依据齐全,避免合规性差影响结算
4	规范标准使用不当,设计内容不全,设计缺陷、错误和遗漏风险	加强图纸审查力度和深度,发现问题及时与设计人员沟通解决
5	物资质量不合格风险	物资进场 100％验收,验收合格后方能使用
6	物资不能按时供货风险	时刻跟踪物资到场计划,发现偏差及时调整施工部署或做好赶工准备
7	职业健康风险	厨师及帮厨人员持有效健康证,食堂消毒柜等设备、设施、菜品卫生达标,预防员工食物中毒;储备应急药品,严防传染病的发生;夏季落实防暑降温措施;对电焊工等特种作业人员加强劳动保护
8	作业安全风险	施工前对所有施工人员进行入场安全教育、安全技术培训,并做好安全技术交底工作。对危害因素进行识别、汇总、评价,对重大危害因素制定相应的防控措施,采用开工前安全条件确认、日巡检、周监督检查等管控手段,监督防控措施的落实

序号	风险因素	应对管理措施
9	环境影响因素	对环境因素进行识别、汇总、评价,对重要环境影响因素制定防控措施,并监督落实。严格按照施工图要求,控制作业带宽度,落实裸土覆盖抑尘及管道路由植草地表恢复措施,监督管线试压废水达标排放,监督定向钻施工队伍执行施工方案,防止钻进、扩孔施工阶段冒浆污染土壤、水源,督导各施工单位与具备固废处理资质的公司签订定向钻泥浆处理合同,确保泥浆无害化处置
10	施工质量控制风险	对于质量风险高的管道焊接、工艺管道安装、电气施工等重点工序,以及钢筋混凝土、埋地管道防腐等隐蔽工程内容,制定专项控制措施。做好员工质量培训工作,特殊工种按照发包人相关规定要求在进场作业前进行上岗考试,加强员工技能管理。认真实施"三工序""三检制",依据各类检测手段及巡检办法,做好施工工艺过程的质量控制、隐蔽工程的质量控制,对于发现的工程质量问题及时整改及时解决。及时组织对工程项目进行质量评定,及时进行单位、单项工程验收
11	交叉作业质量风险	交叉作业质量风险的控制关键在于确保合理的技术间隔,以及成品与半成品的保护。一是建立严格的工序验收交接制度,上道工序未完成验收或达不到规定的技术间隔时间,不允许进行下道工序施工。二是在不同专业交叉施工部位,按照"谁施工,谁防护;谁损坏,谁维修"的原则,做好成品与半成品保护,对于重要部位存在交叉施工的,应在施工完成后进行二次检查,确保完工工序质量
12	施工环境质量风险	做好环境质量风险控制,一是要针对不同工序制定不同施工季节下的防护措施,尤其是有重大影响的作业环节,如焊接的各季防风、夏季防雨、冬季预热保温,混凝土工程冬期养护,防腐作业冬季养护等。二是要严格落实现场防护措施,强化作业人员质量意识,确保已审批的质量保护措施落实到位
13	控制性工程多且施工困难	针对高邮湖定向钻穿越控制性工程和山东石方段穿越困难段,应提前开展勘察工作,制订详细的施工计划,提前开工,以保证整个工程的顺利实施
14	气候多变,阻工风险	在管道施工时应充分考虑台风等气候因素,同时考察同类项目在该区域内的防护措施,学习利用
15	工农关系复杂,阻工风险	组织一批具有丰富协调经验的外协人员,合理划分各自责任区域,及时进行征地拆迁合理赔偿,保证工程协调顺利进行
16	项目投标报价偏差	提前介入,详细了解项目成本构成,认真做好市场调查,掌握真实可靠成本信息,增强决策的科学性、准确性
17	合同文本缺陷,合同执行偏差	严格审查合同文本,细化合同约定,控制合同执行偏差
18	项目组织过程中产生的资源闲置	合理安排工序,避免资源闲置

（续表）

序号	风险因素	应对管理措施
19	设计图纸的错误,预算人员、采购人员造成的材料、设备采购错误	认真审核施工图纸,避免"错、漏、碰、缺"
20	材料、设备采购价格偏差	强化采购联合审批制度,多渠道咨询材料、设备价格,在保证质量的前提下,合理设定采购价格
21	材料、设备进厂延迟,造成窝工,施工材料、设备质量缺陷	配合采办管理部门监督厂家按照合同约定时间节点供货,确保材料、设备的进场时间和质量
22	材料和设备保管、使用过程中发生的破损、损耗、浪费	制定岗位责任制,加强物资采购、保管、发放、使用的管理
23	施工过程中,质量事故、安全事故的发生	加强施工过程中的质量、安全管理,杜绝质量安全事故的发生
24	使用落后的技术、设备风险	工程施工过程中采用先进、环保的技术和装备,严禁使用国家明令淘汰的落后产能技术和装备
25	站场、阀室及管道路由选址或工程措施不当	站场、阀室的选址应结合当地的水文地质情况,特别是通过泄洪区的区段,应采用加高基础的方式,控制和削减可能面临的洪水风险。管道压覆矿产区域,应提前与矿权单位协商,采取相应的保护措施,以保障管道的安全运营
26	管道穿越公路、铁路、其他已建管道以及活动断裂带等区域的安全运营风险	管道穿越公路、铁路、其他已建管道时,应按照规范,尽量正交穿越,减少管道交叉带来的风险;管道穿越活动断裂带时,应尽量正交穿越,采取优化管沟开挖参数、软土回填等措施保障管道的安全运营
27	施工过程中管理不严、检验标准和检验过程管控不严	施工过程中提高施工技术和管理水平,加强对施工过程的控制,降低工程建设风险。同时,提前开展施工力量的组织和调研工作,协调各主要施工力量,确保足够的管道建设施工力量。并且,还需要提前开展大宗管材和可供设备的调研,加强与管厂和设备供货厂家的沟通、交流,提高工程供货的可靠性
28	管道沿线在穿越农田或者人口密集区段,存在第三方破坏的可能	管道沿线设置警示标识,运营过程中加强管道保护宣传力度。同时,管道通过人口密集区时,设计上加大管道埋深,降低第三方破坏概率
29	管道站场与阀室经常遭受恶劣天气,诸如暴雨	在站场、阀室设计阶段就应充分考虑各项气候因素、环境因素等,考察和调研该区域内类似项目的防护经验,多方讨论,确定稳定可靠的有效措施进行防范

7.4　青宁输气管道项目关键环节风险防控

7.4.1　EPC联合体模式风险控制

青宁输气管道工程规模大、工作内容复杂、施工过程工序交叉且相互影响。EPC联合体模式充分发挥联合体的整体优势,能够实现资源的高度共享和信息的有效传递,高效实施风险管控。但联合体成员来自不同参与方,其行为模式仍保留原组织的特点,且在组织内部各参与方存在利益纠葛,因此联合体在风险管控上面临更多复杂因素。

7.4.1.1　EPC联合体承包模式风险识别

青宁线输气管道项目采用EPC联合体管理模式,管理理念由"E＋P＋C"管理向"EPC"管理转变,项目风险存在如下特殊性:

(1)组织管理风险

不同施工团队的管理水平、施工质量、施工工期等与组织管理风险有着非常密切的关系;同时,项目施工团队成员间的协调性和团队合作能力也是影响组织管理风险的重要因素。

在管理组织上,由于管理文化差异和对总承包模式的认知差异,联合体各成员往往更多地关心自身利益,导致联合体组织结构流于形式,暗藏风险,甚至出现一些不诚实甚至违法行为,从而对工程的质量、进度、成本等造成不良影响,使承包商面临支付额外费用或承担违约责任的风险。

(2)技术和管理能力风险

各参与方技术与管理水平参差不齐,有的技术能力薄弱,有的缺乏管理人才和经验,有的筹集资金的能力不足,有的虽具备履行合同的技术和管理能力但主观上重视不够。如此等等,工程中的任何一点疏忽大意、过失或不安全行为,都会增加风险发生的概率,加大发生风险的损失。

EPC合同通常都包括项目的设计、采购、施工等各个环节,每个环节中都有风险存在着的可能。此外,EPC合同中包含有相关的免责条款,这也会蕴含很大的风险。

7.4.1.2　EPC风险防范措施

(1)细化完善联合体协议条款

联合体协议是联合体开展工作的基础,也是规范约束联合体成员个体行为的基本依据。联合体协议中应明确各方的工作范围及分工界面,各自承担的责任和义务,指定联合体牵头方以及项目第一责任人,确定主导从属关系,同时明确各项具体工作的主责方;明确联合体项目部组织结构及岗位设置,确定各个岗位的人员来源以及能力水平要求;明确各项费用的分摊比例及方式,工程款项支付方式,以及财税费用的分摊及缴纳原则;明确可能存在的各类风险以及化解手段,解决联合体内部纠纷的处理程序。联合体协议及 EPC 合同签订后,由联合体牵头方组织其成员进行联合体协议以及 EPC 合同的集中交底,按照 EPC 合同确认联合体各方的工作内容及范围、工作界面,分解工作目标,细化工作任务,落实主责方,确定项目工作流程以及联合体内部审批流转程序。

(2)明确联合体各成员间工作界面及责任范围

联合体牵头人除负责设计、采购等合同范围内规定的工作内容和责任外,需定期组织召开项目运行协调会,对各联合体成员的进度、外协、质量、HSE 等工作进行统计汇总,出现问题及时上报业主或协调小组协调解决。根据各联合体成员的施工进度,对联合体成员申请的进度款进行审核。配合业主对联合体成员最终的结算金额进行审核。

按照联合体协议约定,联合体成员施工单位除负责各自采购、施工等合同范围内规定的工作内容和主体责任外,需派出各方应派的合格管理人员,并承担相应费用,接受牵头人的管理,并提供相应的资料。

(3)建立以设计为主导的 EPC 联合体模式,提高牵头单位对设计、施工的整合能力,充分发挥了联合体成员各自的管理优势和专业特长

工程总承包的出发点是整合设计和施工,通过设计优化提高项目适用性、降低施工难度、节约项目投资。所以工程总承包项目应该在项目设计阶段对设计方案进行充分可施工性分析,提高工程经济性,降低项目实施风险。

设计单位作为 EPC 联合体的牵头单位,从设计的角度组织相关专家对初步设计方案的先进性、科学合理性和项目的总投资、总工期、工艺流程等进行严格的审核和充分论证,对项目的质量、成本、工期等控制和后期运营乃至整个项目的成败负主要责任。

设计牵头施工单位一起对工程难点进行现场踏勘,做到设计与施工深度契合;听取施工单位的合理建议,在满足相关规范的前提下,将施工的难度及成本作为重要因素进行多方考量,落实到后续施工图设计中,从而使设计方案更加合理,施工操作更加简单便捷,达到降成本、缩工期、保质量的目标。

7.4.2 项目设计过程风险控制

发挥设计龙头作用,提前规避各种风险:

(1)设计是工程建设的龙头,是采购和施工的基础,对工程建设具有主导作用。设计阶段应做好本质安全设计,严格执行法律法规和工程建设强制性标准,防止因设计不合理导致生产安全事故的发生。设计策划要开展 HSE 分析并提出明确的 HSE 目标和要求,同时按照建设项目"三同时"要求对项目安全设施、环境保护设施、职业病防护、消防和节能设施

同时进行设计。

（2）设计过程中的风险管控重点是严格遵守相关部门批准的建设项目安全条件审查或安全评价、环境影响评价、职业病危害预评价、地震安全性评估、地质灾害危险性评估、压覆矿产资源评估、水土保持方案书、节能评估、社会风险分析等审查及批复（备案）文件的要求，逐条响应和落实各项评价中的建议和措施，优化线路走向及站场位置，保证管道本质安全，做好环境保护，防止水土流失，注重劳动安全卫生。

（3）EPC 项目部要发挥协调作用，强化设计校审，在设计交底时对安全设计示意图、关键部位、关键环节的安全防范要点做出说明，认真组织图纸会审，尽可能在施工前规避各种风险。

另外，根据相关规范的要求，进行治安风险的识别和分析，针对工程不同治安风险等级，对站场采取增加防冲撞装置、增加围墙高度、配备视频监控系统、入侵报警系统、电子巡查系统等治安防范措施，保证工程在特殊时期下的安全和平稳运行，减少第三方有意破坏造成的人员和财产损失。

7.4.3　项目物资保供风险控制

设备材料费在整个项目造价中所占的比重超过 40%，因此做好采购工作对降低整个工程的项目造价具有重要作用。青宁输气管道工程作为中国石化的工程项目，必须按照中国石化物资采购管理办法及相关管理规定进行采购。中石化制定了直接集中采购和组织集中采购目录，实行分级采购。建设单位负责采购提前批管材、生产准备物资、维抢修物资、车辆等；EPC 拿总院负责采购全线系统性工程物资、全线需招标采购的主要物资（EPC 拿总院进行框架协议招标，各 EPC 承包商执行）；EPC 其他单位采购易派客上线物资、一般物资、零星物资等；施工单位采购零星物资。

2019 年国内有多个油气管道工程在建，加之国内高钢级生产供应商较少，符合条件的钢厂订单量都很饱和，排产周期紧张。为确保工期进度，保障主管材、热煨弯管按计划到场，采用延伸催交方式，会同中国石化相关部门多次前往主力钢厂实地考察，协调生产进度，为钢管厂提供钢板等原材料保障，保障了主管材的及时供应。

加大催缴催运工作力度，派出相关人员赴主力钢管厂，跟踪钢板到货情况，落实供应商生产线调型进展，并要求钢管厂做好制管准备，待钢板到货后，第一时间进行检验、投料、防腐，在保证质量的前提下，将制管周期压缩在最小范围，确保主管材能如期发运，有力保证了现场施工主管材的需要。

采购工作提前介入设计过程，为业主提供采购策划方案及技术支持、反馈设计优化建议、完成物资编码、评标办法确定、组织公司框架协议招标等。采购工作在设计阶段提前部署、统筹协调、明确了采购技术文件的深度，提前完成招标方案的编制。针对中国石化已有的框架协议,采办与设计部门对主管材、热煨弯管的技术参数进行充分沟通,尽量使该项目所需主管材的技术参数、质量标准和已有框架协议物资保持一致,既方便了技术请购单的编制,又最大限度满足可执行框架协议采购的物资数量,简化了采购流程,并实现了采购流程的标准化。

7.4.4　项目施工关键工程风险控制

7.4.4.1　控制性工程高邮湖连续定向钻穿越风险控制

（1）概述

高邮湖连续定向钻穿越共计包含 7 条连续的定向钻穿越,穿越总长 7 750 m,顺气流方向分别是京杭大运河＋深泓河、庄台河、二桥河＋小港子河＋大管滩河、王港河、夹沟河、杨庄河、淮河入江水道西大堤定向钻工程。

（2）风险识别

根据现场调研,高邮湖连续定向钻穿越施工风险主要有以下几点:

① 窗口期进度控制风险

高邮湖连续定向钻穿越作业时间短,施工窗口期受限。项目总工期从 2019 年 6 月至 2020 年 10 月,时间跨度短,高邮湖区内滩涂每年 6～10 月都会被洪水淹没,无法施工作业,理论施工周期仅为 2019 年 11 月至 2020 年 5 月。该段时间内要完成 7 750 m 的定向钻管线焊接、穿越及出入土点连头作业几乎是不可能完成的任务。

② 地质风险

根据岩土工程勘察报告分析,穿越地层为粉质黏土,碱性较大,环湖地域透水严重,极易因钻具下沉发生抱钻及产生塌孔风险,地层变化多,忽软忽硬,软的是淤泥层,导致钻头包裹打滑;硬的是土质中夹杂砂浆石,加大了钻机需要的扭矩,给定向钻施工带来极大难度。

③ 材料机具运输风险

该工程有近 8 km,约 700 根直径 1 016 mm 的钢管,且定向钻穿越点均位于淮河入江水道新民滩地内,无道路通行,施工所需的起重机、挖掘机、钻机、吊管机等大型设备均需采用船运方式进入,运输工效低、事前准备多、安全风险高。

④ 施工场地空间风险

高邮湖分支繁多、岔道纵横交错,湖内的滩涂最宽不足 800 m,7 条定向钻中有 5 条长度超过 1 000 m,最长 2 007 m,湖滩内根本没有足够长度的管线预制场地。根据河滩地质情况,需修建 6 处登陆点用于机械设备、管材进出和施工人员出行。

⑤ 运输船舶通行风险

由于 2019 年高邮湖夏季汛期期间遇到 60 年一遇气象干旱,造成淮河入江水道湖区水位较浅,尤其是杨庄河水位仅为 1 m 左右,无法满足大型机械及管材驳船拉运的航道运输条件,需增加特殊措施,采用挖泥船进行运输航道的开挖、疏浚,以保证施工周期内的驳船运输通行。

(3)风险控制措施

针对上述风险,采用风险等级(LSR)评价法进行风险评估,制定如下风险控制措施:

① 外协先期介入,争取作业时间

为保证项目整体工期,规避不利自然气候条件所带来的影响,施工单位与高邮市政府积极沟通,紧密协调,先期实施高邮湖第一窗口期定向钻穿越工作。2019 年 3 月先期实施高邮湖定向钻作业,并分别于 4 月 16 日、4 月 24 日、5 月 3 日完成杨庄河光缆穿越、淮河入江水道西大堤定向钻穿越、庄台河定向钻穿越,为工程按时竣工打下坚实基础。

② 建造临时码头,提高运输效率

通过对水上运输方案的充分论证,确定了多船牵引接驳水上运输方案:采用多艘 80 t 牵引船、80 t 平板驳船、400 t 自航驳船以及中型渡船来负责第二窗口期施工期间管材、设备及人员运输。其中 400 t 自航驳船长 45 m、宽 6 m、满载吃水深度 1.6 m,主要负责管材运输;平板驳船长 30 m、宽 6.5 m、满载吃水深度 2.4 m,和牵引船配合,主要负责大型机械的进退场,并辅助配合管材运输。为了确保水上运输安全高效,搭建了临时码头,并将玻璃钢防腐场地一并建立在码头中,形成了管材堆放、现场防腐、起吊运输的"流水线",极大地提高了施工效率、压缩了施工周期。

③ 科学规划施工,统筹组织生产

考虑到窗口期时间紧,采用并行施工方案提高施工效率。针对夹沟河、王港河、二桥河三个定向钻施工队伍作业滩涂处于共用或相近地段的实际,从人员、管材、设备运输到场地分布规划,人员、机具调度等方面统筹协调,组织三个施工机组日常生产作业,避免了"自扫门前雪"的情况,大大地提高了施工效率,降低了生产成本。

(4)风险管理成效

统筹组织优秀的施工资源,各专业协同并进,有效穿插,集中对高邮湖湖滩段的 7 条定向钻穿越突击作业,比原定工期缩短了 63 天,穿越设备进场次数减少 8 台次,人工工日减少 19 530 工日,施工机械减少 567 台班。

7.4.4.2　水网地区大口径管道顶管施工的风险管理

顶管穿越是长输管道建设中一种常见的非开挖施工方式,广泛应用于河流穿越、公路穿越及部分无法直埋的地段穿越。近年来,国内长输管道进入大规模建设高峰期,顶管技术也日趋完善,因此顶管穿越的应用日益增多。

(1)顶管技术概述

顶管施工的原理是在预穿越点的两侧设置工作井和接收井,在工作井中根据顶力设置能够承受顶力的后背墙,前端使用掘进机掘进,后背墙一端使用千斤顶顶进管道或套管,顶进过程中通过泥浆润滑减阻,使用导向控制系统测量顶管的方向。

顶管作业的工作流程如下:施工准备→测量放线→施工通道修筑→作业坑上部土方开挖→沉井(钢板桩)施工→土方开挖→顶管施工→注浆减阻→成果测量→穿越管段预制→清管试压→防腐补口补伤→主管穿越→套管封堵→与主管段连头→基坑回填地貌恢复→施工验收。

(2)水网地区顶管穿越施工的风险识别

苏北地区以大面积基本农田为主,主要种植小麦和水稻,地面河流纵横、水塘密布、沟渠发达,在静水或流速很慢的环境中容易沉积形成淤泥。苏北地区土地以淤泥质粉质黏土为主,土质十分松软,含水量、地下水位高,渗透力强,地基承载力差,并伴有流沙。这些特点给顶管穿越施工时作业带的通畅、钢管运输、布管、土方开挖及顶管作业造成了很大困难。此外,苏北地区拥有多个湿地、滩涂、自然保护区、农业产业园区等红线区域,在选择顶管场地、预制场地和材料堆放场地时要注意规避。

(3)水网地区顶管穿越施工的风险管理计划

在作业前使用工作安全分析(JSA)的方法把作业过程切分成施工准备阶段、顶管作业阶段和完工验收阶段三大阶段,然后对每阶段的潜在危害和风险进行识别和评估,并制定相对应的措施来控制风险消除危害。

① 施工准备阶段的风险管理

在施工前重点落实是否制定具有针对性和操作性的应急预案、上岗人员施工风险的告知和安全教育、施工组织设计是否合理、施工方案中有无专项的 HSE 控制措施等内容。

苏北水网地区由于大面积农田耕种的特点,公路两侧多伴有灌溉河流,河流在水稻种植季节灌溉功能尤为重要,顶管作业前要取得地方公路和水利部门相应的穿越许可,特别是公路两侧伴有灌溉河流时要同时取得两个主管部门的许可。

顶管施工前落实施工区域地下城镇燃气管道、自来水管道及通信电力管线等情况,保证施工安全和相关管线的运营安全。

② 顶管作业阶段的风险管理

顶管现场两侧的工作井属于受限空间,必须按受限空间作业的相关要求用警戒带、围挡、围栏隔离,配备应急物资(如救援绳、安全带、应急药品箱、夹板、绑扎带、药品、值班车等);基坑边沿 1 m 范围内设置安全护栏和警示标识,严禁堆土、堆料和动载(机械挖土、汽车运输等),出入口保持畅通。作业时必须配备至少 2 个逃生梯、防塌板等 HSE 必备工具。

由于地区地下水位高,因此在工作井开挖前必须在周边设置井点降水,提前降低地下水位,防止基坑支护或人员操作过程中发生透水事故。

苏北地区土质松散,地下常常夹有流沙层,因此在基坑开挖后必须使用拉伸钢板桩进行支护,井底使用混凝土浇筑,钢板桩至少使用两道内撑,以防止作业过程中因地下水流动或流沙引起工作井坍塌。

（4）完工验收阶段的风险管理

由于苏北地区以永久性基本农田为主，因此在施工结束后必须严格按照国家规范进行分层细土回填，保证施工后土地恢复原有地貌，并及时告知地方国土管理部门取得地貌恢复合格证，不得让土地丧失耕种功能。

虽然顶管穿越相对于开挖技术而言，具有交通干扰小、建设公害少、文明施工程度高的特点，且施工周期短，成本低，但是顶管施工的风险也不容轻视，特别是水网地区大口径、长距离管道建设经验不足，因此在施工过程中应更加关注风险管理，关口前移，提前防范，遏制安全事故的发生。

7.4.5　项目实施过程中 HSE 风险的动态监控

风险监控是在项目运行过程中，对风险的发展与变化情况进行全程监督，并根据需要进行应对策略的调整。青宁输气管道工程在实施过程中，除了开展常规的风险监控外，对项目风险还定期开展再识别、再评估、再响应，更新项目风险清单、重大风险因素清单，同时对重大风险实施动态管控。

项目实施过程中采用了重大风险动态管控技术，结合施工进度总计划，将相关作业活动、存在的重大风险及重大风险出现的时间、地点进行等级划分，以图表的形式与施工节点同步表现出来（见图 7-3），使各施工阶段重大风险更加直观，重点管控计划更加明确，并根据施工进度计划调整和完善，对重大风险动态管控表进行更新。

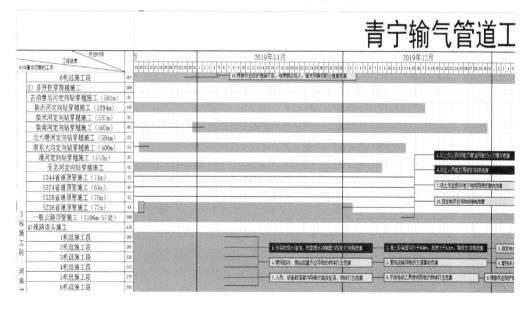

图 7-3　青宁输气管道工程重大风险动态管控表截图

从青宁输气管道工程重大风险动态管控表可以直观地看到,3 标施工段 S236 省道顶管施工长度为 72 m,施工计划:2019 年 10 月 19 日至 2019 年 12 月 2 日,计划工期 45 天,施工方式:人工顶管,存在的重大风险 4 个(图中黑色标识):①动土作业损坏地下管道导致的火灾爆炸危害;②深基坑未采取有效支护、降水措施导致的坍塌危害;③堆土距离基坑边缘小于 0.8 m,高度大于 1.5 m,导致的坍塌危害;④作业人员超挖导致的坍塌危害。

针对该项顶管施工活动存在的重大风险,制定了相应的风险管控措施,并监督落实风险管控。施工过程中结合月度生产进度计划,编制月度风险控制计划,表明 HSE 重点风险作业存在的风险及出现的阶段,依据控制计划开展员工培训、应急演练,并落实相关作业安全防护措施,实现重大风险的动态管控。

8 项目合同管理

合同管理贯穿于整个工程项目管理全过程,是工程总承包管理的重要组成部分。在项目建设中,没有合同意识,则工程项目整体目标不明;没有合同管理,项目管理难以成系统,成本不受控。

EPC总承包合同与E+P+C模式合同存在较大的风险差异。E+P+C模式合同中发包人需负责项目实施全过程管理和各阶段之间的接口管理,承担变更增加等因素产生的投资、工期风险。而EPC总承包合同包含设计、采办、施工、中交、投产等全过程内容,EPC总承包合同模式,发包人的风险转移到了承包人身上。因此,EPC总承包企业应加强合同管理,识别并规避合同风险,建立工程总承包合同管理制度,明确合同管理职责、程序和要求,确保项目合同目标的实现。

8.1 EPC总承包合同风险识别及规避措施

在工程项目管理过程中,风险管理是一个非常重要的问题,特别是EPC模式的大型、复杂性工程项目,合同的风险管理特别是风险的动态管理尤为重要。

8.1.1 风险来源识别

(1) 总包合同报价风险

总承包合同通常都是固定总价合同,承包商承担工作量和报价风险。承包商按照合同条件和业主确定的工程范围、工作量及质量要求进行一揽子报价,承担工程量和价格上的风险。有时候业主的主要要求是功能性的,对工程量要求不十分明确,因此会造成承包人投标报价时的工作量和质量细节不能确定,进而产生报价风险。

(2) 工作量及价格风险

对于固定总价性质的合同,业主将合同中不准确或者遗漏等责任转移或强加给承包商,因此除非业主有新的要求或工程有重大变更,一般不允许调整合同价格。

8.1.2　风险规避措施

（1）加强合同签订前的风险审核

承包商的风险贯穿于合同的每一个条款和附件之中。在审核合同条款及附件时，应逐项仔细审核，不遗漏任何一个潜在风险。关注合同文件的优先顺序，重点从工程服务范围、合同价款、支付方式、争议解决措施等方面识别并规避风险。

（2）加强合同谈判阶段审核

一是认真复核合同条件，特别是详细设计中的重要参数及数据。二是认真审核合同价款构成和计价方式、预付款方式和比例、合同生效和开工条件等，降低合同风险。三是关注合同文本的缺陷，规避因合同文本的错误、遗漏、不一致等产生的费用增加和工期延误风险。四是在投标阶段组织商务和专业人员认真查找招标文件中的缺陷，及时书面澄清，或在报价中给予考虑，合理规避风险。

8.2　工程总承包合同管理内容

EPC 总承包合同管理从投标开始，到合同谈判、合同执行、合同关闭时止，实施全过程管理。EPC 总承包合同管理纲要主要有以下三个方面，一是 EPC 总承包合同模式，二是合同谈判理论及应用，三是 EPC 总承包合同管理的要点。

投标期间，合同管理的主要内容为合同条款和条件的审查以及合同谈判，其中合同条款和条件通常分为普通条款和特殊条款。由于项目采用公开招标，招标文件对总包模式和合同的形式已经进行了投标邀约约定［以《建设项目工程总承包合同示范文本（试行）》（GF—2011-0216）为基础编制］，承包商在投标承诺及投标偏差情况下，合同性质基本不会产生实质性的改变，因此本章节合同管理的重点是针对项目中标和合同签订后的管理。

工程总承包合同管理主要包括以下内容：

（1）项目中标后及时组织合同交底。合同交底主要包括合同的主要内容、合同实施的主要机会和风险，合同签订过程中的特殊问题，合同实施计划和合同实施责任分解等内容。合同交底采用书面形式，主要是熟悉和研究合同文本，宣贯和落实合同交底内容，了解和明确业主的要求，确定项目合同控制目标，并进行履约责任分解，制定实施计划和保证措施。

（2）定期检查、跟踪合同履行情况，收集和整理合同信息，并按规定报告。

（3）对合同履行中发生的违约、索赔和争议处理等事应进行处理。

（4）组织实施合同收尾。

（5）制定合同变更管理程序，对项目合同变更进行管理，当涉及工程总承包合同变更时，及时报告本单位合同管理部门。应将合同变更纳入合同管理范围。

8.3 合同变更管理

EPC总承包项目实施过程中，由于项目规模、重要工艺参数、施工周期、自然条件等发生变化，或者对资金到位情况以及合同条款的理解等产生歧义，往往会造成工程变更的发生，进而产生合同变更。项目常见的变更主要由设计变更、工期变更、合同条件变更和投资变更等，最终均落实到费用问题上。合同变更管理过程主要包括以下几个步骤：

（1）根据变更内容、性质和责任，及时组织进行合同变更评审，评估对项目质量、安全、投资和进度的影响，及时提出申请；

（2）按照合同约定和业主的变更管理程序文件报审；

（3）业主确认，形成书面变更文件；

（4）实施合同变更。

8.3.1 工程变更程序

青宁输气管道工程项目中业主与EPC联合体在签订合同时，依据招标文件，对工程变更流程作出了详细约定，并形成了系列C层次文件，形成了工程变更的一整套申请、审查、批准、结算、支付流程和依据。

无论业主、监理单位和EPC承包商提出变更，均需填写工程变更单。变更单中要列明变更原因、变更内容、变更前后工作量、投资变化对比表，以及相关照片、纪要等支持性文件。变更单按照程序文件要求报监理单位审核。监理单位对现场真实性、工程量以及对进度、质量、安全、投资等进行审核，报业主单位审批后才能实施变更。

承包商应当及时组织对变更情况进行评审，评估变更对项目质量、安全、投资和进度的影响，判断工程变更的实施是否会引起合同状态的改变，如是否增加工程成本，是否会打乱原有施工方案而导致低效率施工，是否产生新的额外工作等。如果确实会发生改变，承包商可以向业主提交工程变更签证单，或申请合同变更。

青宁输气管道项目实施过程中，在管道开挖工农关系复杂区段和河流穿越外协难度大的区段及时进行风险识别，综合评估进度、安全和工期，提出了定向钻优化作业方式变更申请。该变更被批准实施后，虽然增加了直接工程费，但节约了工农关系协调费和大量的赔偿费用，而且缩短了施工工期。总体来看，通过合理的合同变更，在总投资不变的前提下，不仅增加了承包单位的效益，同时还提高了整个项目的综合效益。

8.3.2 工程变更的控制

青宁输气管道作为大型建设工程,点多、面广、线长,沿线工农关系复杂,因此工程变更不可避免。有些变更影响较大,往往诱发索赔和争议,严重影响项目的正常运行,延误项目的总体进度;有些变更虽然影响较小,但也增加项目成本,干扰其他工作,引起人员窝工和设备闲置,导致工期延误。

为保证工程项目顺利进行,应尽量减少不必要的合同变更,降低变更对工程造成的不利影响。青宁输气管道项目在合同管理过程中,对于工程变更采取了以下有效控制措施:

(1)投标阶段尽可能收集齐全招标文件相关资料及附件,主要包括招标图纸、岩土勘察报告、工程量清单、技术规范和合同条款等,充分预见评估风险,通过答疑提出合理投标方案,从而有效减少合同变更的发生。

(2)与业主单位协商确定工程变更实施细则,根据变更大小设定不同的变更审批权限,如业主现场代表层、公司职能部门层及公司领导层。不同层级负责审批不同金额范围的变更项目,最大限度地提高工程变更的及时性和可控性。

(3)建立明晰的工程变更控制经济责任制,运用经济手段引导各方管理人员正确行使岗位职责,提高工程变更的合理性和经济性。如对于节省投资的设计变更或施工方案变更,给予提出单位和个人一定数额的绩效奖励,对于合同变更价款明显高于正常值而无法说明原因的项目,对相关人员给予经济处罚。

(4)做好合同变更的记录,及时对变更进行评估及确认。加强工程变更的过程管理,严格按合同变更程序办理变更。

(5)加强"契约精神"。认真履行合同约定的责任和义务,建立强有力的合同管理机构,提高履约能力,严格控制合同变更发生。

8.3.3 工程变更应注意的问题

(1)对业主的口头变更指令,承包商应及时索取书面确认。对已收到的变更指令,特别是重大的变更指令或在图纸上作出的修改意见,应予以核实。对涉及双方责权利关系的重大变更,或超过合同范围的变更,必须有业主的书面指令、认可或双方签署的变更协议。

(2)承包商不能擅自进行工程变更。施工中发现图纸错误或其他问题需进行变更时,首先应通知监理工程师,然后经业主同意或通过变更程序再进行变更。否则,不仅得不到应有的补偿,而且可能会带来麻烦。

(3)加强文档管理。在工程变更中,特别应注意因变更造成返工、停工、窝工、修改计划等引起的损失。建立严格的文档收发、记录、收集、整理和保管制度,并针对具体索赔情形,主动收集和整理相关资料。

（4）注意工程变更合同价款提出的时效规定。我国《建设项目工程总承包合同（示范文本）》(GF—2020-0216)第13.3.3.2"变更估价程序"规定，承包人应在收到变更指示后14天内，向监理工程师提交变更估价申请。因此，承包商应当在工程变更确定后14天内，向监理工程师或业主提出变更工程价款的报告，以免超过时效规定而丧失调整工程变更合同价款的权利。

8.4 合同履行

采用动态管理模式进行合同管理，及时跟踪、收集、整理、分析合同履行过程中的信息，通过风险识别及时发现并解决存在的问题，最大限度规避和减少风险。合同履行过程中的风险主要包括：

（1）自然条件、法律等外界环境风险。

（2）工程技术和施工方案等风险，如进度、大型机具进出场、施工组织、工农关系及外协等。特别是管道类型的线性工程，外协、工农关系及赔偿风险尤为突出，是进度和投资控制的难点。

（3）项目管理过程风险，如业主决策变化、管理单位变化及联合体成员履约精神不到位等。青宁输气管道工程在项目建设管理权发生变化后，不同业主单位的管理环境和管理模式差异产生的问题和合同风险值得研究。

8.4.1 合同履约目标

（1）HSE目标

实现零伤害、零污染、零事故。

（2）质量目标

整个项目建设过程中程序合法，产品合格，符合设计文件和其他工程建设文件规定的质量标准，建成工程项目并试运投产一次成功，争创国家优质工程奖。

① 设计质量目标

设计交付质量合格率100％。

② 采购质量目标

采购物资交付质量合格率100％。A类物资100％进行监造。

③ 施工质量目标

工程检测齐全准确率100％，焊口无损检测一次合格率96％以上，管道埋深一次合格率100％，单位工程验收合格率100％，安装类单位工程质量优良率90％以上。

（3）进度目标

按照合同要求时间全线中交。

（4）投资控制目标

工程设计费、物资采购费、施工及技术服务费等控制在 EPC 总承包合同价款之内。

（5）合同执行目标

青宁输气管道工程项目合同履约率 100％，合同纠纷案件为零。

8.4.2　合同履约模式及联合体分工

（1）青宁输气管道工程合同履约模式

青宁输气管道工程中标后，EPC 联合体牵头人和联合体各成员共同完成总承包主合同的履约；根据联合体协议对合同范围内各自工作内容负责，按照合同约定按时完成各项工作。

（2）对 EPC 总承包合同主要内容的履约分工

按照招标文件要求，EPC 联合体牵头人负责总承包项目的详细设计（含专项设计）、竣工图编制、现场技术支持、物资采购、中转库、阀门试压、铁路穿越实施及其相关工作，工作范围内的进度、质量和 HSE 等配合协调工作。联合体成员施工单位承担合同范围内除设计单位采购外的所有工程物资采购，现场物资的卸车、接收、保管、检验及发放工作，施工与安装及试压吹扫、管段初步干燥、设备调试、职责范围内的智能化管道数据录入和交付、项目资料整理归档等工作。同时负责外协、地表附着物清点、地方关系协调、手续办理等工作。配合投产试运、工程交工、专项验收、竣工验收等工作，负责工作范围内的进度、质量和 HSE 等管理工作。

8.4.3　合同交底

合同签订后，组织相关部门就合同的重点内容对其他部门进行交底。

（1）合同交底的目的

① 让管理人员全面熟悉和理解合同内容，以合同作为工具来管理协调各方资源，保证工程在可控的目标范围内完成。

② 让项目管理人员清楚合同中约定的有关甲乙双方的权利，合同的完成目标，管控的要点、难点、风险，便于执行人员利用合同处理项目实施过程中的问题。

③ 强化工程及技术管理人员的合同意识，提高履行合同的能力。

（2）合同交底的对象

EPC 联合体项目部相关人员，各×段施工项目部项目经理、生产副经理、技术负责人、安全负责人、技术质量部、施工管理部、HSE 部、对外协调部、经营管理部等参加合同交底。

（3）合同交底程序

① 合同交底的条件

合同必须内容齐全、完善，EPC 联合体项目部经理，各×段施工项目部经理在场方可组织交底，否则可另行择期交底。

② 合同交底时间

合同签订后，总承包合同待工程开工前 7 天内进行交底。

③ 合同交底工作事项

全面陈述合同工程概况、合同工作范围、合同目标、合同执行要点及特殊情况处理，并解答交底现场提出的商务条款问题，最后形成书面合同交底记录。

（4）合同交底的主要内容

合同交底应包括合同的主要内容、合同实施的主要机会和风险、合同签订过程中的特殊问题、合同实施计划和合同实施责任等内容，具体如下：

① 工程概况、施工范围及工作内容。

② 合同关系及合同涉及各方之间的权利、义务与责任。合同开竣工日期，以及工期控制总目标及阶段控制目标。

③ 合同质量控制目标及合同规定执行的规范、标准和验收程序。

④ 合同对本工程的材料、设备采购、验收的规定。

⑤ 投资及成本控制目标，变更、洽商条款以及合同价款的支付及调整的条件、方式和程序。

⑥ 工程保修范围及内容。

⑦ 合同双方争议问题的处理方式、程序和要求。

⑧ 按照合同保密性要求，对合同中需保密的内容在不影响合同执行的情况下可不进行交底。

8.4.4 专项分包工作

根据 EPC 主合同内容，对需要分包完成的部分工作量，如专项设计、专项土建工程，公路（河流）穿跨越工程，线路工程中部分土石方爆破工程，部分管材运输工作，部分线路水工保护，大开挖公路穿越的开挖、回填及路面恢复等工程，按照施工量的多少，施工规模的大小，制定出分包方案（劳务或专业分包），按照程序上报发包人审批。

根据铁路局相关管理文件要求和以往管道穿越工程的施工经验，为便于协调、管理和验收，铁路穿越工程实施均委托给所属铁路部门相关单位进行设计、施工、监理，并负责实施过程中的外协工作及后期工程验收。

对于地方部门要求分包的项目，根据近几年管道建设项目实施情况，部分水利部门要求水利工程穿越及防护设计必须由地方水利设计单位完成。

8.4.5 合同收尾工作

合同收尾工作主要有竣工验收、工程移交、竣工结算、资料归档、项目考核和审计,以及分包方和供应商结算、后期评价等。

(1)按分包合同约定程序和要求进行分包合同收尾。项目部合同管理人员对合同约定的要求进行检查和验证,当确认已完成缺陷修补并达标时,进行最终结算并关闭分包合同。

(2)主合同关闭条件为:工程通过竣工验收并完成工程结算、决算。

9 项目费用控制

在 EPC 项目管理中,应从项目全生命周期考虑费用控制与进度控制、质量控制的相互协调,从而对费用偏差采取恰当的措施,避免影响质量、进度和项目后期的风险。

9.1 EPC 项目费用理论

9.1.1 全生命周期费用控制

工程项目全生命周期费用控制贯穿于项目决策、招投标、合同、设计、采办、施工、竣工结算、运营维护等各个阶段。对 EPC 项目来说,项目的全生命周期费用控制要兼顾项目利益相关方的需求,在保证项目安全、质量、功能、进度及社会环境影响的基础上,合理地进行投标、设计、采购与施工,并充分考虑项目运维成本,实现项目生命周期投资价值的最大化。

9.1.2 目标管理

EPC 项目费用控制目标是指项目管理者进行费用控制时,首先应确定完成 EPC 项目所必须付出的成本,叠加合理利润,从而确定费用控制的目标,然后根据目标将费用控制任务落实到项目的全过程管理中。

9.1.3 并行工程

并行工程(Concurrent Engineering,CE)是指对项目的设计和实施进行并行和系统管理的方法。并行工程强调,在项目设计时尽可能充分地考虑项目其他专业的需求和目标,包括采购、施工、运行维护等工作的需求。在 EPC 项目中,工程总承包商全面负责工程的设计、采购和施工工作,因此在项目中实施并行工程能促进不同专业和职能的人员实现信息共享和协同工作,优化各环节的衔接,提高设计的可靠性和可施工性,进而缩短工期、降低成本。

9.1.4　价值工程

价值工程(Value Engineering,VE)是指通过最小化生产成本实现产品必需的功能,以提高产品价值的管理方法。在建设工程中运用价值工程对项目的价值进行分析,协调项目需求与成本的关系,能够达到优化技术方案、降低成本的目的。大型天然气长输管道项目运用价值工程进行成本管理时,要综合考虑工期、质量、安全、资源配置、自然条件和市场环境等影响因素,做到统筹规划,尤其是设计工作中运用价值工程对于降低成本效果最为显著。

9.2　青宁输气管道工程各阶段费用控制

投资控制是现代工程项目管理的一项重要内容,是实现项目利润的重要手段。随着越来越多的大型长输管道项目采用 EPC 联合体总承包运行模式,投资控制的内涵越来越广泛。对于青宁输气管道 EPC 总承包项目,投资控制是指自前期合理确定商务标报价开始,至合同签订时的费用优化、合同签订后的全面成本测算管理,至项目实施过程中设计、采办、施工环节的成本管理,至工程竣工结算管理为终点的全过程、全方位费用控制。

以 EPC 联合体模式运行的建设项目,往往具有工程量大、专业化要求高、工期紧张等特点,对其运行全过程进行投资和费用控制,有利于在决策阶段做出正确的投资决策;在中标后对成本费用全面掌握,有利于在设计、采办、施工、结算阶段促进项目管理和提升运行效率,有利于扩大联合体内部成员分工与合作的协同效应,为整个项目带来巨大的正效益。因此,在 EPC 联合体模式下,全过程的投资控制对项目的健康运行具有重大的意义。

9.2.1　青宁输气管道项目费用控制目标

EPC 联合体投资控制贯穿于项目生命周期全过程,包括投资决策期合理确定商务标报价,合同签订管理,标后全面成本测算管理,以及设计、采办、施工及竣工结算投资控制等。在每个阶段均采取多项有效措施,以保证投资控制目标的实现和项目的健康运行。

根据青宁输气管道项目的特点,确定的费用控制目标为"以满足合同约定的进度目标、质量目标、HSE 目标为前提,优化工程方案、降低工程投资,努力控制管理费用,严格将项目费用控制在项目管理目标责任书规定的范围之内"。按 EPC 联合体承包范围及合同约定进行费用分解,分解为工程费、其他费、预备费等。

9.2.2 青宁输气管道项目投标及合同编制阶段费用控制

（1）投标文件的编制质量直接决定能否中标，编制投标文件的技术标和商务标都有很严格的要求

青宁输气管道 EPC 项目联合体在投标阶段主要从以下几个方面做好费用控制：

① 以设计为龙头，落实联合体内部各成员投标管理要求

联合体各成员投标报价时根据招标人提供的招标文件、基础设计文件、进度计划、现场条件和其他相关资料计算工程项目所有费用，包括为完成合同规定的全部工作需要支付的一切费用，并考虑应承担的一切风险。投标前联合体成员应对甲方的招标文件进行全面的研究，做好投标文件编制前的现场踏勘，充分了解工地位置、情况、道路、储存空间、装卸限制、自然条件、地质地貌及任何其他足以影响投标报价的情况，以免因任何忽略或误解而导致索赔或工期延长。

② 编制的投标文件报价偏离幅度和范围应符合招标文件的要求

投标前要求招标单位对所有问题进行澄清和解答并构成招标文件的一部分。投标时充分考虑该项目特点及工程实施期间各类人工、机械、材料的市场风险及必要的措施费。青宁输气管道项目投标报价中包括了完成本工程所需的勘察设计、物资采购、人材机费、施工措施费、焊评费、机械进退场费、总承包管理费、HSE 费用、利润、保险费、规费、税金、设备和主要材料的运杂费及质检费、负责完成物资采购与物资供应管理工作所发生的费用，以及配合联动试车、投料试车、竣工验收等各项服务费等。

③ 针对商务标报价特点进行细分，落实联合体主体责任

EPC 联合体项目部在项目投标阶段，逐项认真研读招标文件的每一条款，厘清建设单位要求。在编制商务标报价文件过程中，逐项响应招标文件的所有要求，如定额、计（组）价方式等，所有分部分项工程等费用均按照招标文件的要求逐项列表并汇总，将单项投标费用及总投标费用控制在拦标价内。投标报价中充分考虑完成设计、采购、施工、开车服务、竣工验收等工作可能发生的所有费用，重点考虑工程实施期间一切可能发生的风险费用及各类措施费。

（2）合同条款的商谈工作

在专用条款部分充分考虑项目的直接费（如设备材料费，施工过程中的人、材、机费用）、间接费（如项目管理费等）以及风险、利润等，确定合理的合同价款。

在设备材料采办专用条款部分，根据采办体量大、种类多的特点，利用不同的付款方式争取优惠的付款金额。如对不同物资及费用类型采用不同的预付款比例，对中石化直采物资、进口物资等采取一次性支付货款 100%等，争取价格折扣；对 EPC 联合体内部采办合同，严格把关审核，发现问题及时沟通调整，确保采办分包合同付款方式等条款尽可能与主

合同形成"背靠背"。

在施工部分专用条款谈判过程中,根据现场条件变化,及时对接,配合建设单位做好合同条款争议问题的澄清,优化项目施工进度,确立合理的直接费用。

明确合同专用条款中合同内价款及合同外价款的结算方式,明确总价合同中不同取费合同的签订方式,并及时响应合同实施期间出现的最新国家政策性文件。如国务院、中国石化及其天然气分公司下发《关于做好清理拖欠民营企业账款工作的补充通知》后,项目部及时下发《天然气青宁管道工单》(财务〔2019〕5 号),明确质保金由 5% 调整为 3%。

通过合理的费用控制及优化措施,与业主方谈判确定合同专用条款中合同内价款及合同外价款的结算方式,并将双方在履行合同过程中形成的授权代表签署的会议纪要、备忘录、补充文件、变更和洽商等书面文件作为合同的组成部分。

9.2.3 全过程成本分解与目标控制

项目中标后,采取单项目考核、单项目管理的模式完成全成本测算管理,制定出先进、合理的成本控制目标。首先,根据合同规定的工作范围,制定 WBS(Work Breakdown Structure)分解,将整个工作范围包括设计成本、采办成本、施工成本等按纵向分级、横向分类的模式,重新进行组织与定义,分解成更小、更易管理的单元。

以施工成本为例,其纵向被分为 4 个层级,分别是第×标段—各专业—各区间—各工序,见图 9-1 所示。同时每一层级又被横向分解为十几个子项。

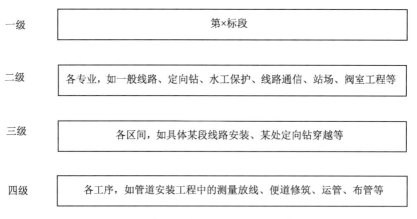

一级	第×标段
二级	各专业,如一般线路、定向钻、水工保护、线路通信、站场、阀室工程等
三级	各区间,如具体某段线路安装、某处定向钻穿越等
四级	各工序,如管道安装工程中的测量放线、便道修筑、运管、布管等

图 9-1　施工工作 WBS 层级划分示意图

根据项目工作全过程的 WBS 分解,及时编制标后预算,计算每段时间内累积的费用总和,形成项目整个生命期内的费用累计曲线,以此作为项目执行阶段费用计划、费用控制和资金管理的基准。同时,将预算分配到各分部分项工作中,编制项目的控制成本和年度、季度、月度费用计划,跟踪监测项目费用支出情况,分析各种影响因素,编制费用报告,及时变更和调整。定期进行实际值与目标值的比较,找出偏差,分析原因,及时采取有效措施,保证费用控制目标的实现。

通过项目工作全过程的 WBS 分解,优化资源的配置,将 WBS 结果逐项落实到联合体协议中,明确各个主体责任,分别进行控制。在保证工期、质量和安全的前提下,工程费控制在比中标价下浮 15%、管理费控制在比中标价下浮 20% 的目标范围内。

9.2.4 设计阶段费用控制

设计阶段是费用控制的关键阶段,是全过程费用控制的重点。设计质量的好坏直接影响工程造价,设计进度与施工进度的衔接直接影响到工程建设周期,因此以设计为龙头的 EPC 联合体总承包模式更凸显了费用控制的优点。在青宁输气管道项目实践中,主要从下列几个方面做好费用控制。

(1)提高设计图纸质量和进度管控水平

① 充分考虑各种影响因素

设计人员在设计时综合考虑以下主要因素:地质因素(如江苏水网地区地下高水位区域对本项目穿越、施工的影响);环境因素(如项目穿越江苏经济发达地区,大量穿越铁路、公路、环境敏感点以及高后果区等产生的影响);社会因素(如结合当地风俗习惯和民风民情,设计出与当地风俗习惯相适应的设计成果,尽量避免因设计返工而引起工程费用的增加)。

详细设计阶段,在认真做好勘察测量的基础上,结合地方发展需求及沿线各地市发展规划,考虑地形、地质、供气点位置、人文、交通、生态环境等条件,合理优化路由,最大限度避开施工难度较大和不良工程地质段。减少管道与天然和人工障碍物的交叉,以减少热煨弯管用量和线路保护工程量。与铁路、公路及河道的规划建设相协调,利用现有公路作为施工便道,以方便运输,降低生产维护费用;在勘察测量工作中,将人工勘测改为无人机航测。在穿跨越设计时,充分考虑穿越铁路、大型河流、林区、经济作物区、鱼塘及与其他建(构)筑物交叉穿越等难点,合理选择隧道、箱涵、定向钻、顶管等施工方式。在局部困难段、现场情况发生变化段(如大中型穿跨越、规划区、人口密集区等),结合实际进行调整。在一般管段设计时,根据地勘资料,分桩号确定土石方计算区间,结合管沟尺寸及施工方式确定管沟土石方量。与施工单位进行充分技术交流,根据沿线实际情况统计出不同地质条件沟上焊、沟下焊长度。与联合体施工单位积极沟通,充分考虑桥排及管道连头机组转移、倒流管制作安装、连续水塘施工、抽水机排水、筑土围堰、打拔钢板桩等措施费,做到不漏项。针对长输管道项目与地方政府协调程序复杂、专项评价及验收费用种类多等特点,及时与该地的发改委、规划和自然资源局、交通运输局等多个相关部门保持沟通。

② 充分利用并行工程

项目中标后,设计团队立即开展各专业设计,采购部同步进行采购准备、招标等工作,施工企业同步进行施工可行性研究、施工前期准备和外协等工作,并在材料进场后立即开始施工。项目实施过程中,设计、采购、施工深度交叉,平行推进,实现了项目同步并行,大大缩短了工程周期,提升了项目的整体经济效益。

③ 充分利用价值工程

青宁输气管道工程采用设计牵头的 EPC 联合体模式进行总承包,在项目设计阶段就充分发挥设计的费用控制和施工企业的现场经验优势,做到以施工经验来优化设计,从而实现设计阶段对工程造价的有效控制。设计时做好方案比对和材料设备的选型,保证在满足业主基本要求的前提下做好经济与技术的有机结合,通过技术比较、经济分析和效果评价,正确处理技术先进和经济合理的关系,实现技术先进条件下的经济合理,费用控制贯穿于整个设计的全过程。

(2) 确保工程造价编制的准确性

费用控制必须保证概算编制的准确性,避免概算过程中工程量计算、定额子目套用、各项费用计取及材料设备价格等方面的错误及漏项,减少批复投资的差异性。在项目设计阶段,设计人员及费控人员、采办人员对工程所在地的市场进行详尽调查,对影响工程投资的各种因素如人、机、料、法、环等做到心中有数,特别是对重要及大型设备的选型及价格要做好市场询价。设计阶段编制概算时,考虑到项目实施过程中可能发生但设计中又没注明的要预先考虑,编制时先按相应的定额子目列入(如:破坏的场地是否需要恢复,设备安装是否需要考虑大型机械的吊装,设备基础开挖是否满足足够的放坡条件,是否需要做好坡面的支护,设备挖方后的土石方能否作回填,是否需要买土等等)。

(3) 采取有效的管理措施

① 提高设计人员的综合素质,加强设计人员的职业道德教育和专业知识的更新培训。加强设计与造价的紧密结合,充分发挥造价人员在设计中的作用,工程项目设计应本着“统一规划、合理布局、因地制宜、综合开发、配套建设”的原则,做到安全、适用、经济,在适当的条件下注重美观。加强设计人员现场工作和施工知识方面的培训,使设计图纸与施工技术和方案有效地结合起来,避免出现设计图纸与实际施工脱节的现象,减少设计变更发生。

② 切实推行限额设计,推广标准化设计,严格按照批准的设计任务书和投资估算来控制初步设计,严格按照批准的初设概算控制施工图设计,将肥梁、胖柱、密钢筋、深基础等现象消灭在设计阶段,减少“三超”现象,追求投资的合理化。

③ 严格控制设计变更。设计变更往往是由于设计存在缺陷或设计图纸与现场地形、地质情况不符而造成的,因此要加强设计变更的控制和管理,对非发生不可的变更尽量提前实现,变更发生得越早则损失越小。此外,要通过提高设计质量来减少设计变更的发生。

9.2.5 采购阶段费用控制

9.2.5.1 费用控制基本原则

采办环节是 EPC 项目费用控制的关键点之一。要加强采购过程管理,在采购中做到与设计、施工、业主及试运部门的有效沟通。采办与设计的有效沟通可避免供货商生产出的货物不满足技术文件的要求而造成货物返厂或进行现场改造的情况发生;采办与施工的有效沟通可避免出现项目后期增订材料的情况发生;采办与业主的有效沟通可避免因甲供材料(指甲方提供的材料)供货商不及时造成的采购周期延长;采办与试运部门的有效沟通可避免因技术服务人员提前或者延迟进场造成的资金浪费和对试运行的不利影响。费用控制的主要原则为:

(1)实行预算管理制度,使采购工作总支出控制在费用预算范围内。

(2)材料和设备的价格是影响工程成本的重要因素,因此合理确定材料及设备品牌,严格控制材料及设备价格,可有效降低工程造价。要择优选择供应商,在保证材料、设备质量的基础上严把材料、设备的价格关,从而把价格控制在最低水平。

(3)合理选择分包商,减少采购中间环节,直接与供应商签订合同,减少不必要的手续费,降低采购成本。

(4)加强采购部门与该项目其他部门的沟通。各部门之间应加强协作和沟通,及时将各部门的最新进展情况进行通报,力求尽早发现问题并及时解决,减少因为设备采购等造成的工程投资增加。

9.2.5.2 费用控制措施

在采办具体实施过程中,主要采取了以下控制措施:

(1)实施创新型策略采购

实施创新型策略采办管理,由设计公司全面负责前端策划、采买实施、催交催运、现场物资交接、检验、保管等;通过物流方案的统筹考虑和精密部署,有效减少施工单位现场装卸和二次倒运费用,实现管材直达现场率88.33%,大大节约了采办管理费用。

(2)推广集中采购

推行采用拿总院负责全线物资的框架协议招标采购,其他单位按框架协议招标结果直接下达采购订单的新型 EPC 管理模式,优化资源配置,避免对同一工程同一物资重复招标,节省采办人工时。同时通过招标过程的精密管控和优化后期运维管理,提升集采效益,实现全线物资生产商供应、安装、调试的统一性。

(3)防止采购标准过高

严格按照设计提供的设备、主材及配件的技术规格书进行采购。针对本项目的实际情况,不盲目攀比同类工程,不盲目提高采购物资的设计标准。提高关键设备如 SCADA 系统、计量调压系统、执行机构等产品的国产化采购率,使整个项目国产化采购率达到95％以上。在必须采购进口设备的情况下,尽量实现设备配件及非核心配套的国产化。

（4）推广内部互供,积极消化余量

① 大力推广内部互供

对于平衡压袋、电控一体化小屋、劳保物资等行业内部单位的可供物资,优先向体制内部单位实施采购,实现互供金额 2 100 万元,不仅降低了采办价格,而且实现了行业内部各单位整体效益最大化。

② 提高请购量的准确性

采办及时与设计结合,核对物资供给与消耗清单,纠偏查漏补缺;及时跟进现场设计变更,杜绝重复采购和错采,最大限度减少采购余量。对于必不可少的少许余量,则考虑在其他条件相似的项目中充分消化。同时,充分利用中国石化内部以往长输管道项目的余料,累计消化其他项目的库存主管材余料近 5 km,并对管件、弯管等其他余料进行调剂采购,有效地控制了采办金额。

（5）多渠道询价,保证充分竞争

对于主要管材,选择与国内外大型石油天然气企业具有长期合作关系的优质供应商,通过争取折扣和有利的付款条件等方式降低大宗材料价格波动的风险。对于其他常规的重点设备,在设计上尽量围绕功能需要,减少特殊限制,以便充分调动市场竞争,选择 3～4 家资质优秀、技术过硬的供应商进行询价,价格做到宽备窄用。通过政府网站、广材网、建设工程造价信息网等及时掌握项目所在地的价格信息,提前做好材料采购计划,节约采办成本。

除中石化直采、框架协议物资外,其余物资全部采用企业框架协议招标、易派客线上的采购模式,实现了全线企业框架协议物资采购率100％。

9.2.6 施工阶段费用控制

9.2.6.1 施工费用管理的基本原则

（1）全员费用控制。费用控制需要项目部各部门协调一致,共同完成项目费用目标。费用控制目标经分解后应落实到相应的部门,项目经理及各部门管理人员都负有一定的费用控制责任,从而形成了整个项目费用控制的责任网络,通过责、权、利相结合,使费用控制真正落到实处。

（2）全方位费用控制。费用控制与进度、质量密切相关,保证工程进度、质量会引起费用的变化,因此要将三大要素有机结合起来,既不过分强调工程质量和进度,也不片面追求经济效益而忽视工程质量和进度,防止未达到质量标准而付出额外的质量成本。费用控制应在满足合同工期、质量要求的基础上,争取费用最少,实现利润最大化。

（3）合理实现 EPC 联合体整体效益最大化。

9.2.6.2 施工费用管理难点

(1) 线路长,施工方式差异性大,动态监控难度大

青宁输气管道工程地区跨度大,涉及面广,沿线山东到江苏自然地形地质地貌差异大,特别是山东石方段、江苏水网地区以及高邮湖8 km连续定向钻穿越地段。铁路、高等级公路、大型河流管线穿跨越工程量大而复杂,工程专业多,安装工艺独特,管道安全性要求高,增加了费用动态监控的难度,因此费用控制工程师需要加强对现场变更的跟踪、对比和分析。

(2) 承建单位多,施工协调难度大,投资控制水平差异性大

青宁输气管道工程采用的是EPC联合体模式,大型承建单位的数量就超过八个,分包单位则更多,再加上单项工程多,专业系统性强,专业化要求高,工期要求紧,不同单位管理水平差异大,因此技术管理和投资管理的水平差异性大,一旦个别单位投资管理产生疏漏,就会造成某一单项工程的成本增加,从而影响整体工程费用。

9.2.6.3 施工费用管理措施

施工过程费用控制的特点是控制周期长、控制面广、费用支付划分点多,属于动态控制。费用控制的重点取决于设计、施工及采购的有效衔接、施工组织设计优化、工程直接费和工程变更等。施工阶段要充分开展开工前的策划,控制不可预见的变更,将业主特殊要求、现场特殊条件和内、外部管理等因素进行充分的事前控制。此阶段主要从下列几个方面进行费用控制。

(1) 充分发挥EPC项目整体协调优势

设计单位作为EPC总承包的牵头方,在项目初期和设计时就充分考虑到设计对采购和施工的影响,及时编制设备技术规格书,根据项目总体计划编制设计进度计划,将设计节点和物资采购生产周期节点控制提前纳入项目计划监控体系,提高设备材料保供能力和水平,缩短项目施工周期。

(2) 设计、采购和施工合理搭接,设计向采购和施工适当延伸,实现设计、采购和施工的深度交叉

合理搭接不仅有利于设计提前接受采购物质信息反馈,及时处理厂商和设计衔接问题,加快设计进度,同时可以为进一步优化选材方案和降低投资创造条件。设备及材料的及时到位可以确保工程顺利施工,在加快工程进度的同时节省投资。

(3) 制定先进、合理的工程造价控制目标

施工前做好施工图纸会审和技术交底工作,熟悉和掌握相关的施工合同文件,是做好工程造价管理的基础;定期进行工程造价的实际值与目标值的比较,找出偏差,分析原因,及时采取有效措施加以控制,则是实现工程造价控制目标的有效手段。

(4) 做好现场的合同管理和工程变更管理

在工程实施阶段,变更发生得越早损失越小,反之损失越大,因此设计变更应尽量提

前。如在设计阶段变更,则只需修改图纸,其他费用尚未发生,损失有限;如在采购阶段变更,不仅仅需要修改图纸,设备材料还须重新采购;若在施工阶段变更,除以上费用外,已施工的工程可能要拆除,可能造成更大的变更损失。为此,必须加强设计变更管理,对影响工程造价的重大设计变更,应尽可能控制在工程实施的初期,使工程造价降到最低,具体变更流程见图 9-2 所示。对施工过程中发现的因设计及采购等方面的问题应及时沟通并解决,尽量做到少出现工程变更及索赔。施工过程中,通过加强工程的质量、进度及安全管理,进一步对项目运行过程中的费用实施有效管控。

(5)做好施工过程资料的收集和管理工作

各种技术签证资料是进行竣工结算的依据,因此要做好各工序的验收资料及洽商签证单。

(6)做好分包商的管理工作

分包商的管理工作直接影响工程的质量、投资、进度和安全,因此要加强对分包商的管理。分包商管理主要从以下几方面进行控制:

① 严格分包商和外部用工资格审查备案制度,从合格的分包商和外部用工短名单中进行筛选。对分包商资格进行严格审查,重点对分包商承揽项目的经营资格,分包商的资质、履约能力和业绩等方面进行审查。另外在筛选时还要考虑以往的合作情况,优先考虑有长期合作关系、信誉好的分包商。

② 严格分包商选择程序。严格按照招标程序进行招标、评标,及时组织答疑和评标,在最短时间内拿出评标意见并进行商务谈判,在缩短周期的同时减少工程投资。

③ 严格分包合同和外部用工劳务合同的签订,最大限度避免分包商和外部用工选择所带来的风险,减少因风险的增加而带来的投资增加。

9.2.7 竣工结算阶段费用控制

竣工结算阶段的费用控制主要是做好工程资料和工程预结算及财务等的审核工作,属于事后控制,主要应从以下几方面进行费用控制:

(1)做好各种交工资料、竣工图纸、设计变更单、工程量签证、预算书等过程资料的收集管理工作,检查竣工图纸、工程量变更通知书、增加工程量签证等资料是否齐全,签字等手续是否完备,及时与相关部门对接并提交。

(2)做好所有结算费用明细划分、剩余物资回收及财务费用列资等工作。

(3)明确哪些内容会涉及索赔,哪些内容会涉及反索赔,正确处理好索赔与反索赔的合理性。详细了解合同中有关结算条款的内容,确保审查单位能够按合同条款准确计算结算价,从而对竣工结算实施有效控制。

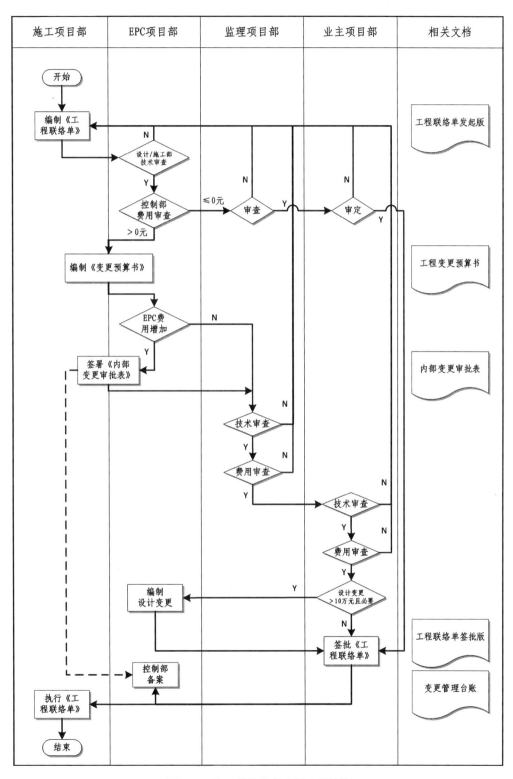

图 9-2 施工单位发起变更办理流程

第三篇

科技创新与应用

10 管理创新

10.1 多平台联动数字化质量监督管理技术

10.1.1 基于数字化的质量监督管理平台开发

输气管道工程质量监督工作存在点多面广、工作地点不固定、涉及专业多等特点。为提高青宁输气管道工程质量监督水平，开发了多平台联动的数字化质量监督管理平台，利用各个不同功能的数字化软件建立小型数据网络，实现固定电脑、移动设备和云平台同步，如即时通信及任务分配选用钉钉，任务分配及完成反馈选用钉钉或者 Worktile，工作记录存档选用印象笔记或者云网盘。不同功能的数字化软件在数据网络中起不同作用，最终形成质量监督工作的数字化平台，见图 10-1 所示。

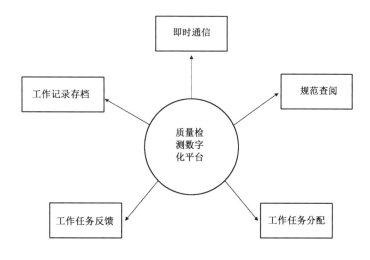

图 10-1 质量监督数字化平台示意图

10.1.2　质量监督数字化平台的应用

（1）基础数据录入

在工程建设前期将各类法律法规、标准规范、人员信息、方案等基础数据整理上传至云盘，并在工程建设期间不断更新完善，奠定质量监督数字化平台的数据基础。工程建设初期将各施工、检测、监理单位的主要管理人员清单整理上传，将各单位特殊工种人员清单上传云盘，并填写相应的管理元素。以焊工为例，在上传时应具备如下必要的管理元素：焊工姓名、特殊工种资格证号、与青宁输气管道工程相关的操作资质代号、操作资质证有效期、入场考试合格项目、是否具备返修资质等，见表 10-1 所示。

表 10-1　焊工质量监督管理表

施工单位：

姓名	特殊工种资格证号	操作资质代号	操作资质证有效期	入场考试合格项目	是否具备返修资质

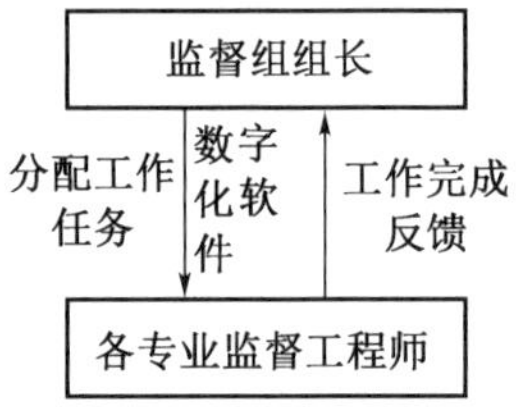

图 10-2　工作任务分配及完成反馈流程

（2）工作任务分配及反馈

各分部分别对所辖标段开展质量监督工作，通过即时通信软件和数字化工作软件进行任务分配，对监督工程师下达工作指令。监督工程师根据指令对所辖标段工程建设实体质量及参建各方质量行为实施质量监督，形成的质量监督记录通过即时通信软件和数字化工作软件反馈给监督组组长，形成闭环管理，见图 10-2 所示。同时，该系统也能清晰掌握工程建设质量监督整体情况。

（3）质量监督停监、巡监数字化管理

质量监督停监点及巡监制度是对工程建设质量及各参建方行为质量最有效的控制手段之一。根据现场的进度、实体质量状况、相关单位的质量管理状况、季节和天气情况等，监督工程师对现场的关键工序和部位进行重点巡检检查。检查的内容和形式主要通过数字化平台中不断更新并反馈的信息来完成。例如某施工单位通过数字化平台显示近期有定向钻施工，监督工程师可对该施工单位定向钻施工开展有针对性的质量监督检查。同时利用固定电脑与可移动设备同步功能，在可移动设备上查看人员资质信息、设计图纸、标准规范等内容，为巡监检查的高效性及准确性提供支持。

停监点是对结构安全和使用功能有重大影响，且继续施工将无法检查或会对后续工程质量造成严重影响的工序或部位。一般停监点的设置在工程建设初期即设置完毕，并在基础数据录入阶段已提前登记到数字化平台,以供监督组按照设置的停监点开展工作。施工单位在达到停监点施工时,必须填写停监点报告单,提前48 h通知监督工程师到停监点进行核查,监督工程师在收到停监点报告单后,通过数字化软件配套的停监点检查指导书填写监督停监点检查记录,从"人、机、料、法、环"各环节进行核查确认,经确认符合或达到质量指标后方可进入下一道工序施工。

(4)质量监督数据存档与分析

在工程质量监督过程中,各专业监督工程师将形成的各类质量监督工作记录及数据及时上传数字化平台,通过数字化软件对各类记录进行存档,并对相关数据进行分析,形成工程质量监督标准化数据。根据分析的结果,监督工程师可以有针对性开展后续质量监督工作。数据分析中主要要素如下:质量问题ABC分级、质量问题分类、主要问题描述、违反标准规范条款、焊接数、焊接一次合格率等内容,具体样表见表10-2~表10-4所示。

10.2 端口前移数据联动采办管理技术

10.2.1 管道项目物资采办的特点

根据物资管理的相关制度要求,输气管道项目所需的站控系统、通信安防系统等全线系统性物资以及旋风分离器、过滤分离器、电气设备等重要物资必须进行公开招标。青宁输气管道工程分为两个EPC总承包标段,因此为保证项目后期整体运行功能可靠,必须统一两个EPC标段物资的技术要求及供应商,同时汇总全线物资的招标额度争取有利的价格。采办过程中,牵头单位统一负责整个项目的全线系统性物资以及框架协议采购物资的招标工作,通过组织框架协议招标的形式确定统一的供应商及采购价格,其他单位直接执行框架协议。

10.2.2 采办管理主要创新措施

(1)端口前移,将采办纳入设计程序

青宁输气管道工程有两个EPC总承包标段共六个施工区段,各区段同步施工,保供压力大,主管材等大宗物资的采购面临很大挑战。为此,EPC项目部将采办工作提前谋划,端点前移,在设计阶段提前启动采购,将采办工作纳入设计阶段进行管理。

设计人员在设计过程中已充分掌握各项工程材料的数量、规格及用途,能更好控制采购数量,避免工程余料过多。针对主管材、热煨弯头、混凝土套管等大宗料的采购,设计人员根据详细设计图纸与变更图纸进行采购料汇总,将设计用量按线路里程与桩号一一对应,并与施工的实际用量进行同步比对,形成设计用量与实际用量详细比对图表,实现对工

表 10-2 青宁输气管道工程质量监督工作统计样表

青宁输气管道工程质量监督工作统计表（2019）

月份	周	问题通知单汇总						质量问题汇总						巡监检查汇总						停监点检查汇总						专项检查						综合检查			
		项数	行为	实体	资料	A	B	C	项数	行为	实体	资料	A	B	C	次数	行为	实体	资料	A	B	C	次数	行为	实体	资料	A	B	C	次数	行为	实体	资料	A	B	C	次数	项数	行为	实体	资料
6月																																								
7月																																								
8月																																								

表 10-3　青宁输气管道工程质量监督问题汇总样表

序号	责任单位名称	检查日期	问题描述	标准、规范、制度要求	整改措施	问题类别	问题级别	整改责任人	EPC负责人	要求整改完成时间	实际整改完成时间
1											
2											
3											
4											

表 10-4　青宁输气管道工程焊接质量监督汇总样表

序号	青宁输气管道工程	本月						累计					
		射线检测			PAUT检测			射线检测			PAUT检测		
		焊口数量	返修焊口数量	一次合格率%	焊口数量	返修焊口数量	一次合格率%	焊口数量	返修焊口数量	一次合格率%	焊口数量	返修焊口数量	一次合格率%
1													
2													
3													
4													

程余料的有效控制。

项目初期,主管材采购既要考虑后期施工变更对于设计数据的影响,避免超量采购产生工程余料,又要尽可能扩大采购量,提前锁定主管材价格,节省工程投资,满足项目整体施工进度的需要。

项目后期,根据现场施工情况及时调整各标段主管材的设计数据,科学决策减少工程余料。

采办纳入设计统一管理后,大大提升了对采购计划的控制能力,为保证采购质量、缩短建设周期提供了物资保障。

(2) 催交延伸,将催交前置到原材料生产方

传统的采办催交只针对供应商,也就是基于与供应商的合同对相应设备和材料进行催交。对于超过 500 km 的青宁输气管道工程而言,各类工程物资消耗速度快,管材、设备的采购种类和数量均十分庞大,一种材料或一种设备出现交货延迟都可能影响整个工期。为督促供应商及时供货,采用了催交延伸方式,将催交工作前置到原材料生产方,即与供应商一起对供应商的供应商实施催交,确保供应商的原材料和设备供货方及时供货。

长输管道项目最重要的物资是主管材,而主管材供应商需要钢板厂提供钢板才能生产出钢管。如果钢厂没有完成钢板交付,钢管厂就无法排产。为了保障钢管供应,将催交工作延伸到钢板厂,根据各钢厂的生产计划,每天跟踪钢板制造进度,检查其生产进度是否与计划出现偏差,同时提前确定每家钢管厂的产能情况,确保钢板合理分配到相应钢管厂。本工程通过公开招标确定的管材供应商多达十几家,为此针对每个厂家,根据运行阶段、重要程度及需求的紧急程度编制有针对性的催交方案,保证主管材的连续供应。

针对阀门、泵等重点设备,根据供货周期制定催交方案,细化到阀体铸件、密封件等外购件的催交进度,明确生产商的节点控制要求,确保按计划交货。

此外,灵活采用多种催交方式,包括函件催交、电话催交、访厂催交、驻厂催交,并将多种催交方式结合交替使用。大型管道工程项目涉及众多供应商,遍布全国各地,很多重要物资的催交催运工作必须亲自到厂查看,直接了解物资生产进度和存在的实际困难,掌握质量管控情况。

(3) 集采管控,集中招标形成规模优势

青宁输气管道工程的物资采购主体包括两家 EPC 单位以及六家施工单位,各自单独采购必然造成设备品牌及价格差异,同时由于无法形成规模优势,影响招标的竞争力和吸引力。为此,采用集中招标方式,统筹两个 EPC 单位的物资需求,集中开展项目全线系统物资和重要物资的框架协议招标工作。框架协议招标确定统一的供应商及采购价格后,两家 EPC 单位和六家施工单位按照框架协议招标结果直接下达采购订单。

这种集中招标方式具有三大优势:一是优化资源配置,避免在同一工程项目中多个采

购单位各自重复招标,减少招标工作量及采办人力资源投入;二是形成规模效应,增加招标的竞争力,实现项目物资质量和效益双提升;三是优化后期运维管理,实现全线物资生产商供应、安装、调试的统一管理,有利于项目的投运和运维管理,降低协调成本。

(4) 数据联动,采办数据实现自动更新汇总

物资采购工作涉及的各类统计和报表数据浩繁,传统的人工报表处理方式无法满足工作需要。为此,依托 Excel 表格进行二次开发,统一制作了采办数据标准模板,实现各单位统计报表的数据联动。各单位的任何一个数据变化都能在采办系统适时更新和汇总,物资招标、物资采购、物资到场等数据都能第一时间得到更新与确认,保证了采办数据统计的准确性和及时性,提升了项目物资采办数据的管理水平。

10.2.3　效果分析

通过采办端口前移、催交延伸、集采管控和数据联动,创新了采办管理模式,提升了采办效率,降低了采办成本。青宁输气管道工程主管材提前 1 个月到达施工现场,在供货高峰期现场存放各类型主管材接近 100 km(EPC 二标段),项目部先后提报 5 个批次的需求计划,累计采购 236 km 的主管材,并有效控制工程余料,实现了采办保供工作的高效管理。

11 工程设计技术创新

11.1 输气管道站场工艺优化与标准化设计技术

青宁输气管道工程线路全长531 km,设计压力为10 MPa,管径规格为D1016。工程采用不增压输气工艺。

根据沿线市场分布情况和管道互联互通要求,本工程设输气站场11座,其中分输站7座、分输清管站3座、末站1座。

11.1.1 常规工艺流程简介

(1)分输站流程

管道在沿线有用户的地方设置分输站,对当地用户进行分输。上游来气一路经线路截断阀直接进入下游管道,另一路分输用气经过滤分离器除去其中可能含有的液滴和杂质,再经计量、调压后出站输往用户。

(2)分输清管站流程

分输清管站兼具分输和清管功能,无须清管时流程与分输站一致。需要清管时,上游来气先进入收球筒,再进入旋风分离器除去其中的固体杂质,然后分成两路,一路经发球筒进入下游管线,另一路经过滤分离、计量、调压后再分输给当地用户。

(3)末站流程

末站是一条管道的终点。不清管时,上游来气进站后经过滤分离、计量、调压后全部输往用户;清管时,上游来气先后进入收球筒和旋风分离器再进入分输流程。

11.1.2 站场工艺流程优化

青宁输气管道工程由山东LNG和赣榆LNG共同供气,天然气输送至南京末站后经过滤、计量、调压,再全部输送至川气东送南京分输站进入川气东送管道系统,起到联通海外LNG气源与川气东送气源的作用。同时本工程在多个站场均预留互联互通接口,便于未来多个气源的互相调配。考虑到各干线相互联通后本工程管道内的气体流向很有可能发生变化,因此设计时必须对常规流程进行优化,使其能够满足反输清管需要。由于是否考虑反输工况对分输站流程无影响,因此流程优化主要针对分输清管站和末站。

(1)分输清管站反输清管工艺技术

分输清管站通过在旋风分离区增加三个电动阀门来实现反输清管功能。正输清管与反输清管可实现自由切换,从而为未来多气源调配可能导致的气体流向变化预设工艺流程。

(2)末站反输发球工艺技术

在末站流程中通过增加越站管线以及旁通管线来实现反输发球功能。正输清管时天然气经收球、旋风分离、过滤分离、计量和调压后输往川气东送南京末站;反输时从川气东送来的天然气经越站阀、过滤分离、计量后通过旁通管线进入青宁线管道输往扬州分输站方向。

(3)汇管积液吹扫工艺技术

传统工艺装置区基于美观和便于巡检的考虑,站内旋风分离器和过滤分离器前的管汇均为埋地管线,进出设备管线在埋地敷设至设备附近时才转为地上敷设,这就导致了"U"形管路的出现,导致在低点处产生积液风险,且不易吹扫和干燥。为此,开发了汇管积液吹扫工艺技术,将两处管汇进行坡向敷设,并在最低点处增加吹扫阀,根据需要适时吹扫以排出管汇内的积液。

(4)精简压力等级

站场内工艺管道的压力等级最初考虑为 8 种(110A1、110B1、63A1、63B1、50A1、50B1、20A1、20B1),经研究论证,将压力等级缩减为 4 种(110A1、110B1、20A1、20B1),站内主流程工艺管道设计压力均为 10 MPa,在确保站内管线安全的同时减少了管线的壁厚规格,节约了投资。

(5)设备国产化

针对进口电动强制密封球阀生产和运输周期长、投资高、维护困难等难题,采用国产电动球阀替代进口电动强制密封球阀,实现了产品的国产化替代,在满足工艺需求的同时也达到了节约投资、缩短采购周期和方便后期运行维护的目的。

(6)差异化的标准化设计技术

为统一设计风格,方便施工、采购,站场的设计总体采用了标准化的平面布置与工艺流程,但在细节上根据站场的不同特点进行了差异化调整,形成了差异化的标准化设计。

① 平面布置差异化设计

根据站场功能取消宿舍、食堂以及自用气撬,优化站场设计后生产用房与工艺装置区的防火间距由 22.5 m 缩减到 15 m,进而减少了站场占地面积。柴油发电机组采用撬装化设计,减少了生产用房面积。工艺装置区内的设备布置综合考虑预留设施空间,以满足后期互联互通扩建的要求。

站内标高设计充分做到因地制宜,根据不同站场区域位置进行有针对性的差异化设计。例如扬州站场根据其所处地理位置及当地水文地质资料,采用场地找坡型布置形式,站场土方平整标高为 28.60~30.60 m,减少了站场土方量。

② 工艺流程差异化设计

分输站、分输清管站和末站三种类型的站场流程均采用标准化设计,但在具体细节上根据站场的不同需求而进行差异化设计。

如高邮分输站和淮安分输站均存在电厂用户,其特点是用气量较大且距离站场较远,用户管线建成后需要进行清管,因此在流程设计时对分输管线均预留发球筒接口。

(7) 标准化的流程图绘制与数据传递

采用智能化工厂工艺及仪表流程图绘制软件(Smart Plant Process & Instrument Diagram,SPPID)开展设计工作,建立了相应的数据库和标准模板,保证了流程图绘制的标准化以及数据的标准化,同时利用集成软件数据来源统一的特点,实现了数据传递过程的标准化和准确性。形成的具体数据库和标准模板有图形数据库、属性数据库、标准图框、设计报表模版等。

11.1.3　效果分析

(1) 通过工艺优化,开发的分输清管站反输清管工艺技术、末站反输发球工艺技术等为本工程的多气源调配以及与周边管道的互联互通提供了技术准备。

(2) SPPID 软件的应用和差异化的标准化设计缩短了设计周期,提高了设计的准确性,为站场设计提供了工程示范和标准模板,完善了长输管道站场设计数据库,为今后同类项目的集成化设计提供了数据支撑,为提升设计效率打下了坚实基础。

11.2　全专业协同数字化设计技术

大型项目开展全生命周期的数字化管理已成为主要发展趋势。设计作为所有数据的源头,可以指导后期采购、施工、运营。采用数字化设计对管道进行全生命周期的数字化管理具有十分重要的意义。

11.2.1　软件集成与二次开发

软件主要采用国际主流的 Smart Plant 集成设计软件。该软件主要集成了 SPRD 材料数据库管理软件、SPPID 工艺设计软件、SPI 自控设计软件、Smart 3D 三维设计软件、Revit 建(构)筑物设计软件,并利用 Smart Plant Foundation 进行专业间数据传递与数据交互,实现全专业协同设计。

SPPID 作为数据源头,将工艺数据传递给 Smart 3D 三维设计软件、SPI 自控设计软件,以确保数据源的唯一,同时也减少了下游专业录入数据的工作量。配管专业接收工艺专业数据,进行二维指导三维设计,确保工艺 PID 与配管安装的一致性。自控专业接收工艺数据进行自控设计,并将设计成果发布至三维设计软件 Smart 3D 中进行三维设计。其他专业直接在 Smart 3D 中进行实体建模,在软件集成过程中进行多次二次开发,完成多专业数据流传递、报表定制、属性描述显示和关联关系提取等子模块的开发,形成全专业三维协同设计平台。

11.2.2 协同设计

基于全专业三维建模协同设计平台,通过 Revit 软件进行总图、暖通、消防等专业设计;通过 Smart 3D 软件实现工艺、自控、电气、结构、设备、给排水、通信等专业三维建模,最终在 Smart 3D 软件中集成,实现"所见即所建"的全专业三维模型。建模深度包括:① 工艺管线及管线支吊架、设备及设备基础;② 仪表设备、报警仪及按钮布置、桥架、详细电缆走向;③通信管道、手孔、监控前端等;④ 电气设备布置、高杆灯、桥架、电缆走向、接地网布置;⑤ 消防设施及管网;⑥给排水管线走向及给排水设施;⑦ 建筑物及室内设施布置;⑧ 操作平台及基础;⑨总图布置。

以一个输气站场为例,站场模型参见图 11-1、图 11-2 所示。

为细化模型,电气、自控专业所有地下电缆均进行了 1∶1 的创建,其模型如图 11-3所示。

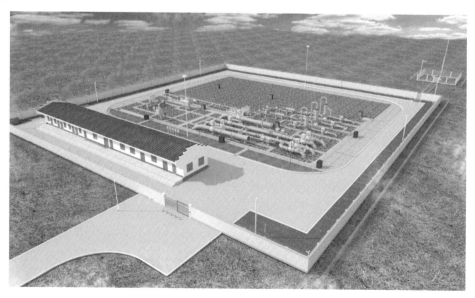

图 11-1　站场整体模型

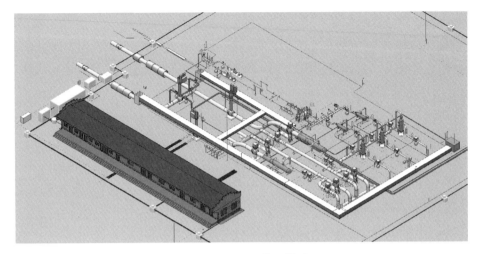

图 11-2　站场工艺区模型

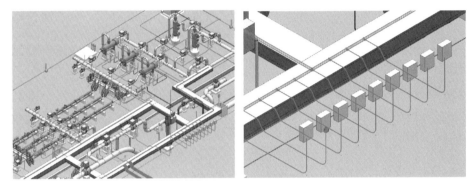

图 11-3　地下电缆模型

11.2.3　数据库的建立

数据库是集成设计与数字化交付的重要组成部分。目前业内主流的三维设计软件,包括 Intergraph 公司的 S3D、CADWorx,以及 AVEVA 公司的 PDMS,它们都是通过管道等级驱动材料编码数据库进行三维模型设计。从数字化交付的角度来看,数据库是数字化平台最重要的数据来源,它既是设计阶段材料表、单管图等成果文件的数据基础,又为后续采购、材控、施工和运营、维护、检修提供数据支撑。

在输气管道站场材料编码标准化工作的基础上,形成了管道专业 17 个大类、42 个小类的材料编码 2 400 余条,包含尺寸数据的唯一标识码 6 万余条。基于上述成果,针对青宁输气管道项目,又进行了以下优化:

(1)依据天然气长输管道标准化设计文件《输气管道工程站场材料等级表》,完善项目管道等级,优化项目数据描述,在满足三维配管建模需求的同时,实现一物一码,赋予三维模型具体的属性数据,完成数字孪生体构建。

（2）优化阀门元件外形。结合厂家提供的阀门外形尺寸数据，优化元件外形，区分阀门不同的执行机构外形，提高碰撞检查的准确性，使三维模型更加美观（图 11-4、图 11-5）。

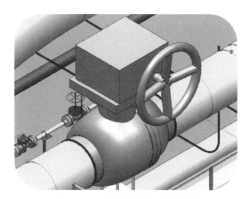

图 11-4　软件自带的球阀外形　　　　　图 11-5　优化后的球阀外形

（3）优化建模规则，提高三维配管的设计质量和效率。设置最小直管段距离、螺栓长度取值等规则，实现规则对三维配管的自动校验，优化软件的料表统计功能。

11.2.4　数据驱动的设计模式

数字化设计是以数据库为基础，形成数字化设计产品，包括设计模型、设计图纸与设计数据。

（1）在数据库基础上，以数据及规则驱动形成图形模型数据库（MDB），并以三维模型展示。通过提供全专业的三维模型，提高设计成果可视化程度。

（2）设计成果具有数据信息，定制出图格式风格，通过数据提取生成二维安装图、单管图（ISO 图）、平面布置图等设计文件。通过编程开发定制材料表、工艺管段表、地上地下管道统计表及管架表等一系列报表，直接从软件中导出属性值，生成设计成果报表。

（3）通过软件生成项目数字化交付所需的数据，为智能化管线提供数据基础。数字化交付过程要求各专业提交数据 Excel 表格，而传统的数据 Excel 表格工作量十分繁重，比如配管、工艺、仪控、电气等专业涉及数字化交付模板 33 个，需要录入的数据量达上万条，如果人工录入，不仅费时费力，而且错误率高。通过二次开发，采用 VBA、.NET 等将数据移交模板定制到集成设计软件中，一键生成各类数据移交模板，这样既大大减少了人工录入的工作量，又降低了人工录入导致的差错率。

11.2.5　效果分析

（1）大幅提升设计质量

① 数据源唯一

由工艺专业发布工艺设计数据，下游专业接收，确保下游专业工艺主要设计参数的准确性与一致性。同时,通过二维 PID 数据与配管三维数据的一致性校验,确保配管安装数据与二维 PID 数据保持一致。

② 报表自动统计

通过二次开发定制数据报表,直接提取统计设备表、管段表、材料表、电缆表等,报表提取准确、快速。

③ 出图模板标准化

通过定制出图模板,自动生成二维安装图,确保不同设计人员出图风格保持一致,提高设计标准化程度。材料表、管段表等报表均直接从软件中提取数据,格式固定,确保报表的规范统一。

④ 优化建模规则

设置最小直管段距离、螺栓长度取值等规则,设计平台根据规则对三维配管自动校验。优化料表统计功能,提高三维配管的设计质量和效率。

(2) 为采办和施工提供便利

全专业三维建模可在设计期对模型进行碰撞检查,尤其是对地下隐蔽工程进行重点检查,主要是检查电缆沟与地下管网的碰撞、地下电缆与管网的碰撞、地下电缆与基础的碰撞、给排水与通信电缆的碰撞等(图 11-6、图 11-7)。通过碰撞检查,各专业及时调整,减少施工过程的改动,从而缩短施工工期。

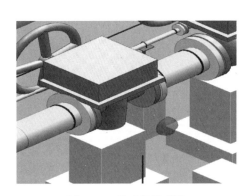
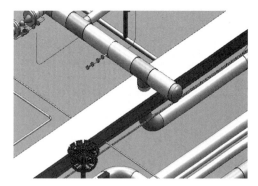

图 11-6　基础间的碰撞　　图 11-7　桥架与管道的碰撞

(3) 数字化模型为站场运营提供可视化基础

三维数字化模型使每一项资产都有对应的数字副本,是实际站场的"数字孪生体"。站场可视化三维模型能展示埋地管道等所有信息,方便后期智能化运营的开发应用。同时,数字化模型中所有设备、管线均具有位号信息,可以查看、定位、统计等,方便运营管理。

在三维模型的基础上,可以设置人物漫游(图 11-8),直观检验设计是否合理,检查阀门的安装高度、阀门的执行机构朝向和检维修空间是否符合实际操作需要等。

 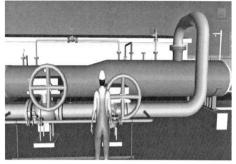

图 11-8　人物漫游检查模型

11.3　数字化交付与智能化管道建设技术

11.3.1　输气管道工程数字化交付技术

广义的数字化交付涵盖工程建设的各个阶段,涵盖前期、设计、采购、施工及运维的全生命周期,目的是打造"全数字链条"的交付体系。

（1）管道数据模型

标准规范作为智能化管道建设体系的"地基"和"框架",是系统建设的基础和保证,能够保障整个工程数字化交付统一、有序、递延和复用。工程数字化标准的建立要从统一设计编码开始,建立工程分解结构、工作分解结构,以管道本体这一"实物"为基本载体,以管道从规划建设到投产运行直至运维报废各个阶段的业务活动为驱动要素,并以管道全生命周期的进展为时间轴,将不同业务活动的成果逐项加载到管道"实物"上,建立统一的"管道数据模型",以数据清单和文件清单为基础,建立数字化交付指南,统筹考虑设计数据与施工数据、运营数据的对齐,做到基于实体的数据交付一致。

（2）数字化交付平台

数字化交付平台主要解决数据的采集、使用问题,而标准作为系统建设的"基石",依据标准进行信息系统的设计和建设,能确保各系统之间、系统内各应用功能之间的无缝集成和数据共享。在标准规范的基础上,将设计数据作为数字化交付的源头数据,开发设计数字化交付平台,以移动应用和采集系统为主要手段,以项目管理系统为保障,确保施工阶段的数据采集录入及数据的递延利用。

（3）数据资产交付

管道数字化交付实践中,交付工作的重要环节是协调各参建单位深度参与。而数据作为交付的最终成果,是智能化管道建设的重要基础,也是企业的重要资产。管道建设对于各阶段的数据需要进行统一管理,伴随设计、施工、运营各阶段同步完成数据采集工作,形成智能化管道全生命周期管理系统的基础数据中心,并随着管道的生命周期发展不断充实完善,最终形成涵盖管道全生命周期的数据资产。

设计数字化成果交付是智能化管道建设的源头,对智能化管道完整"数据链"的建设具有重要意义。通过设计数字化交付平台,向分布于不同地区的业主、设计单位提供统一的交付环境,承接不同设计软件产生的设计成果,并通过统一接口发布;将设计数据以标准透明的数据形式移交给数据中心,实现设计成果的数字化移交,达到多维度展现及全面移交的目的。设计数字化交付数据涵盖了各阶段设计信息,包括管道、中线桩、管材、防腐、通信等 45 类信息,可利用地图、图形、表格等形象地、可视化地展示数据。实现设计与施工进度的叠加显示,为把控施工进度、质量提供监控手段。站场数字化交付系统通过解析 Smart Plant 及 CADWorks 的设计成果,转换数据格式,保留三维模型、属性数据之间的关联性,基于三维 GIS 平台实现站场设计成果的交付、浏览及查阅。

11.3.2 智能化管道建设技术

(1)智能化管道建设概念

近年来,石油石化行业开展的智能化管道、数字化管道建设项目越来越多,但目前行业内对智能化管道的定义和建设内容及深度还没有普遍的共识。

中国石油对智能化管道的定义为:在标准统一和数字化管道的基础上,以数据全面统一、感知交互可视、系统融合互联、供应精准匹配、运行智能高效、预测预警可控为特征,通过"端+云+大数据"体系架构集成管道全生命周期数据,提供智能分析和决策支持,用信息化手段实现管道的可视化、网络化、智能化管理,具有全方位感知、综合性预判、一体化管控、自适应优化的功能。

中国石化对智能化管道的定义为:在信息系统集中整合的基础上,借助云计算、物联网、大数据、移动互联网、人工智能等技术,建成资源优化输送、隐患自动识别、风险提前预警、设备预知维护、管线寿命预测、自动应急联动的智能化管道,提高管网运行效率,支撑油气管网"安全、绿色、低碳、科学"运营。

智能化管道的定义立意高、影响深远,在青宁输气管道上按照智能化管道的定义进行了部分应用与实践,以二维码、GPS、移动互联网等新一代信息技术为手段,为构建青宁管道的数字孪生(Digital Twin)搭建基础,实现管道工程建设的各个阶段,如前期、设计、采购、施工及运维的全生命周期可视化、一体化综合管控,辅助提高管道管理水平。

(2)智能化管道项目管理平台

智能化管道以数字化管道为基础,通过二三维地理信息技术、二维码、RFID、GPS 技术等新一代信息技术与油气管道技术的深度融合,开展油气管道智能化建设,实现管道的全生命周期管理,实现管道的标准化、数字化、可视化、集成化、智能化管理。

管理平台按照"标准统一、关系清晰、数据一致、互联互通"进行构建。时间维度上,全面采集调研、基础设计、详细设计及建设期管道基础数据,以数字化交付理念贯通设计—施工—运营各阶段数据,实现数据统一存储、集中查询;管理维度上,全面采集现场主要施工数据,将工程施工数字化成果作为管道"数字孪生体"的建立基础。

此外,初期数据采集过程中,竣工图采用 AutoCAD 结合 Access 二次开发软件的方式进行编制。采用 GPS-RTK 作为竣工测量数据采集工具,且采用开发好的软件绘制标准化的管道竣工图,统计缺地形段竣工图,若缺地形段较少,则可采用 GPS-RTK 测绘地形图;若大部分地区缺少地形,则可采用航空摄影测量的方法补测地形图。为配合三维管道建模,进一步提供三维竣工测量成果,使管理操作人员对管道周围地形信息了解得更加全面,为日后管理工作的高效进行打下基础。数字成图后,将 CAD 图导入 ArcGIS Engine 二次开发的软件中,通过菜单命令完成相应的功能等。通过建立数字化管道,可以对管道进行信息化、数字化管理,并为管道建设提供安全高效优质保证,实现科学安全规范化的管理。通过目前最先进的测量手段和计算机辅助及人机交互手段等,不仅能够提供丰富多元的 4D 产品,而且虚拟现实技术可以为设计人员和管理人员提供可视化的三维景观。

门户主页作为项目管理系统的入口,为项目参建单位提供了一个信息共享和发布的统一平台,项目参与者可及时了解项目最新动态,如将监理、施工、检测单位关键人员签到情况、项目进展情况展示在系统门户中,解决信息孤岛问题,实现信息共享。同时设置审批流程及权限管理功能,保证有权限的人发布或看到对应的工程信息。

进度计划管理提供进度计划编制、实际进度填报、进度统计分析的功能。建立统一的计划分解结构,进行责任分解,有效提高计划编制的合理性和可执行性;统一填报内容,实现实际进度自下而上的自动汇总,保障数据准确性;提供各类统计图表、形象进度偏差预警分析,实现管道工程精细化项目管理和业务协同一体化管理,确保进度管理工作全员、全过程、全方位的有效衔接和高效运转。

资源管理方面,建立管道资源档案库,包括工程人员信息档案库、机具设备档案库。基于档案库,结合二维码识别技术,采集现场人员的实时行为信息,实现资源的动态管理,达到资源在项目上的全生命周期管理的目的。

现场考勤部分能够实现监理单位全部人员检测、施工关键人员签到、现场关键人员管控等,并可将监理考勤情况作为工程款的结算依据。

数据质量是数据的"护身符"。为保证数据录入质量,配套发布数据采集制度,并对采集方法及系统应用进行培训。为保证数据录入的及时性,进行每日统计、对比数据,定期、不定期现场复核数据,建立不合格数据台账等。为保证数据的准确性和完整性,平台设置施工采集数据与设计数据在线成图对比功能,监控数据偏差,及时发现错误数据及施工变更数据,现场检查、整改落实,形成 PDCA 闭环管理。数据采集主要包括采办数据、施工数据、检测数据、竣工测量数据及非结构化数据,通过数据采集应用程序扫描管材设备二维码、电子标签等,实现数据的自动采集、快速流转与在线审核。

11.4　X70 钢管道材质优化与应用

青宁输气管道工程管道采用国内制造技术相对成熟的 X70 钢,规格为 D1016。X70 管线钢本质上是一种针状铁素体型的高韧性管线钢,不仅具有良好的低温韧性,而且具有良好的焊接性。但是,由于其材质指标要求相对宽松,造成各供货商制造的钢管性能差异较大,影响钢管及管道焊接接头的质量,因此需要对管道材质进行优化,确保工程质量和安全。

11.4.1　非金属夹杂物优化

钢中常见的有五类夹杂物,根据夹杂物的形态和分布,标准图谱分为 A 类(硫化物类)、B 类(氧化铝类)、C 类(硅酸盐类)、D 类(球状氧化物类)、DS(单颗粒球状类)。虽然国内的钢厂精炼技术提升不少,但各钢厂精炼水平也存在不少差异。根据调查和试验数据分析国内钢厂精炼技术对夹杂物的控制水平,可以分为三个层次:第一层次,钢中的夹杂物等级可达到 0~1.5 级别;第二层次可以达到 1.5~2 级别;第三层次可达到 2~3 级。而国外的精炼技术对钢中的夹杂物控制可以达到 0~2 级别。目前 API SPEC 5L 和中石化企业标准中只对钢中的非金属夹杂物 A 类、B 类、C 类、D 类进行限定,并没有对 DS 类进行限定,而这种夹杂物直接影响环焊缝的焊接质量,特别是热影响区,因此本节提出 DS 夹杂物限定。钢中 A 类、B 类、C 类、D 类、DS 类非金属夹杂物级别限制如表 11-1 所示,其中 A 类、B 类、C 类、D 类非金属夹杂物按美国材料与试验协会规定的方法进行检验,DS 类非金属夹杂物按《钢中非金属夹杂物含量的测定标准评级图显微检验法》(GB/T 10561—2005)附录 A 规定的方法进行检验,并提出判定方法。

表 11-1　非金属夹杂物级别限定

	A		B		C		D		
优化前	细	粗	细	粗	细	粗	细	粗	
	≤2.0	≤2.0	≤2.0	≤2.0	≤2.0	≤2.0	≤2.0	≤2.0	
	A		B		C		D		DS
优化后	细	粗	细	粗	细	粗	细	粗	
	≤2.0	≤2.0	≤2.0	≤2.0	≤2.0	≤2.0	≤2.0	≤2.0	≤2.0

如果评价过程中发现某一视场中同时存在两个或两个以上的同类或不同类超标大型夹杂物,那么将该熔炼批判为不合格。

如果代表一熔炼批钢管的夹杂物检验中发现某一视场中存在单个超标大型夹杂物,那么需要在同一熔炼批中再随机抽取两个试样进行复验。如果两个试样的复验结果均符合A、B、C、D 四类夹杂物规定要求且未出现超标大型夹杂物,那么除原取样不合格的那根钢管外,该熔炼批合格。如果任一个试样的复验结果不符合 A、B、C、D 四类夹杂物规定要求或出现了超标大型夹杂物,那么将该熔炼评判为不合格。

11.4.2   强度匹配优化

在 API SPEC 5L 中,钢管的屈服强度、拉伸强度取值范围较大,而钢管的强度受钢厂轧制水平的限制,导致实物的屈服强度、拉伸强度在标准范围内波动较大,但是好的钢厂可以通过工艺使 X70 钢的屈服强度控制在 $500\sim540$ MPa,抗拉强度控制在 $620\sim680$ MPa;普遍的钢厂可将屈服强度控制在 $485\sim620$ MPa,抗拉强度控制在 $570\sim725$ MPa。为了控制现场施工,考虑国内制钢水平的进步,根据调查现状,控制并缩小钢管屈服强度、拉伸强度的区间范围,具体控制指标见表 11-2 所示。

表 11-2   钢管拉伸性能

	钢级	屈服强度/MPa		抗拉强度/MPa	
		Min	Max	Min	Max
优化前	X70M	485	635	570	760
优化后	X70M	485	620	570	725

11.4.3   剩磁检测优化

钢管中的磁场不仅干扰焊接的起弧,影响焊接质量,而且干扰无损检测的灵敏度,造成对焊接缺陷的误判。

优化前:标准剩磁检测要求,钢管两端均应沿圆周方向每隔 90°读取一个读数,各端的 4 个读数平均值应≤3.0 mT(30 Gs),且任何一个读数不应超过 3.5 mT(35 Gs)。

优化后:青宁输气管道工程项目剩磁检测要求,钢管两端均应沿圆周方向每隔 90°读取一个读数,各端的 4 个读数平均值应≤2.5 mT(25 Gs),且任何一读数不应超过 3.0 mT(30 Gs)。

11.4.4   扁平块控制技术

钢管厂在制管过程中如果没有对扁平块进行有效控制,将给现场环焊缝组对造成不利影响,而且容易造成焊接应力集中。因此增加了对扁平块的控制要求,即管端任意 1/3

弧长范围内局部区域与钢管理想圆弧的最大径向偏差不大于 2.5 mm,并制作了验收卡尺(图 11-9),统一了验收标准。

11.4.5 尺寸偏差分级

标准中管端直径的允许偏差为−1.0 mm～＋1.5 mm,且两端平均直径之差≤2 mm。除管端外,管体直径的允许偏差为−0.3％D～＋0.4％D,最大为−3.0 mm～＋3.0 mm。由于直径偏差范围大,因此为了方便施工管理,避免强力组对,保证环焊缝的质量,对钢管管端周长进行等级分级,共分为 A、B、C 三个等级,A 等级管端外周长为 3 190～3 192 mm,B 等级管端外周长为 3 192～3 194 mm,C 等级管端外周长为 3 194～3 196 mm(图 11-10)。

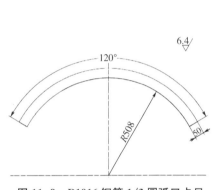

图 11-9　D1016 钢管 1/3 圆弧口卡尺

图 11-10　管径分级图

11.5　机载激光雷达航测技术

机载激光雷达航测技术是近十年来摄影测量和遥感领域的重大突破之一。该技术把先进的激光测距技术、高精度动态载体姿态测量技术、高精度动态 GPS 差分定位技术和计算机信息技术等有机整合在一起,成为当前应用最广泛的三维航空遥感技术。机载激光雷达航测技术是一种主动式测量技术,可以快速测量和收集大范围的地表三维数据,具有可穿透植被、自动化程度高、精度较高、作业成本低等特点,可用于快速生成数字高程模型(DEM)、数字表面模型(DSM)和数字正射影像(DOM),也可用于管道三维建模、大型工程测量等多个方面。

11.5.1　机载激光雷达测量系统工作原理

机载激光雷达测量系统主要包括三大部件:机载激光扫描仪、航空数码相机、定向定位系统 POS(包括全球定位系统 GPS 和惯性导航仪 IMU),其中机载激光扫描仪部件采集三维激光点云数据,测量地形的同时记录回波强度及波形;航空数码相机部件拍摄采集航空影像数据;POS 系统部件测量设备在每一瞬间的空间位置和姿态,其中 GPS 确定空间位置,IMU 测量仰俯角、侧滚角和航向角数据。

机载激光雷达航测工作原理如图 11-11 所示。

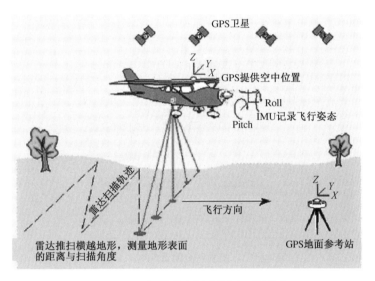

图 11-11　机载激光雷达航测工作原理

11.5.2　机载激光雷达管线航测作业流程

机载激光雷达管线航测作业流程主要包括四环节:一是航摄准备,包括航摄设计、航摄踏勘、航飞权空域申请等;二是航空摄影数据采集;三是数据处理,包括数据预处理、激光数据分类等;四是数据产品的生产,包括数字高程模型(DEM)制作、数字线划图(DLG)制作、数字正射影像(DOM)制作、建筑物三维白模生产等(图 11-12)。

(1)航摄准备

青宁输气管道工程整个测区沿线横跨 2 个军事作战区、2 个民用机场、1 个军民共用机场,航测小组成员按相关规定和流程申请获得项目测区的空军参谋部、民航管理局、航管气象处等单位的空域使用权的批复,这是开展后续工作的前提条件。

(2)航空摄影

进行航测时,按照设计标准将整个线路划分为 43 个分区,其中最短分区长 3 km,最长分区长 26 km,相邻测区重叠 500 m。

使用有人直升机搭载 SZT-R1350 移动测量系统进行外业数据采集。该测量系统可以实时监控飞行高度,达到仿地飞行效果,从而保证获取的影像具有足够稳定的重叠率。实

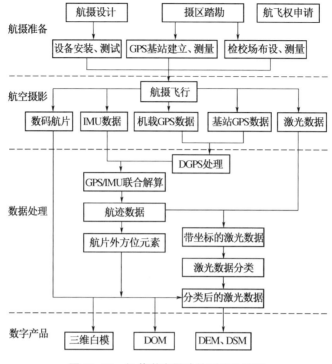

图 11-12　机载激光雷达航测作业流程

际飞行高度相对航高为 600 m,激光扫描角度为 90°,频率为 100 kHz,扫描线速度设置为 36 线/s,扫描带宽为 1 200 m,航带间距为 520 m,激光点云航带重叠率为 57%,获取的激光点云密度为 1.5 点/m^2,满足 1∶2 000 激光雷达航测规范要求。

每个架次外业航测任务结束后,对于获取的影像数据直接利用 Capture One 软件对影像数据进行查看浏览,具体检查内容为:影像片数统计,是否漏拍。然后基于专业软件 ZTPointProcess 快速实现对影像的完整覆盖检查。

（3）数据处理

数据处理包括利用地面 GPS 基站和机载 GPS 的测量数据并联合平差来确定飞机的飞行轨迹,激光点云三维空间坐标计算,激光数据噪声和异常值剔除,激光数据滤波,激光数据拼接,坐标转换,激光数据分类输出和影像数据的定向和镶嵌等工作。轨迹解算软件采用国际通用的轨迹解算软件 Inertial Explorer;点云解算软件采用南方研发的点云解算软件 ZTPointProcess;点云分类及 DEM 制作采用 TerraSolid 软件;内业成图软件采用南方研发的 SouthLiDAR 成图软件。

（4）三维数字产品成果

利用分类后的三维激光点云和航空影像数据生成 DEM、DOM、DLG 等数据产品。

数字高程模型（DEM）成果如图 11-13 所示。

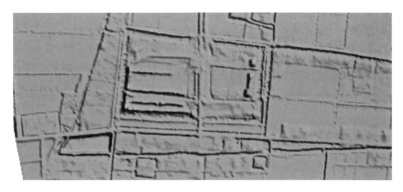

图 11-13　数字高程模型(DEM)

数字正射影像(DOM)成果如图 11-14 所示。

图 11-14　数字正射影像(DOM)

数字正射影像(DOM)、数字线划图(DLG)和管道纵面图等多图合一成果如图 11-15
所示。

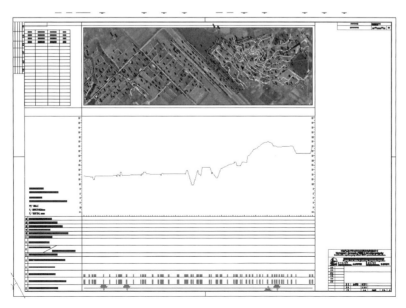

图 11-15　多图合一成果

11.5.3 机载激光雷达航测技术效果分析

与传统航测相比,使用有人直升机搭载 SZT-R1350 移动测量系统进行航测,在精度、生产效率、工期、成果质量等方面具有明显优势。

(1)成果的整体精度与精细程度更高

三维激光点云数据都是由激光直接测量得到的,而传统航测本质上是依据有限的几个像控点基于航测理论进行的拟合测量。

三维激光雷达系统采集原始点的密度平均每平方米可达到一个,甚至十几个原始数据点,这是传统航测或人工采集所无法比拟的。

高程测量精度比其他测绘方法要高,特别是在对于传统测量手段而言存在较大困难的树木植被覆盖地区,由于激光具有较强的穿透能力,因此能够获取到更高精度的地形表面数据。

(2)生产效率更高、工期相对较短

航飞高度较低,同时由于它主动发射激光脉冲进行测量,因此航飞时受天气的影响比传统航测小,适合飞行的天气多。

机载激光雷达航测技术只需要少量的人工野外测量工作,内业智能化、自动化生产水平较高。

没有外业像控点测量、空三加密等传统航测生产环节,生产周期缩短 35% 左右。

基于三维激光点云数据能快速直接获得 DSM、DEM 等成果。

(3)成果质量更有保障

三维激光雷达系统在现场就可以直接快速确定原始成果的质量情况,而传统航测在现场无法直接确定原始成果的质量情况。

三维激光雷达系统可同时采集点云、数码影像等多源原始数据,这些数据之间彼此可以互验,而传统航测只采集单影像类原始数据。

(4)三维数据化应用价值更加深远

三维激光雷达系统可自动采集与处理数据,形成数字化、可视化的三维模型,为数字化设计和交付奠定基础。

基于真实环境的高精度建筑物三维模型、数字高程模型 DEM、高分辨率数字正射影像 DOM 成果是三维数据化管道核心的基础,所生成的高精度三维成果产品,可以为此提供强大的技术支撑,并将给数据化管道建设带来深刻的变革与影响。机载激光雷达航测技术的优势可为设计、施工、三维数据化管道建设等提供有力的基础数据支撑。

11.6 交流杂散电流干扰防护技术

管道沿线高压交流输电线路(图11-16)或电气化铁路与管道常形成共用走廊,高压交流输电线路与管道多次近距离的平行或交叉,对输气管道的阴极保护系统产生干扰,甚至会使管道的防腐层形成穿孔,从而大大降低防腐层的防腐性能,影响管道的安全运行。

《埋地钢质管道交流干扰防护技术标准》(GB/T 50698—2011)要求处于设计阶段的新建管道可采用专业软件,对干扰源在正常和故障的条件下管道可能受到的交流干扰进行模拟计算。据此,采用加拿大杂散电流专业分析软件(CDEGS)进行模拟分析计算,对干扰区域进行精准定位,并采取相应的防护措施。

11.6.1 干扰源调查

针对青宁输气管道工程,共调查了5个直流接地极和140条与管道位置近距离交叉或平行的高压交流输电线路,其中电压规格在110 kV以上的高压输电线路共有110条,与管道平行的高压交流输电线路共有40条。

11.6.2 数据采集

软件模拟需要沿线土壤电阻率数据、输电线路与管线的位置关系、输电线路的正常负载电流、输电线路杆塔的接地电阻、架空地线规格型号等数据。通过对沿线土壤电阻率的测量,获得了1 m、3 m、5 m、7 m、10 m、20 m、30 m、50 m深的土壤电阻率数据。土壤电阻率测试仪器见图11-17所示。

图 11-16　高压交流输电线路

图 11-17　土壤电阻率测试仪器

此外,还需要获取直流接地极的型式、电极埋深、材质、双极不平衡入地电流、单极运行最大额定允许电流等参数。

11.6.3 初步建模

（1）对获得的数据进行分析和整理归纳，初步筛选出其中的异常数据。

（2）将输电线路位置信息和管道路由导入 Google Earth 软件。将高压线路实测位置与图纸位置信息进行对比分析，并不断修改完善，建立输电线路和管道路由的相对位置关系，完成初步建模。

11.6.4 软件模拟

采用 CDEGS 软件对杂散电流干扰进行模拟。模拟过程涉及多个模块，主要有：SES-CAD、ROWCAD、Right-Of-Way、MALZ、HIFREQ、SESRESAP 等。各模块之间相互配合，穿插使用，共同完成杂散电流干扰模型建立。

SESCAD 主要是根据干扰源和管线的相对位置信息建立初步模型。建模过程中需要将每一条高压线的 Google Earth 模型与管道路由模型导入 SESCAD 中，然后进行处理修整并分别创建新的模型文件，以供在 ROWCAD 中进行后续操作。

ROWCAD 主要是建立交流干扰模型（图 11-18）。在确定输电线路和管线的位置关系后，对每一条高压线和管道的横截面、各相线的材质、接地电阻、高压线的负载电流等进行定义，并按照区域位置为其加上不同的土壤模型，定义主路径和电流方向，创建电路，形成区域，从而建立交流干扰模型。

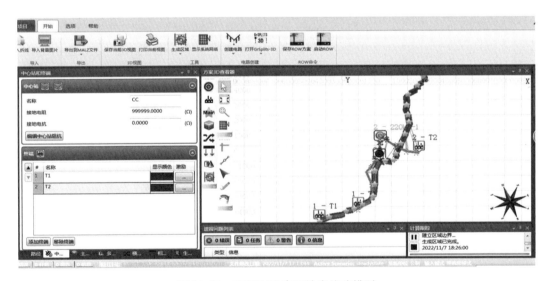

图 11-18 ROECAD 高压输电线路模型

Right-Of-Way 主要是对交流干扰模型（输电线路）做结果分析，并对电气化铁路的 ROWCAD 模型准确性进行验证，完成稳态和故障情况下的管道干扰分析。

SESRESAP 主要是建立土壤模型,即根据各地市土壤数据分别创建各地市的土壤模型。

11.6.5 结果分析及干扰防护

模拟计算出不同位置的单位小孔泄漏电流密度,并依此判断杂散电流干扰强度(图 11-19、表 11-3)。

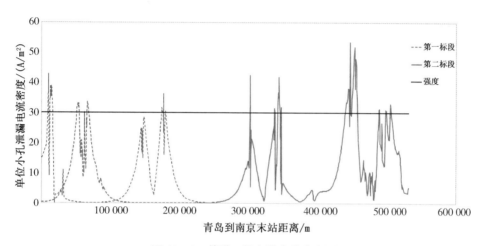

图 11-19 管道工程杂散电流分布图

表 11-3 青宁输气管道工程杂散电流分布表

位置序号	与山东 LNG 站的距离/km	1 cm² 小孔泄漏电流密度/(A/m²)
1	9.13～10.24	31.77～42.94
2	12.31～15.94	31.54～39.16
3	50.90～53.90	30.54～33.197
4	62.20	30.18
5	65.56～68.10	30.23～33.74
6	185.74～188.81	30.45～36.33
7	301.10～301.30	34.57～42.59
8	336.35～336.60	30.13～31.64
9	341.06～344.21	30.20～41.94
10	346.21	31.93
11	437.67～443.40	30.13～38.05
12	444.84～445.10	38.94～53.51
13	447.72～455.19	34.94～51.97
14	496.63～497.99	30.66～31.09

依据《埋地钢质管道交流干扰防护技术标准》(GB/T 50698—2011),交流电流密度大于 30 A/m² 即认为存在中等强度交流干扰,需对管道设置排流措施,以确保阴极保护系统正常运行。

排流防护采用隔直通交的固态去耦合器作为排流装置,排流接地体采用锌合金牺牲阳极接地体。另外,在交流干扰严重的地段埋设智能电位测试桩,将干扰处管道保护电位及交流干扰电压上传至调控中心,通过检测、分析交流杂散电流对管道电位的影响,进而判断此处交流干扰对管道的影响,从而采取针对性的控制与防护措施。

11.6.6　管道阴极保护智能化设计

（1）阴极保护智能化系统

阴极保护智能化系统由中心服务器和具备远程测控功能的恒电位仪、电位采集仪、智能测试桩等组成,在任何时间任何地点均可通过浏览器登录到监测管理界面,对阴极保护系统的所有数据、信息进行查询,并对设备进行控制。

（2）中心服务器

中心服务器主要包括软件和硬件两大部分。

软件:计算机(服务器)基本系统用的相关软件,包括操作系统软件、数据库软件等。阴极保护监测管理系统软件,包括 Web 站点程序和服务器程序。

硬件:主要是服务器,提供登录服务器的固定 IP 地址,还有通信用设备。

（3）恒电位仪

每个阴极保护站配备一套具有数字通信接口的恒电位仪。恒电位仪具有 RS485 通信接口,可实现阴保数据的测量、采集、通信上传,实现设备运行状态的远程控制及设备相关状态信息的上传。通信转换器可将 RS485 通信接口转换为其他通信,如光纤、GPRS 等无线、有线网络通信。

（4）电位采集仪

在阀室与非阴极保护站设置电位采集仪,实现阴保数据的自动采集和通信传输功能。电位采集仪内含一个极化探头,采集的数据包括管道的保护电位、断电电位、自然腐蚀电位和交流干扰电压。

（5）智能测试桩

智能测试桩由智能电位采集仪和极化探头及钢质测试桩构成,是阴极保护系统无线检测设备,主要用于阴极保护电位远程检测和数据传输,可自动定时检测电位并传输数据,接收调控中心阴极保护在线监测系统的控制命令,并进行相应的参数调整,同时具备电位超限错误报警功能、断电测试数据采集功能。

11.6.7 阴极保护在线监测技术

采用阴极保护监测管理系统实现阴极保护系统的实时在线监测,其主要功能如下:

(1)支持多种通信方式:串口、有线/无线(GPRS/CMDA)网络端口、GSM 短信、RF 无线通信等,进行数据传输。

(2)数据采集支持多通信协议:自定义通信协议和 MODBUS 通信协议。

(3)具有电子地图功能,支持在地图中进行管线、设施、设备查询,支持在地图中显示所采集的实时数据,支持在地图中显示自动报警状态。

(4)自动对阴极保护电源设备、电位监测设备等所要采集的数据进行实时采集,并实时显示该数据(测量值、状态信息)和该测量值随时间变化的曲线;将采集的数据定时存盘,定时存盘的时间间隔可根据实际需要设置。

(5)支持人工监测数据的录入,以保证所有阴保数据的集中统一管理。

(6)具有远程控制权限的用户可对现场任意一台设备(具备远程控制功能)进行远程控制,控制项目包括:恒电位仪的远程开、关机功能;恒电位仪的远程同步"通断"功能;恒电位仪的"远程给定"功能,即远程设定恒电位仪的工作参数;智能电位仪采集模式的远程改变。

(7)阴保日常管理资料录入和查询:导入或录入与阴极保护有关的各类日常管理资料、文档等信息,支持各类型文档和图档、照片等,以便查询使用。

(8)故障诊断功能,给出发生故障的可能原因及相应的处理意见。

(9)数据统计查询:对采集保存的历史数据按时间进行信息查询,形成报表和曲线图,反映各监测点的阴极保护数据变化情况和整条管道的阴极保护状况,如电位-里程图表、交流干扰电压-里程图表等。历史数据结果可导出为 Excel 文件格式,为数据的进一步处理提供方便。

(10)系统支持检测设备的扩展接入,即不改造或升级软件即可使恒电位仪和智能电位采集仪的数量增加,满足阴极保护系统的升级需求。

(11)对注册的用户分配不同的管理、控制权限。根据管理权限限定用户所能管理的管道及设备,根据控制权限限定用户的操作功能。

(12)具有与用户其他管理系统集成的功能,支持通过 OPC 数据接口,实现与用户其他管理系统的数据交互,满足其他信息化系统对阴极保护数据使用的要求。

11.6.8 效果分析

(1)针对青宁输气管道工程阴极保护现状,采用专业软件对杂散电流干扰进行了模拟计算,对干扰区域进行了精准定位,依据 $1~cm^2$ 小孔泄漏电流密度大于 $30~A/m^2$ 的监测结果,全线共设置 32 处排流点。与常规排流方式相比,阴极保护精准化设计更精准更有针对性,同时也能节约大量资金。

(2)提升了管道阴极保护系统的智能化水平,在提高管道安全性的同时提高了管道维护效率,与传统的人工巡线方式相比大大降低了劳动强度。

11.7 高水位地区深基坑作业安全监测技术

高水位地区定向钻穿越施工涉及深基坑作业。根据统计分析,基坑作业事故发生率较高,占基坑总数的 1/4 以上,而这些工程事故主要表现为支护结构产生较大位移、支护结构破坏、基坑塌方及大面积滑坡、基坑周围道路开裂和塌陷、与基坑相邻的地下设施(管线、电缆)变位甚至破坏、邻近建筑物开裂甚至倒塌等。

青宁输气管道工程在高水位地区存在多处深基坑作业,安全控制成为重中之重,对深基坑作业的安全监测技术也提出了新的要求。

11.7.1 深基坑作业位移监测技术

针对高水位地区深基坑的主要风险点及风险发生特征,重点要解决监测的实时性、系统的集成性、监测的高精度、野外作业复杂性等问题,因此基于实时、通用标准、高精度的要求,采用激光监测技术实时监测基坑上沿、基坑壁、基坑水位的变化;通过静力水准设备监测基坑沉降;通过坡面测斜仪监测基坑坍塌与倾覆;通过支持 4G 的无线设备向云端传输实时监测数据;通过监测平台实时监控数据变化,并及时预警。

(1)水平位移激光监测技术

在高水位深基坑作业过程中,监测多边形、椭圆形或不规则图形基坑的水平位移时,使用激光测距仪能够突出监测精度高、频次高等优势。同时由于激光测距仪适应性强,因此可最大限度减少施工现场环境对深基坑安全监测的影响。实际工作中,水平位移变形监测的精度指标以允许变形值的 1/20 作为位移量测定中误差的要求值,而激光测距仪的精度完全可以在多种情况下满足这种要求,其技术参数见表 11-4 所示。

表 11-4 激光测距仪技术参数表

型号	SW-LDS50A	型号	SW-LDS50A
测量距离	0.05~50 m	供电电源	8~12 V
最小显示单位	1 mm	功耗	<1.5 W
测量精度	$\pm(2\,\text{mm}+d\times$万分之五)*	存储温度范围	−20~60℃
数据输出率	2 Hz	工作温度范围	0~40℃
数据接口	RS485/RS232	外形尺寸	118 mm×73 mm×30 mm

*"d"表示实际距离

此设备运用场景为深基坑水平监测、水位监测。在预选测点布置相应设备,使激光打在设置好的固定靶点上,设备接收反射激光测定基坑距离。后期通过数据分析处理,并通过平台进行监测、预警。

设备现场使用状态如图 11-20 所示。

(2)静力水准沉降监测

沉降监测主要涉及管线、地表和建筑物沉降等。为了减少外界干扰对高程基准的影响,需要保证基准点的稳定性。在选择基准点的位置时一定要结合观测方法、观测周期等慎重考虑,基准点通常布设在变形区域外且坚实稳定的地方,与基坑的距离为 $50\sim100$ m,应尽可能地保证固定的监测人员、仪器、观测路线,

图 11-20 激光测距仪工作状态图

从而尽量减小测量系统误差。当需要对地表进行监测时,需要考虑地表沉降点的布置,在基坑周边相隔 $15\sim20$ m,沉降点的布置一定要合理,以有效反映周边的沉降情况。在监测管线时,也需要布置观测点,需要明确管线阀门和检查井的位置,在此基础上连接地下管线和煤气罐凝水阀。当进行建筑物沉降点监测时,应当注意监测范围与基坑开挖深度成一定的比例关系,通常为 1.5 倍左右,对于建筑大拐角需要根据实际情况对监测频率进行适当的调整。静力水准仪从监测精度、监测频次等多个维度均满足上述要求,其技术参数见表 11-5 所示。

表 11-5 静力水准仪技术参数表

水准仪的类型	HD-SZY100～2 000 mm - 4R - 0.1	水准仪的类型	HD-SZY100～2 000 mm - 4R - 0.1
测量距离	$0\sim200$ mmH$_2$O	供电电压	DC 24 V
温度量程	$-40\sim100℃$	介质温度	$-40\sim85℃$
分辨率	0.01 mmH$_2$O	存储温度	$-40\sim85℃$
精度	$\pm0.1\%$FS		

静力水准系统是一种用于监测多点相对沉降的监测系统。其工作原理是各测点与基准点通过连通管连接,内部液体保持在同一水平面。监测过程中,每一容器的液位由精密传感器测得。该传感器挂有自由浮筒,当监测点高程变化引起仪器内液位同步变化时,浮筒的悬浮力即被传感器感应,据此得到监测点和基准高程面的相对高程变化。基准高程面

的垂直位移应是相对恒定的或者是可用其他人工观测手段准确确定的，以便能精确计算静力水准系统各测点的沉降变化。

静力水准系统由若干静力水准仪组成，分别安装在各个监测点位上，用连通管将存液浮筒连接成整体，然后往浮筒中注入含有一定比例防冻液的系统充液。当液面静止后，各仪器内浮筒液位在同一大地水准面上，此时静力水准系统的液位状态称为初始状态。

现场设备使用情况如图 11-21、图 11-22 所示。

图 11-21　静力水准仪布置图 1

图 11-22　静力水准仪布置图 2

（3）坡面测斜

坡面坍塌事故在深基坑安全事故中占比最高，因此对深基坑的坡面进行有效监测预警，是减少深基坑施工安全事故的有效手段之一。坡面测斜仪从测量精度、测量频次等多个维度均满足坡面监测的要求。

监测设备 HVS120 测斜仪主要技术参数如表 11-6 所示。

表 11-6　测斜仪技术参数表

测量范围	±30°	±60°	±90°
测量轴	X-Y	X-Y	X-Y
测量精度	0.01°	0.05°	0.1°
零点位置	12 mA	12 mA	12 mA
分辨率	0.01°	0.01°	0.01°
交叉轴误差	0.01°	0.02°	0.05°
输出频率	5～100 Hz	5～100 Hz	5～100 Hz

坡面测斜仪可直接布置在深基坑坡面上的预设布置点，设备通过 X 轴与 Y 轴这两种参数变化，综合计算出整体坡面倾角变化程度。后期对数据进行处理分析，并通过平台进行

监测、预警。

（4）数据无线传输技术

传统的深基坑监测存在信息化程度差、监测频次不高、监测精度低、监测信息不能准确及时传达等问题。为此，采用 USR-G780 无线传输设备（图 11-23），使用 4G-DTU 技术能够将现场设备监测到的数据实时无线传输到相关监测平台。

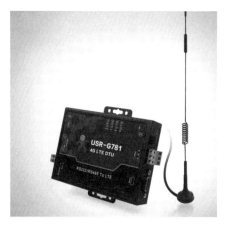

图 11-23　无线传输设备

无线传输设备主要技术参数如表 11-7 所示。

表 11-7　无线传输设备技术参数表

型号	USR-G780
工作模式	HTTPD 模式
网络协议	TPC/UDP/HTTP
最大 TPC 连接数	2
透传方式	TCP Client/TCP Server/UDP Client
标准频段	Band 38/39/40/41
发射功率	+23 dBm(Power class 3)
工作电压	DC 5～36 V
工作温度	−25～75℃
存储温度	−40～125℃

11.7.2　深基坑作业监测平台研发

为了实现监测数据的及时传输、及时处理和准确预警，开发了相应的工程安全智慧感知及监测平台，以提高整体监测系统的信息化程度。

操作人员可以使用电脑、移动客户端等设备通过互联网接入工程安全智慧感知及监测平台,将平台的运维使用地点从固定的地点延伸到其他网络覆盖的地方,有效提高工作效率,降低工作成本。

(1)平台框架

整个深基坑作业监测系统的运行流程如图 11-24 所示。

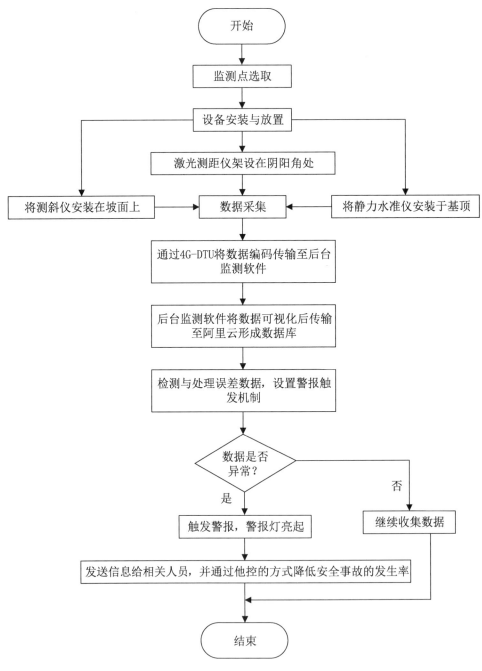

图 11-24 系统运行流程图

根据以上分析,设计了工程安全智慧感知及监测平台的总体架构,一共有五个层次,分别为设施层、数据服务层、平台层、功能模块层和客户层,每个层次互相联系、互相影响。

① 设施层:用来保证系统正常运行,主要包括网络系统、计算机系统、存储系统等。

② 数据服务层:主要负责数据的传输和转码,利用云计算技术,先将各单位的内网搭建在云端服务器上,再将数据布置在各单位内网上,以保证数据的传输速率以及安全性。

③ 平台层:主要负责数据服务层与功能模块层的交互,基于数据库的管理,可以为功能模块层的运行提供数据支持,也可以实现各参与方上传、下载和搜索信息功能。

④ 功能模块层:拥有许多功能模块,根据需要可以增加或减少功能模块,以保证平台的可扩展性和灵活性。各个功能模块根据需求进行调用,尽量满足"高内聚、低耦合"的设计原则。此外,功能模块层也需要处理数据以及传递数据,响应平台层所发出的指令,实现平台的具体运作目标。

⑤ 客户层:对于拥有不同权限的用户,其所读取到的信息范围也不同,因此该层就是对用户可以查取的信息进行筛选,设置权限。若是因用户自身权限而不能读取的信息,则直接拦截,以减少其他层的工作。

(2) 平台特点及功能

① 更新快:传统高支模监测频率为一小时一次,深基坑监测频率为一天两次,而本监测系统高支模监测频率为一分钟一次,深基坑监测频率为五分钟一次,高频率的监测产生大量数据,而这些信息都需要在平台上有所体现,确保用户及时了解项目实时信息,做出合理决策。

② 类型多样:监测数据信息有多种类型,比如高支模关键节点各方向的位移数据,深基坑基顶沉降、水平位移、坡面斜度数据,不同的监测设备产生的数据类型不同,因此需要不同的数据处理系统进行处理。

③ 数据采集:高支模场景主要用到的监测设备是激光测距仪,深基坑场景主要用到的监测设备有测斜仪、静力水准仪、激光测距仪等,这类设备的使用抛弃了传统的人工监测,有效减少人力的投入和成本,并使监测频次更高、更精确,实现一次投入长远受益的目的。

④ 数据存储:首先,数据存储要实现数据集成,即通过物联网技术,将施工现场的实时数据上传到数据库,打破建造过程中的信息孤岛,获取实时有效的数据。数据库需要划分成多个子数据库,如基坑沉降数据库、水平位移数据库、坡面斜度数据库等。当数据超出本地预期容量时,可以将其上传到云端数据库,而不需要在本地重新增加容量,实现数据库的扩展。其次,编码设置系统化。数据模型采用基于第三范式(3NF)的方法来设计,解决了冗余和更新异常问题。再其次,选取恰当的库文件的组织形式,合理地分配存储介质以及选择存储路径,以获得数据库的最佳存取效率。

⑤ 数据传输:研发了无线传输模块,整个数据传输过程如下:

通过 4G-DTU 将设备监测到的数据传输至透传云；

透传云将数据返回至本地；

运用 C♯ 编程软件解码数据，并上传至阿里云形成数据库；

调用数据库，将其中的数据可视化。

数据传输流程图如图 11-25 所示。

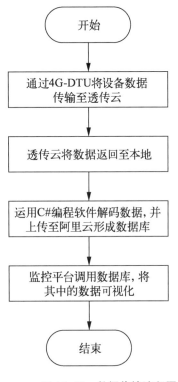

图 11-25　数据传输流程图

⑥ 数据反馈：安全监测平台的服务是面向多人群的，而不同的人员所能够理解的信息是不同的，所以平台对于不同的对象有不同的数据反馈形式。使用者完成自我定位之后能够快速获得自己需要的数据，节约监测时间。当平台层发出指令，需要对数据库的数据进行更新、删除、查询等操作时，数据服务层需要做出回应，并通过互联网将云端数据库的数据进行相同的操作。有时还需要对数据进行挖掘，为以后的建设项目提供经验。

（3）平台功能模块

功能模块层连接客户端，用户可以直接从功能模块层获取服务，而功能模块层需要依托平台层从数据服务层调取数据，将结果显示到客户端，实现协助工程建设的目的。为了实现工程安全智慧监测功能，平台设计了三大功能模块：

① 安全学习模块

绝大多数事故发生的原因都与人的不安全行为有关，故本平台设置了安全学习模块，为使用人员提供高支模、深基坑等的定义、标准要求，同时设置相应试题，需要上岗的工人、管理人员只有完成线上安全教育和相应测试才能进行作业，从而提高工作人员的安全意识，丰富工作人员的安全知识储备。

② 安全监测模块

通过移动通信网络，数据从施工现场实时传输至云端服务器，根据项目具体情况提前计算阈值，一旦数据波动范围超过阈值即触发警报。预警值的设置及预警机制的制定是安全监测中重要的一环，需根据施工图纸要求及结合实际情况进行分析。预警值的设置主要依据为图纸监测要求及《建筑基坑工程监测技术规范》（GB 50497—2019）等，并在页面使用用户输入的方式进行平台预警值设置。如出现超出预警值情况，系统将同时自动发送警示短信，提醒工作人员进行整改，调整至正常状态。

③ 危险预警模块

为及时获取监测信息，整改安全隐患，特别设计危险预警模块，及时提醒工作人员采取措施,防止安全事故。

进入平台后,显示如图 11-26 所示的操作界面,包括导航栏和内容视窗两个部分。

图 11-26 操作界面布局图

其中导航栏包括安全学习、安全监测和历史信息查询三个模块。安全学习中有视频模块,下拉后,内容视窗显示对应项目宣传视频。

导航栏中安全监测模块为不同监测项目,下拉菜单均为收起状态,点击打开下拉菜单,展示监测项目列表。点击监测项目列表,内容视窗展示相关监测信息,其中包括三个监测信息展示界面和一个监测预警展示界面,如图 11-27 所示。

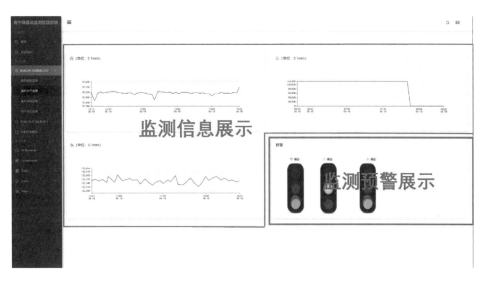

图 11-27 监测信息展示图

11.7.3 基于 BIM 的深基坑安全疏散模型及仿真

（1）BIM 模型的建立

本节选取某站点的深基坑作为实例模型，深基坑长 12 m，宽 11.5 m，高 9.8 m，根据施工图纸及现场实际情况，在 Revit 2017 中严格按照图纸内容进行深基坑的绘制（图 11-28）。

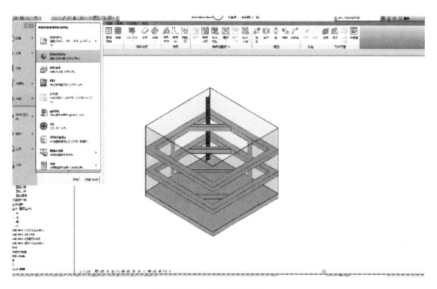

图 11-28　BIM 模型构建

（2）以可视模型为基础的技术交底

深基坑结构设计完成后，可通过可视模型与现场施工管理人员进行技术交底。Revit 提供的模型具有结构的高度再现性，能够加深施工管理人员以及施工班组对结构做法的细节化理解，工作人员不需要参考二维图纸即可在脑海中自行想象结构细节，有效改善技术交底时交代不清的现象。基于 Revit 搭建的模型可提供方位的三维图（包括任意高度、任意轴线的三维剖切图）。由于传统 CAD 施工图只提供极少数剖面图，施工技术人员对整个单体建筑认知比较感性，需依靠自己的空间想象力，因此 Revit 三维模型能给施工技术人员带来更为理性精准的认识，为后续深基坑作业安全疏散模拟提供支持。

（3）基于 BIM 的疏散模型建立

① 在 Pathfinder 软件导航栏，点击 File—Import 导入保存以 DFX 格式保存的 Revit 三维模型，在 Pathfinder 中完成 Revit 模型的转化。

② 放置楼梯，如图 11-29 所示。

③ 创建顶部房间出口，如图 11-30 所示。

④ 采用 Pathfinder 软件中的 Steering 模式，创建人员。

⑤ 编辑人员，根据实际情况设置 3 人，以成年男性 2 m/s 的速度进行疏散模拟，模拟人

员行为路径,人员疏散模拟时间共计 21.3 s。

⑥ 点击运行图标,生成三维疏散模拟仿真视频。图 11-31 为深基坑三维疏散仿真视频截图。

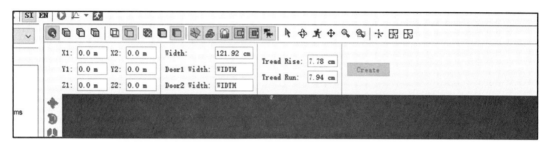

图 11-29　放置楼梯

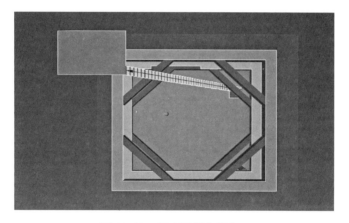

图 11-30　创建顶部房间出口

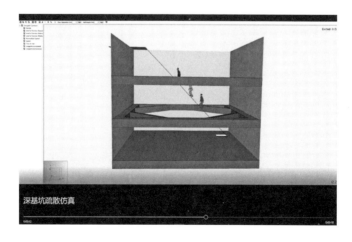

图 11-31　三维疏散模拟仿真图

12 管道施工技术创新

12.1 连续定向钻穿越勘察技术

12.1.1 地形地质条件概述

（1）地形地貌

连续定向钻穿越场地属冲积、湖积平原及河床地貌单元，周边沟渠密布，连续定向钻东、西两侧地形平坦开阔，均为水田，湖内滩区种植一季小麦。

（2）区域地质情况

地质构造处于高邮凹陷的主体部位，属苏北坳陷持续强烈沉降区，并多次受到东部海水的浸淹。穿越所处区域构造活动性不强，距离区域性活动断裂较远，场地区域稳定相对较好。

场地属于对建筑抗震一般地段，地震动峰值加速度为 0.10g，抗震设防烈度为 7 度，设计地震分组为第二组。根据高邮县志记载，县境内历史上发生的最高地震为 4.9 级。

根据区域地质资料及初步勘察资料，本段 50 m 深度内地层均为第四系冲洪积及潟湖相和湖相沉积形成的黏土及粉质黏土，局部夹粉土、淤泥及淤泥质黏性土透镜体。

（3）水文条件

穿越河流基本情况见表 12-1 所示。

表 12-1　穿越河流一览表

序号	河流名称	起点里程/m	终点里程/m	河道宽度/m	水深/m	备注
1	京杭大运河	326	596	270	5.4	两侧有河堤
2	深泓河	1 068	1 225	157	6.3	两侧有河堤
3	庄台河	1 952	2 185	233	3.3	属淮河入江水道，只在庄台河左侧及杨庄河右侧有河堤
4	二桥河	2 757	2 797	40	5.6	
5	小港子河	3 070	3 107	37	2.3	

序号	河流名称	起点里程/m	终点里程/m	河道宽度/m	水深/m	备注
6	大管滩河	3 261	3 292	31	4.6	属淮河入江水道，只在庄台河左侧及杨庄河右侧有河堤
7	王港河	4 022	4 128	106	3.8	
8	夹沟河	4 886	5 035	149	3.2	
9	杨庄河	5 742	7 404	1 662	2.2	

京杭大运河及深泓河均为人工开挖河流，为大型河流穿越，穿越段河床呈对称的"U"形，河床质均为黏土，通航等级为国家二级航道标准。

高邮湖（淮河入江水道）是淮河下游的主要排洪河道，设计泄洪能力为 12 000 m³/s，可将淮河上中游 70% 以上的洪水排泄入江。淮河入江水道先后进行了多次大规模整治及加固，水道两侧大堤沿线采用块石护坡。汛期、上游泄洪时洪水会淹没整个河道，枯水期在河道中形成 7 条河流（京杭大运河及深泓河除外），河流之间为裸露漫滩。根据管道工程穿越防洪评价报告，淮河入江水道最大冲刷深度为 0 m。

12.1.2 工程需求与地质勘察分析

（1）勘察入场流程

高邮湖（淮河入江水道）湖区内滩地，仅有简易土路通行，每年春汛、秋汛（5 月至 10 月）整个滩地可能被洪水淹没，需采用船运方式进入，交通运输条件较差。

由于京杭大运河及高邮湖（淮河入江水道）湖区有船只来往，尤其是京杭大运河为重要的航运通道，因此勘察前需在河务管理部门（河务局及海事局）进行水上勘探的报审，取得河中勘察的备案手续及资格证。然后水务部门安排安全救护船只并设置水上来往船只的管制措施，勘察单位再进行钻探施工。

（2）勘察技术要求

依据《油气田及管道岩土工程勘察规范》（GB/T 50568—2019），在穿越中线上、下游 20 m 处各布置 1 条勘探线。穿越段地层相对简单，勘探孔垂直投影到中线上的间距为 70～90 m，出入土点位置勘探孔深度为 15 m，其他勘探孔深度为 25～35 m，并满足定向钻深度要求。

陆上勘探孔测量定位采用一次多孔方式；水上勘探孔测量定位采用一孔一定位方式，并在勘探线与大堤交叉点处设置标志杆，两标志杆间应通视，以随时通过标志杆检查水上作业平台的漂移情况。

钻机进场前，技术人员根据钻孔布置图进行现场踏勘及钻孔布设。勘探点现场布置时，应避免因天气原因影响 GPS 布置钻孔的精度，尤其是水上、滩区等无参照物地段必须在天气晴朗时布置钻孔位置，雾天严禁勘探放孔。（GPS 精度跟参数设置、天气均有关系，GPS 现场钻孔布置时应与测量基准点或标志点进行坐标校核）

钻机定位后,必须在钻孔位置处留有勘察位置坐标照片。

12.1.3　工程勘察与效果分析

根据工程地震安全评价报告、地灾评价报告、防洪评价报告及连续定向钻初步勘察报告的要求,最后采用岩芯钻钻探、原位测试和室内试验相结合的勘察技术方案。

获得河务部门的勘察作业批准后,综合考虑连续 7 钻定向钻穿越方案、勘察规范的技术要求和勘察期间湖区水位,采用 36 个浮筒平台搭载钻机进行水上钻探,采用改装的 XY-1 型履带钻机进行滩区钻探。

实施过程中定向钻穿越长度可能会发生变化,若定向钻长度加大,出入土点向外延伸,则布置在出入土点处的勘探孔会发生冒浆事故,且孔深将不满足规范要求。实际勘察时,出入土点的勘探点布置在穿越中线外 20 m,勘探孔深与中间部位孔深相同。

在野外勘察作业结束且钻孔验收后,及时采用黏土球进行封孔处理。

(1) 勘察成果

通过对野外钻探资料、原位测试数据、土工试验数据的分析整理,查明了该场地的地层分布及各地层的物理力学参数,并根据地层分布情况及各土层的物理力学性质,给出合理的定向钻设计与施工的地质建议。

勘探深度内地层均为第四系冲洪积、湖积(Q_4^{al+1})地层,主要地层如下:

① 素填土,仅分布在高邮湖湖区内的堤坝及道路两侧,主要成分为粉质黏土,少量碎石渣。

② 黏土:灰黄～灰褐色,可塑～硬塑,土质不均匀,局部夹粉质黏土薄层,属中压缩性地基土,场地内均有分布。

③ 粉质黏土:黄褐～灰褐色,可塑～硬塑,土质均匀,局部夹黏土薄层,属中～高压缩性地基土,呈透镜体状分布。

④ 淤泥:灰色～灰黑色,流塑,局部夹粉质黏土及黏土薄层,属高压缩性地基土,呈透镜体状分布。

⑤ 淤泥质黏土:灰色,流塑～可塑,局部夹淤泥、黏土薄层,属高压缩性地基土,呈透镜体状分布。

⑥ 粉质黏土:褐黄～褐灰色,可塑,土质不均匀,局部夹黏土薄层,属中压缩性地基土,场地内均有分布。

⑦ 黏土:灰褐～灰黄色,可塑～硬塑,土质不均匀,局部夹粉质黏土薄层,属中压缩性地基土,呈透镜体状分布。

⑧ 黏土:褐黄色,可塑～硬塑,土质不均匀,局部夹粉质黏土薄层,属中压缩性地基土,场地内均有分布,该层未揭穿。

⑨ 粉质黏土:褐黄色,硬塑~坚硬,局部夹黏土薄层,属低~中压缩性地基土,呈透镜体状分布。

⑩ 粉质黏土:浅灰~灰绿色,可塑~硬塑,土质不均匀,局部夹黏土薄层,属中压缩性地基土,呈透镜体状分布。

(2)定向钻穿越场地地质评价

① 定向钻穿越可行性分析

穿越段区域构造稳定,未发现不良地质作用、环境地质灾害及异常埋置物,穿越断面地层分布稳定,因此,穿越场地稳定,适宜定向钻穿越。地表下 35 m 深度内地层均为淤泥质黏性土、黏性土及粉土,均适宜进行定向钻穿越,穿越层位取决于设计穿越深度。

② 定向钻穿越施工场地地质分析

淮河入江水道汛期将被完全淹没,定向钻施工应避开雨季施工,并采取可靠的截排水措施。

淮河入江水道表层土力学性质差、土质软、易发生震陷,在摆放钻机设备之前,应预先进行加固处理,以防止施工中发生倾斜事故。

淤泥及淤泥质土段,易发生缩孔、坍塌现象,施工时宜增加泥浆的黏度及重度;由于该层土接近地表,抗冲切能力低,因此应采用小泵压,以防止穿孔冒浆事故发生。

塑~坚硬黏性土段,土质硬、力学性质好,抗切削能力强,应采用切削能力强的钻头并增加泵压施工。

软塑~可塑黏性土段,钻井速度过快,可能产生抱钻现象,应调整钻井速度及泥浆配比,并采取针对性的施工措施。

若河漫滩冲刷深度较大,则定向钻接头部分需要在深基坑内进行,因此,在满足安装工艺的前提下,尽量减少基坑开挖的面积,应在勘探前确定开挖基坑的形状,并对基坑进行专门勘探与评价。

12.2　滩涂、湿地、水网地带大口径连续定向钻穿越施工技术

在滩涂等地区利用连续的定向钻施工,既可减少河流、滩地的开挖直埋施工,减少对湿地环境的破坏,又可缩短施工周期,减少人员、机械设备的投入,提高经济效益。

京杭大运河及淮河入江水道连续定向钻穿越全长约 7.8 km,是青宁输气管道的控制性工程。京杭大运河及淮河入江水道中间有 7 条中型河流,水网密布,滩涂发育发达,滩涂地下水位高,交通不便,钻机、管材运输困难,汛期时间长,施工窗口期短。结合高邮湖地形地质勘察成果,工程实施区域地处冲积平原,湖沼密布,岩相变化复杂,京杭大运河、淮河入江水道大坝的安全对定向钻提出了特殊的安全防护要求。因此连续定向钻穿越的轨迹设计、

穿越次数与出入土点的合理选择以及运输与施工的衔接等是穿越工程的难点。通过设计与施工的有效搭接与技术攻关,构建了软土地段定向钻穿越技术,并形成了《滩涂、湿地、水网地带连续定向钻穿越施工工法》。定向钻穿越示意图见图 12-1 所示。

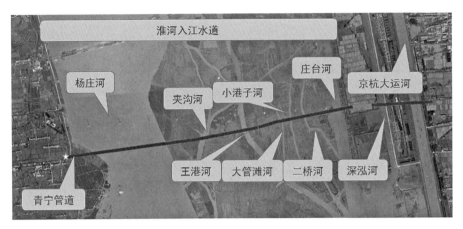

图 12-1　定向钻穿越示意图

12.2.1　定向钻穿越技术难点分析

(1) 施工窗口期短

淮河入江水道每年汛期较长,其间洪水淹没滩涂无法施工作业。根据统计每年只有 11 月底至次年 4 月这 5 个多月的施工窗口期,每年 3 月会受桃花汛的影响,施工窗口期更短,施工作业需考虑采取临时挡水围堰措施。

(2) 水网密布、滩涂地下水位高

滩涂区域平均海拔高度为 5 m 左右,地下水位相对标高为 −0.6 m。穿越场地属冲积平原地貌单元,地势平坦开阔,滩地区为淮河泄洪区,每年汛期(5 月至 10 月)会被淹没,洪水消退后,才可进行穿越施工,施工便道及管沟开挖施工作业难度大,措施费高。

(3) 钻机、管材运输困难

密布的水网造成交通不便,缺少施工便道,导致钻机、管材运输困难,进而提高了工程造价。

(4) 地质条件复杂

工程实施区域地处冲积平原,湖沼密布,岩相变化复杂,组成物以淤质亚黏土为主,富含植物根茎。复杂的地质条件加大了项目实施的难度。

(5) 大口径定向钻连续穿越长度大

因项目需要穿越湿地保护区的水系面积较大,需要将 1 016 mm 大口径定向钻直接穿越京杭大运河和淮河入江水道,穿越长度约 8 km。

（6）大堤穿越特殊防护

由于定向钻需要穿越京杭大运河、淮河入江水道，可能会影响到水系大坝的安全，因此需要采取特殊的防护措施。

12.2.2 定向钻穿越方案设计

（1）穿越位置设计

穿越位置选择与线路总走向一致，线路局部走向服从穿越段位置。穿越位置选在淮河入江水道河面较窄、水流平缓、河水主流线摆动不大的顺直河段上。穿越河段两岸或者一岸外侧的交通和施工场地条件良好，满足钻机布置、布管及管沟开挖施工的要求。

河床平面平坦，冲淤变化小，地质工程较为单一，两岸漫滩开阔，岸坡宜成倾斜状且稳定耐冲刷。

通航河道穿越满足航道设计要求。

工程建成后不降低该水域的防洪标准，不影响抗洪救灾实施，同时不会引起河势的变化，不影响已规划堤防的安全。

（2）岩土地质条件分析

穿越勘察区构造的活动性不强，距离区域性活动断裂较远，穿越段区域构造稳定，未发现不良地质作用、环境地质灾害及异常埋置物，穿越断面地层分布稳定，因此，穿越场地稳定，适宜进行定向钻穿越。地表下 35 m 深度内地层均为淤泥质黏性土、黏性土及粉土，均适宜进行定向钻穿越。

（3）穿越方式确定

拟在高邮市境内的车逻镇南侧处，采用连续 7 条定向钻穿越京杭大运河、淮河入江水道，定向钻自东向西依次穿越京杭大运河、深泓河、新民滩上港汊河道（庄台河、二桥河、小港子河、大管滩河、王港河、夹沟河及杨庄河）。定向钻之间的连头管线采用大开挖连续配重沟埋敷设方式穿越，最终在淮河入江水道（杨庄河）西侧滩地采用定向钻方式穿越高邮湖西大堤至扬州市高邮境内的送桥镇盘塘村，穿越总长度约为 8 km。

12.2.3 定向钻穿越施工工艺要点

（1）集散码头及航道的选定

与当地航道主管部门对接，掌握各条河流水文情况，并通过实地测量各条河流具体水深，选定最优航道线路，向航道部门申请通航许可。根据所选定的航道线路，确定集散码头数量及位置，合理调配各码头拉运设备、材料的数量及规格，避免重型设备在浅水区码头上船。

（2）码头修建

码头分为集散地码头和登陆点码头。由于码头位置均根据现场实际情况进行选定，因此无完善码头可以依托,每个码头均需要根据其使用目的进行修筑。集散地码头兼具重型设备、材料的倒运任务。

（3）航道清淤及运输

根据管材、设备运输驳船的尺寸要求,对于驳船的靠岸区域,采用挖泥船进行清淤、疏浚。

（4）漂管过河管段预制技术

采用漂管过河技术进行预制管段组焊,在定向钻回拖前 15 天进行连头焊接。首先在河的一侧开始预制 180 m 主管,并将两端用盲板封堵,在靠近河岸的盲板上焊接挂钩以备连接钢丝绳牵引,按设计要求对预制管段进行防腐补口以及检漏补伤。然后在一侧开挖发送沟,发送沟开挖完成后,用两台挖机、一台吊车将预制好的管段吊入发送沟内,引入河水,使预制管道漂浮,做好牵引准备。

将预制好的 180 m 管道用钢丝连接在牵引船上,利用牵引船进行牵引,牵引过程中保持牵引船按照管道预制方向缓慢匀速航行,将管道漂过河道,牵引船到达夹沟河西侧岸边后使用挖机或卷扬机将管道拖到预制管位和夹沟河西侧预制段进行连头焊接。漂管过河之后,将河道内的管道加装浮桶,使河道内的预制管段尽量漂浮在水面上。

（5）定向钻钻进与定位测量技术

针对湖滩地区地面承载力较弱的特点,要浇筑稳固的地锚,长距离定向钻穿越需要使用混凝土进行地锚浇筑,以确保施工过程中地锚稳定。采用地磁线圈进行定位测量,如果河面跨度较宽,那么还需在河面布置线圈进行测量。

为减少定向钻泥浆对滩涂地区环境造成影响,泥浆池底部及四周均采用防渗材料布进行铺设,且相邻两条定向钻出入土点的泥浆池可共用,定向钻施工完成后及时将泥浆外运到特定的处理公司集中处理,以减少水域环境污染。

（6）管道连头、清管、试压

在定向钻主管回拖完成并且完成馈电测试后进行连头施工。连头施工完成后对连续定向钻进行整体清管、试压工作。最后将设备、材料通过船运导出湖滩,完成滩涂、河流段施工。

12.2.4 效果分析

在青宁输气管道工程 EPC 联合体二标段 F 区段线路工程中高邮湖连续定向钻穿越,7 条定向钻穿越总长度为 7 750 m。经建方、监理方、质量监督方等各方现场检查验收,工程质量符合设计、规范要求。

与定向钻＋大开挖施工相比,连续定向钻穿越具有以下优势:

（1）滩地开挖工作量小,单条定向钻工期可控,可合理安排施工周期,避开汛期。

（2）管道埋设深度均较深，仅定向钻连头点深度较浅，不存在上浮风险。

（3）管道多为地面预制，定向钻回拖，仅定向钻连头点需进行管沟开挖，风险较小。

（4）仅征用定向钻两段出入土点场地，开挖工作量较小，对环境影响较小。

（5）无须封航，社会影响较小。

工程实践证明在湖滩等地区采用连续定向钻穿越方式，既成功解决了滩涂等地区承载力弱，河流众多，难以进行线路直埋管道施工的难题，又加快了滩涂地区的施工进度，减少施工周期，同时减少对湿地环境的破坏。

12.3　定向钻穿越磁性有线控向工艺技术

12.3.1　概述

采用磁性有线控向系统（MGS），以地磁和重力场为参照物对定向钻施工的方向进行控制，为水平定向钻进提供实时信息。

MGS 通过产生直接的有关工具面、方位（水平角度）和倾斜度（垂直角度）的信息，给控向员和司钻提供准确的位置控制。数据由控向软件在地面进行处理，以提供深度、行程长度和偏离预定轨迹的距离。

MGS 系统由五个主要部分组成：一根探棒、司钻显示仪、接口仪、计算机和打印机。探棒装在一套无磁组件中，包括一根无磁钻铤、一根无磁导向短节和一根带喷射型钻具或泥浆马达钻头的无磁造斜短节。探棒信号经由控向线传导到地面，经过接口仪处理后传输到司钻显示仪及计算机，提供钻孔控向的实时信息。

12.3.2　定向钻穿越磁性有线控向工艺要点

（1）钻机锚固定位技术

开钻前，现场设备布置始终围绕钻机进行，因此要先确定钻机摆放位置，埋设锚固箱，其埋设示意图如图 12-2 所示。

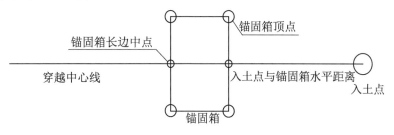

图 12-2　锚固箱埋设示意图

实际操作时,使用 GPS 对设计图纸给出的出入土点坐标进行线放样,定出穿越中心线。根据设计给出的入土角计算出入土点距离钻机锚固箱的水平距离,再根据钻机锚固箱的实际大小,计算出锚固箱 4 个顶点的位置,用 GPS 定位后打桩画线。锚固箱埋下后,需将锚固箱 2 条长边的中点与中心线进行比对,使锚固箱 2 个长边的中点与穿越中心线重合,再将其压实。

钻机就位后,将全站仪架设在钻机前方中心桩且与钻机通视的位置,距离尽可能远,将全站仪左右角度调整到中心线方向,用镜头十字刻度观察钻机动力头,以确保钻机动力头与十字刻度竖向方向重合,再将钻机与锚固箱连接。

钻机倾角需与入土角一致,将探棒装入无磁钻铤后连接上钻机,根据探棒给出的 Inc 值调节钻机倾角。

(2)人工磁场布设技术

一般来说,定向钻穿越在施工前都需要对场地进行平整,这导致出入土场地与图纸给出的高程有较大差别,因此需要对出入土点高程进行重新测量。入土点与锚固箱之间有一段悬空距离,由于钻具自重下垂,因此会导致入土点与锚固箱的水平距离比理论计算值要短。钻具安装完毕后,将钻头推至与地面接触,此时该点才是实际入土点坐标,整个导向曲线及人工磁场需以此点为基准点进行计算。

人工磁场在入土侧布置 3 个,出土侧布置 2 个,布置的位置尽量避开钢铁和电线等磁性干扰物,场地尽量平整,磁场大小根据实际情况可大可小,但要保证埋深和线圈电流的最低要求。若场地起伏较大,则需增加磁场顶点,以提高埋深的精确度。

入土侧第 1 个磁场尽可能靠近钻机,以尽早确定方向,减小错误的方位角对左右偏差的影响。第 2 个磁场主要用来和第 1 个磁场的数据进行对比,位置相对随意。第 3 个磁场尽量靠近河边等可能长期无法布置磁场的障碍物,以保证钻头在过河前位置可控。由于河面存在桥墩和船只等干扰物,可能对磁方位角产生干扰,因此,在钻头穿过江河后,出土侧在尽可能靠近河边的位置布置第 1 个人工磁场,并将得出的数据与入土侧第 3 个人工磁场的数据进行对比,以保证钻头在出土侧的位置可控。出土侧第 2 个人工磁场的位置相对随意,但应尽量远离出土点,否则用处不大。将该组磁场得出的数据与出土侧第 1 组数据进行对比,若吻合,则可放心出土,一般出土误差半径在 1 m 以内。

(3)穿越曲线绘制技术

穿越曲线通过 AutoCAD 软件绘制,包括平面图和剖面图。所有参数都采用 GPS 实际测得的数据,参数包括穿越水平长度、出入土点高差、出入土角大小、水平段最大埋深、1 500 D 曲率半径大小等。

穿越曲线绘制完成后,将电子版地勘图、地下重要障碍物及山脉断层走向等附在穿越曲线上,便于控向操作过程中进行参考,以便针对不同地层,对司钻操作和泥浆配比及时进行变更。

（4）磁方位角精密测量技术

在使用 GPS 放样穿越中心线时，GPS 手薄会给出理论 Az 值，但实际穿越中，地磁场会受到一定干扰，这个值通常情况下是固定的，因此，理论 Az 值仅供参考。

特别指出，探棒在使用前需要对其精度进行测量，测量时将探棒放置在木架上，使探棒旋转到 Hs＝0°，倾斜角 Inc＝90°，并首先测量方位角在 $Az＝0°$ 时的磁场（H）和重力场（G）和地磁夹角（Dip），然后将探头稳定在木架上以每次 45°转动，每转动 45°测量一组数据，在同一位置总共测量 8 组数据，每组获取 3 组数据，总共获取 24 组。测量完成以后，基于测量所得的 G-Total，H-Total，Dip 数据值，对每组数据进行比较，判定探棒误差。每组数据的误差值如果在规定范围之内，证明探头精度满足工程需要，可以使用；如果误差值超出规定范围比较大，应将探棒送厂家进行校正和修复；如果误差值超出规定范围较小，可以在测定参数时进行修正。其中 Dip 的最大误差值为 0.6°；H-Total 的最大误差值不超过 350 μg；G-Total 的最大误差值不超过 6 mg。

若无磁钻铤前端直接连接无磁造斜短节和钻头，则该钻具对探棒影响很小，因此，在开钻前，可预先在地面上测出磁方位角，沿穿越中心线方向选择至少 3 处远离磁场干扰的地点（远离干扰物至少 60 m，探棒不可直接放置在地面上，需要用木块架空）进行测量。探棒校正后，每个地点通过探棒测出 8～16 组 Az 值，选取出现频率最高的 Az 值作为基准。若无磁钻铤前端需要连接螺杆马达等井下动力钻具，则其对探棒数据影响较大，提前测得的磁方位角无法直接使用，因此失去了测量的意义，这种情况下可选择入钻后的第 3～5 根钻杆的 Az 值作为基准方位角。由于第 3～5 根钻杆下钻距离短，钻杆弯曲幅度小，偏差不大，因此 Az 值相对准确。而第 1～2 根钻杆由于埋深过浅，受地面钻机设备及钢板等影响较大，其 Az 值变化较大，一般不予采用，但此种办法要求钻机就位必须准确，若钻机就位与穿越中心线有较大夹角，则得出的磁方位角就是错误的。

（5）导向孔钻进精密控向技术

导向孔钻进前，必须对每根钻杆的长度进行精确测量，若穿越长度超过 1 000 m，则钻杆的长度误差会对钻进曲线长度产生较大影响。在测量钻杆的同时，需要对钻杆内部进行通球，防止钻杆内的金属碎屑冲至探棒附近卡住，对探棒的地磁场感应产生干扰。实际钻进后，需要将第 1～2 根钻杆的 Az 数据修正为之前确定的磁方位角。

在探棒进入第 1 个人工磁场后，测出探棒的真实埋深 Elev 和左右偏差 R/L 值，并与软件计算出的埋深和左右偏差进行比对，计算出真实位置与计算位置的左右夹角，反推出正确的磁方位角。这里要特别指出，每根钻杆测 2～3 组人工磁场数据，若数据相差较大，则应再次增加测量次数。若根据每根钻杆测出的人工磁场数据算出的中心线夹角都不完全一致，则实际操作中可选择最为相近的几组数据的平均值，来确定中心线夹角。埋深的差值是由于钻具自身重力下沉产生的，一般情况下实际埋深会比计算埋深要深 1～2 m，该值相对固定,但要予以重视,否则会导致钻头的延迟出土。

在实际钻进过程中,钻头会受到很多因素影响而跑偏。例如钻杆长期快速顺时针旋转,会导致钻头向右跑偏,这种现象在黏土层钻进时表现明显,在岩石地层影响相对较小。若穿越中心线离山较近,沿着山脉岩石走向,会导致中心线方向靠山一侧较硬,另一侧较软,在钻进时,钻头会顺着山势朝较软的方向跑偏等,这就要求事先将设计平面图和剖面图地勘信息附在穿越曲线图上,以便提前做出判断,避免实际曲线跑偏过多。

遇到穿越沿线地下有管道、桥梁地基,河面有来回船舶,空中有高压线等情况时,环境磁场的变化会导致探棒感应的地磁方位角发生变化,从而使中心线方位角发生变化。遇到此类情况时,应仔细分析人工磁场测得的参数,找出磁方位角的变化规律,判断出不同地段的正确磁方位角。同时,对单根钻杆的角度变化,结合司钻操作手法进行分析判断,例如整根钻杆旋转钻进,得出的方位角减小了 3°,即向左跑偏 3°,这种可能性是很小的,说明探棒可能是受到了磁场干扰,此时可结合 G-Total、H-Total、Dip 等数据值,观察其与之前钻进时的数值是否一致,若相差较大,则可佐证此判断,在数据采集时对此 Az 值进行修正。

钻头出土后,应用 GPS 对出土点的坐标高程进行采集,与控向期间计算出的出土点坐标理论数据进行比对,分析出误差产生的原因,以便下次改进避免。

12.3.3 效果分析

随着管道工程的不断发展,定向钻穿越技术日益成熟,对导向孔的施工质量要求也越来越高。本工程有线控向技术将导向孔全程及出土点的偏差控制在 1 m 范围内,控向精度得到了实践验证,为定向钻穿越提供了工程范例。

12.4 海缆与主管道同孔同步回拖施工技术

12.4.1 概述

输气管道定向钻穿越河流时,伴行光缆通常采用 $\phi 114 \times 8$ 镀锌钢管单独穿越,其定向钻出入土角、曲率半径与主管道相同,穿越轴线与主管道轴线平行,且位于主管道顺气流方向右侧 10 m 左右处(不小于 6 m)。镀锌钢管内预先穿置一根钢丝,镀锌钢管回拖完成后,利用预置的钢丝牵引两根硅芯管(一用一备),硅芯管牵引完成后进行吹缆,缆芯衰减测试符合技术要求后,再与一般地段普通光缆进行连接。一般地段伴行光缆敷设采取与主管道同沟敷设的方式,按照通信专业设计要求,设置在顺气流方向右侧,高程与主管道顶相同,与主管道外壁的垂直投影距离为 300 mm。在主管道上方 300 mm 处设置光缆警示带,以防非法取土、维护抢修、其他工程施工对主管道和光缆造成破坏。

在河流穿越空间开阔、地质条件良好且工期允许的情况下，此种施工方式对工程整体进展和按期投产并无大碍。但是在河流穿越空间受限、地质结构复杂的定向钻穿越中，由于工农关系协调难度大、赔偿额度高、复杂地层不可预见因素较多，因此预定工期内很难满足工期和技术等相关要求。在此条件下，采用海缆与主管道同孔同步回拖定向钻施工技术可以有效解决问题。

12.4.2 穿越曲线与穿越方案设计

（1）穿越曲线设计

入土角的选择与钻机有关，一般来说，入土角过大穿越优势并不明显。出土角的选择应根据穿越管径大小而定，管径越大出土角越小，这样有利于管线回拖。为了防止管涌对河堤造成破坏，根据国家相关规范和防洪评价专家意见，并结合穿越处的地表及地质情况，穿越南岸入土点与河堤的距离为 220 m，入土角为 8°；北岸出土点距离河堤 256 m，出土角为 6°。

在水平定向钻穿越工程中，导向孔的曲率半径是重要的设计参数之一，导向孔的曲率半径由准备铺设管道的弯曲特性确定。在穿越长度和工艺条件允许的情况下，穿越管段曲率半径尽量取大一些，这样有利于力的传递，最大限度发挥钻机性能，也有利于回拖过程中减少管道和回拖孔之间的摩擦力。因此，在进行导向孔设计时，一般采用经验公式计算定向钻穿越所需的曲率半径（穿越管段的曲率半径不宜小于 1 500 D）。结合穿越断面的地质剖面，经过工艺计算，穿越曲率半径为 1 524 m，定向钻穿越长度为 530 m。图 12-3 为穿越管道的纵断面图。

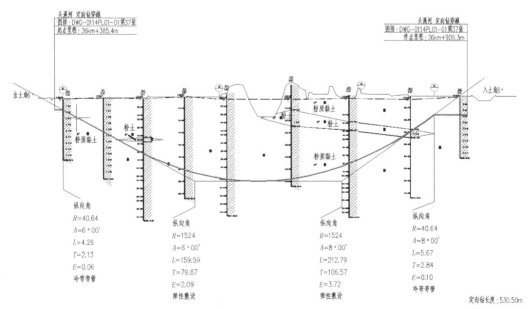

图 12-3 穿越管道纵断面图

（2）穿越方案设计

定向钻施工总工期为 20 天，根据地层岩性，穿越层中局部含有姜石。若采用主管道与光缆分开定向钻穿越方式，考虑到施工安全性，光缆导向穿越工期为 5 天，光缆导向孔回拖完成后，主管道穿越涉及钻机及配套设备就位、轴向测量、钻机调试等工序，预计完成主管道导向孔＋7 级扩孔＋2 级洗孔，安全完成回拖时间为 20 天，总工期达到 25 天。因此无法采用主管道与光缆分开定向钻穿越的施工方案。综合定向钻施工安全性、定向钻穿越地质条件、定向钻河道占用补偿费等因素，穿越工程采用海缆与主管道同孔定向钻穿越的设计方案。

12.4.3 海缆选型与海缆拖头制作工艺技术

（1）海缆选型

根据光缆敷设方式，光缆可以分为直埋光缆、管道光缆、水下光缆、架空光缆和海缆。由于光缆在主管道同孔回拖中自身密度较大，因此在重力作用下，光缆一般位于主管道侧下方孔底。

直埋光缆、管道光缆和架空光缆的允许拉伸力都较小，而光缆与主管道同孔同步回拖时，无法避免与孔壁、岩石产生摩擦，并可能局部与主管道缠绕产生较大侧向压力。直埋加强型光缆虽然拉伸力满足强度要求，但是其外部保护层薄弱，一旦受损，就会影响光缆的绝缘性能，无法满足光纤衰减系数≤0.22 dB/km 的技术要求。水下光缆一般用于大（中）型河流和开阔水域穿越，根据地质条件不同，可以采用机械挖掘、水泵冲槽、截流挖沟等方式敷设，其水密性、耐腐蚀性较好，而抗拉强度和抗水侧向压力性能一般。海缆主要用于海底敷设，其水密性、耐腐蚀性、抗拉强度和抗水侧向压力性能都比直埋光缆、水下光缆要好。虽然海缆的采购周期、制造周期较长，采购费用较高，但提前设计提前采购，可以满足工期要求。因此最终选用海缆。

浅海海缆结构示意图见图 12-4 所示。

（2）海缆拖头制作

海缆与主管道在同一定向钻孔一同回拖必须自制拖头。为有效减少回拖阻力，拖头采用内置卡挂式，且拖头连接在主管道的牵引头钢管的内部，采用与主管道同等级同口径的 D1 016×21.0 钢管 3 m，内置穿销距离主管道拖头连接点 300 mm，以确保承受足够拉力。穿销采用 φ508×20.62 的无缝钢管，在海缆拖头上打两个直径分别为 130 mm 的圆孔，以便穿销穿入。光缆进槽口在主管道连接点前方 500 mm，向前开槽 300 mm×35 mm 顺向打圆滑坡口，以防止海缆受损。将海缆从进槽口穿进拖头内伸出拖头外，再将海缆回弯（回弯可容穿销），用 U 形卡卡紧回拖到拖头内，穿上销子，并将销子与海缆拖头连接处焊接（满焊并进行无损检测）。

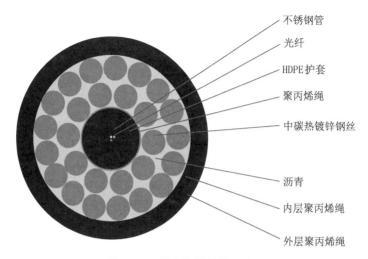

图 12-4 浅海海缆结构示意图

拖头制作完成后,按主管道焊接方法将海缆拖头与管道拖头、主管道焊接(在海缆拖头与主管道之间加焊盲板,以避免泥浆、碎石进入主管道),最后用小铁片将海缆固定在主管道连接点上。海缆拖头与管道拖头、主管道连接示意图见图 12-5 所示。

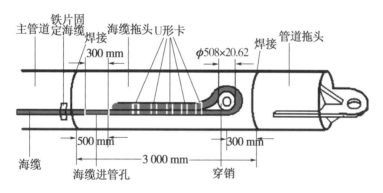

图 12-5 海缆拖头与管道拖头、主管道连接示意图

由于穿销处海缆受拉力较大,在海缆拖头内的海缆光纤将受到损害,为保证海缆线路的通信质量,需将受损光纤的海缆切除,因此在回拖时要求管道多拖出 3～5 m,并在穿越两侧的手孔内,将海缆与普通光缆进行接续。海缆除了在海缆拖头上固定连接外,其余部分以自由状态(海缆置于主管道的下方或者侧面)与主管道一起回拖。海缆穿越拖头及安装现场照片见图 12-6、图 12-7 所示。

(3)海缆受力分析

水平定向钻穿越的回拖力是各种因素共同作用的结果。根据《油气输送管道穿越工程设计规范》(GB 50423—2013)的相关规定,穿越管段回拖时,钻机的最大回拖力可以按照下式计算值的 1.5～3 倍选取。

图 12-6　海缆穿越拖头现场照片

图 12-7　海缆安装现场照片

$$F_L = L \cdot f \left| \frac{\pi \cdot D^2}{4} \gamma_m - \pi \cdot \delta \cdot D \cdot \gamma_s - W_f \right| + K \cdot \pi \cdot D \cdot L$$

式中：

F_L ——计算的拉力（kN）；

L ——穿越管段的长度（m）；

f ——摩擦系数，取 0.3；

D ——钢管的外径（m）；

γ_m ——泥浆重度（kN/m³），可取 10.5～12.0；

γ_s ——钢管重度（kN/m³），取 78.5；

δ ——钢管壁厚（m）；

W_f ——回拖管道单位长度配重（kN/m）；

K ——黏滞系数（kN/m²），取 0.18。

经过计算，定向钻穿越回拖力为 993 kN，取 2 倍的安全系数，设计回拖力为 1 986 kN。

对海缆进行受力分析，可以判断出同孔同步回拖海缆增加的回拖力是否会对定向钻回拖产生较大的影响。同孔同步回拖海缆外径为 DN35，长度为 600 m（4.0 kg/m），经过计算 2 根海缆的回拖力为 47 kN。主管道回拖力和海缆回拖力累加为 2 033 kN。

12.4.4　海缆同孔同步回拖工艺要点

（1）分级扩孔技术

为防止导向孔钻杆失稳及管道回拖过程中因钻机回拖力过大损坏管道，要求在导向孔钻进、扩孔（洗孔）工艺、泥浆控制等方面要采取优化的技术措施。定向钻预扩孔过程采用分级扩孔，根据定向钻穿越管道规格 D1016，以及地质情况可能会发生的"缩孔"问题，选取每级扩孔器直径为：500 mm、750 mm、900 mm、1 050 mm、1 200 mm、1 350 mm、1 500 mm,共七级扩孔,并在扩孔完成之后进行1～2次清孔。

扩孔过程中,根据上一级扩孔情况制定下一级扩孔方案,选择扩孔器型号及扩孔级别。如果上一级扩孔的扭力不稳定,扭力忽大忽小,那么将采用同一级的桶式扩孔器进行清孔后,再进行下一级扩孔。

根据扩孔器在不同地层的扭力、拉力情况,调整泥浆排量,同时要根据扩孔的级别大小调整排量,扩孔级别越大,排量越高,清孔时适当提高排量,以便最大限度地带出钻屑。

为了减少海缆与主管道同孔同步回拖过程中的剐蹭和挤压,避免海缆断芯或断缆,扩孔直径为主管道外径的1.48倍。

（2）海缆应力释放技术

在海缆与主管道同孔回拖前,要将成盘的海缆沿主管道两侧自由散开,以消除在制造、上盘过程中形成的压力,防止回拖过程中因为内应力造成海缆盘卷或死结。在回拖过程中,定向钻出入土端要选派经验丰富责任心强的工作人员,双方要保持通信畅通,同步回拖过程中发现异常情况（海缆打卷、拧结）立刻停止回拖,并及时处理问题。

回拖前重点检查万向牵引头的灵活性,确保其转动灵活、无卡滞,避免在回拖过程中发生主管道在孔洞内转动而造成海缆缠绕管体的严重情况。

（3）管线回拖工艺技术

扩孔完成后首先要清除杂物,同时按照钻机＋钻杆＋扩孔器＋旋转接头＋U形环＋拖拉头＋海缆拖头＋主管道的顺序把回拖钻具连接好。根据现场实际情况,回拖采用发送沟的方式发送,首先在发送沟内注入水和泥浆,保证管道在发送沟内处于悬浮状态,管线在其上面匀速行进,做好电火花检测,保护好管道防腐层。控制回拖速度不超过2 m/min,防止因回拖速度过快挤压原孔内泥浆造成孔壁失稳。但回拖速度也不能太慢,否则,管道在孔洞中停留时间过长,有可能造成回拖中断,孔壁泥浆失水量增大,井眼泥饼失去原有的强度,孔壁会因强度不足而垮塌,出现变形。

（4）泥浆循环利用技术

定向钻施工的泥浆处理费用是整个穿越工程费用的重要组成部分,其处理的方法不同,泥浆的用量不同,工程的成本就有很大不同。采用泥浆回收系统,通过重复利用泥浆来满足施工需要,可以降低泥浆材料的消耗,减少泥浆外运处理的费用,从而降低整个工程费用。

12.4.5　效果评价

（1）施工工期分析

采用海缆与主管道同孔穿越工艺能有效减少光缆管定向钻穿越施工的次数,避免钻机二次移位、地锚二次拆除安装等烦琐工作。特别是对于穿越距离长、地质结构复杂的定向钻穿越工程,可以有效缩短施工工期。本工程定向钻光缆导向孔穿越时间为 5 天,钻机移位、地锚拆除安装 3 天,累计节约工期 8 天。青宁输气管道工程二标段定向钻 110 条,在投产工期无法压缩的情况下,部分定向钻采取海缆与主管道同孔同步定向钻回拖技术,可以有效缓解工期压力,为站场、阀室施工预留更多的施工时间,保障工程按期投产。

（2）施工风险分析

依据岩土报告和现场实际情况,进行细致的风险分析,制定切实有效应对措施。海缆与主管道同孔同步回拖定向钻在进场前进行了地质加密补勘工作,在原来岩土数据基础上进一步分析了地质结构的复杂程度,并对定向钻穿越层位、深度进行了反复确认,优化了施工方案,有效降低了施工风险。严格控制固定点的连接、泥浆比重和黏度、循环泵泵压、海缆应力释放及回拖速度,在 12 天工期内成功实现回拖。回拖完成后,对光缆的绝缘性能进行了检测,完全满足光纤衰减系数≤0.22 dB/km 的技术要求。

（3）经济效益和社会效益

传统方式:普通光缆(镀锌钢管)管道定向钻穿越主要包括镀锌钢管焊接、防腐、钻孔、回拖,2 根硅芯管(一用一备)的穿越,硅芯管内吹缆等工作。一般光缆定向钻穿越(镀锌钢管采购费、焊接防腐费用、镀锌钢管定向钻穿越施工费用、硅芯管穿越施工费用、光缆材料费等)总体施工费用为 3.80×10^4 元/km。普通光缆定向钻穿越要额外增加 10 m 宽征地,按照对外协调费用(经济发达地区),每千米征地费用(按两季临时赔偿标准核算)为 45.00×10^4 元/km。因此普通光缆定向钻穿越综合费用为 48.80×10^4 元/km。

同孔同步回拖施工方式:海缆定向钻穿越(海缆采购费、海缆拖头材料费、海缆拖头和海缆安装费等)总体费用为 24.52×10^4 元/km。

由数据可见,海缆定向钻穿越比普通光缆(镀锌钢管)管道定向钻穿越费用节省约 50%,经济效益显著。

12.5　复杂地质大口径长距离顶管穿越施工技术

12.5.1　概述

顶管穿越是针对铁路、道路、河流或建筑物等各种障碍物采用的一种暗挖式施工方法。在施工时,通过传力顶铁和导向轨道,用支撑于基坑后座上的液压千斤顶将管压入土层中,同时挖除并运走管正面的泥土。当第一节管全部顶入土层后,接着将第二节管接在后面继续顶进,这样将一节节管子顶入,做好接口,建成涵管。

青宁输气管道工程 EPC 二标段 F 区段 G40 国道和 S125 省道均采用顶管穿越,其中一次性顶管穿越最长距离达到 631 m,通过工程实践形成了《复杂地质大口径长距离顶管穿越施工工法》。

顶管穿越施工流程见图 12-8 所示。

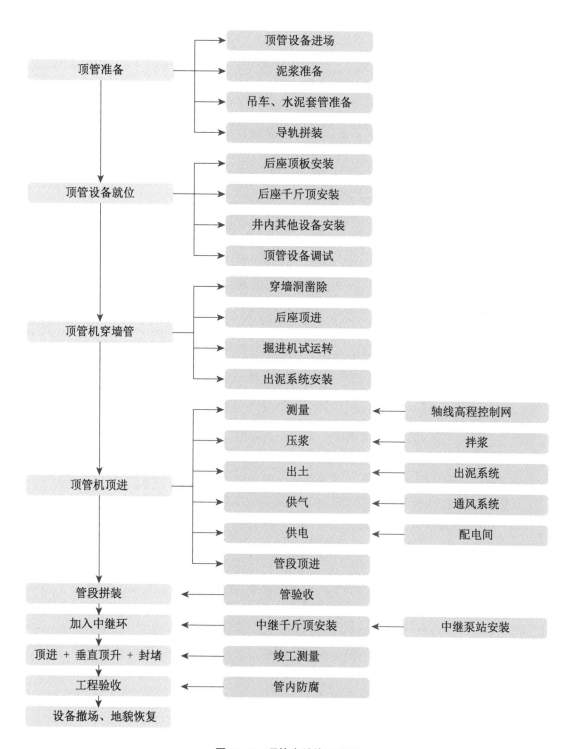

图 12-8 顶管穿越施工流程

12.5.2　顶管穿越施工工艺要点

(1) 测量控制技术

① 地面控制测量技术

施工前根据工程定位和测量标志对导线点、水准点及其他控制点进行复测,同时测量施工过程中使用的加密控制点。

② 顶管机顶进测量技术

采用顶进姿态测量控制系统测量以激光导向点为参照的顶管机切削舱测量板的垂直和水平位移、激光入射水平角及顶管机切削舱仰角及滚动角,通过远距离摄像监控及微机系统对测量数据进行处理计算,并将处理结果反映出来的顶管机位置偏差显示在操作室屏幕上,对顶管机进行修正纠偏作业。

测量系统由激光定向仪、经纬仪、电子测距仪、水准仪组成。

测出顶管机切削舱测量板的仰角、滚动角、水平角三个数据,并测出激光基准点相对于顶管机的位置 (X,Y)。

直线段每 50 m 左右安装接口系统,以使发射的激光束能够被目标系统有效接收。同时,人工测量出经纬仪的坐标 (X,Y,Z),输入控制系统,作为计算顶管机位置的基准。

(2) 顶力及承载力计算分析

根据顶进长度、套管材质、触变泥浆配比及地质等情况,计算顶管所需顶力、后背墙承载力等数据,从而选择合适的顶管机规格及中继间位置、数量等,防止混凝土套管破损或顶力不足影响施工质量。

(3) 顶管注浆工艺

顶力控制的关键是最大限度地降低顶进阻力,而降低顶进阻力最有效的方法是注浆。通过在管外壁注浆使套管与土层之间形成一条完整的环状的泥浆润滑套,将原来的干摩擦状态变为液体摩擦状态,这样就可以大大地减少顶进阻力。

复杂地质情况下,套管与周围土体之间的摩擦关系是影响顶管成败的关键。由于地质复杂,顶进过程摩擦系数会因不同地质产生不一样的变化,因此需采用不同的泥浆配比,以保证摩擦系数处于一个相似值。

(4) 顶管顶进纠偏技术

实际顶进时顶进轴线和设计轴线经常发生偏差,特别是长距离顶管尤为明显,因此采用千斤顶伸缩量纠偏技术,使偏差值逐渐减小并使顶进轴线回至设计轴线位置。施工过程中,以"勤测、勤纠、缓纠"为原则,防止剧烈纠偏,以免对管节和顶进施工造成不利影响。

针对钢管柔性不足以及发生偏差后纠正困难等情况,采用钢管柔性连接技术,在掘进机后设置三个柔性连接短钢管,长度为 1.5 m,管节间用带密封圈的承插口进行连接,两节钢管间可以有 2°的夹角,以克服钢管顶进方向不易控制的缺点。

(5) 长距离稳压供电技术

顶管作业装备对电压波动比较敏感,因此需保证电压足够平稳。由于顶管管径小,采用高压供电缺乏安全保障,因此采用 380 V 低压输电。现场施工一般供电距离较长,因此必须加大电缆容量,并设置增压设备,以便在压降过大时起稳压作用。为防止不可预见情况发生,一般安装一套自动增压装置,当线路压降过大时,增压装置开启,稳定施工用电电压,保证顶进设备正常运作。

(6) 长距离顶管通信与监控技术

长距离顶进必须保证信息交换畅通,同时对施工人员进行监护,防止发生安全事故。现场通信采用数字程控交换机,各联络点之间通过电话联系。由于管道内空气潮湿,因此使用防潮、防爆的矿用电话机或对讲机,以保证通话质量。

监控采用两台监视器,分别对工具管操作面和主顶操纵台进行监控。为解决传输信号长距离输送衰减问题,采用信号放大技术将信号放大后再送上地面,以保证图像清晰。

(7) 长距离通风技术

采用长距离压入式管道通风系统,通风管被固定在基坑侧壁及钢管内壁的侧边,中继间处采用风琴式软管,以利风管伸缩。施工过程中风管随着钢管的延伸而不断接长,以确保管道通风顺畅。根据现场情况也可借助氧气袋在套管内短暂作业。

通风管选用 $\phi150$ 硬质 PVC 管,另外顶进施工完成后拆除中继间等设备时加设小型鼓风机。

(8) 顶管机倒退防护技术

在出洞处和较短的顶进距离内,顶管机和管道在地下水和土压力作用下容易产生后退现象,存在地面塌方和人机受损风险。为此采用顶管机倒退防控技术,在工作井穿墙管的周围井壁上预埋多块锚固钢板作为锚固点,在出洞和下管时用多个大吨位手拉葫芦将锚固点和顶管机(钢管)牵制起来,钢管与导轨之间用焊板固定,以防止顶管机和钢管后退。

(9) 软硬交替地层顶管穿越轴线控制技术

针对顶管穿越软硬交替地层时易出现顶管偏离轴线和控向困难的技术难题,采用软硬交替地层顶管穿越轴线控制技术:一是在提前做好地质勘探预报的基础上,采用优质耐磨刀具,保证超挖刀的完好和切削能力;二是减少顶管机在下硬层的垫高效应,适当将机头向硬层偏掘,减小刀盘的偏心反作用力;三是降低顶进速度和刀盘转速,平衡刀盘正反转;四是减少刀盘的冲击和顶管机的滚转,保障顶管机的纠偏系统正常工作;五是精细调控循环泥浆配比以及顶进参数,减少因上软层的土体流失而导致的地面沉降和对周边建筑物、构筑物的破坏。

(10) 顶管穿越轴线控制及机头上浮控制技术

穿越施工要根据穿越段土质和覆土厚度,基于管道轴线监测信息的分析,结合顶力、顶进速度和出土量三者的相互关系,控制纠偏量,减少对土体的扰动。同时根据施工速度、出土量和顶力的变化,及时调整施工参数,从而将对河道的影响控制在允许范围内。

在穿越施工时,采取 4 组纠偏千斤顶控制机头姿态,并根据实际顶进情况,在机头尾部一定范围内(含机头)采取管底压载措施以控制机头上浮。

(11) 高压注浆土体加固技术

顶管穿越环境复杂、土质自稳性较差时,在顶管管道周围 1 m 范围内进行 1:1 水泥砂浆注浆加固处理,从管道内侧钻孔,采用高压注浆泵向管体外进行注浆。若部分土质自稳性极差,则可单独在顶管管道两侧 20 m 范围内对该段地质采用双重管高压旋喷进行土体加固,防止水土流失导致地面塌陷。

（12）长距离顶管抗渗及封堵技术

长距离顶管抗渗主要从中继间闭合、机头后期封堵以及注浆孔的封堵等方面来控制。

根据顶管覆土深度及地质情况判断中继间密封圈磨损情况,若密封圈磨损比较严重,则在顶进过程中加强对中继间等薄弱环节的密封处理,以确保混凝土套管顶管内的施工作业安全。

顶管顶进施工完成后,采用密封胶对安装单瓣单向阀的注浆孔进行封堵。对无单向阀的监察孔必须事先压浆后再进行封堵。采用斜螺纹钢闷头对注浆孔进行封堵。顶管施工作业现场见图 12-9 所示。

图 12-9　顶管施工作业现场

12.5.3　主要机具设备

主要机具设备如表 12-2 所示。

表 12-2　顶管穿越主要机具设备一览表

序号	名称	单位	数量	备注
1	泥水平衡掘进机	套	1	根据穿越管径及地层结构选用
2	双冲程油缸	只	6	根据顶力计算配置规格及数量
3	液压动力站	套	1	
4	注浆管路设备	套	1	套管外壁注浆
5	泥水管路设备	套	1	泥水回收
6	行车	台	1	套管吊装

序号	名称	单位	数量	备注
7	汽车吊	台	1	套管吊装
8	液压注浆泵	台	2	注浆
9	污泥泵	台	2	泥水回收
10	液压挖掘机	台	4	泥浆池及基坑开挖
11	步履式打桩机	台	1	基坑防护
12	压密注浆机	台	1	注浆
13	电焊机	个	2	工作井钢筋焊接
14	对讲机	个	4	通信
15	气体检测仪	个	2	
16	鼓风机	套	2	
17	RTK	套	1	测量、纠偏
18	水准仪	套	1	测量、纠偏

12.5.4　效益分析

（1）青宁输气管道工程 EPC 二标段 F 区段 G40 国道顶管。该顶管顶进长度为 631 m，顶管采用泥水平衡顶管，机头采用岩石机头，中间设置 3 组中继间，顶管周期为 61 天，一次顶进成功，轴线未发生偏移，道路未发生沉降。

（2）青宁输气管道工程 EPC 二标段 F 区段 S125 省道顶管。该顶管顶进长度为 264 m，顶管采用泥水平衡顶管，机头采用岩石机头，中间设置 1 组中继间，顶管周期为 15 天，一次顶进成功，轴线未发生偏移，道路未发生沉降。

（3）泥水平衡顶管穿越技术有效保护了生态环境，消除了易坍塌复杂地质的施工安全风险，保护了穿越地段的公路、铁路、河流的运行安全。与组合式多条顶管穿越相比，工期缩短了 33%，工程施工费用降低了 11%。与定向钻穿越施工相比，工期缩短了 29%，工程施工费用降低了 20%。

12.6　定向钻压密注浆施工技术

12.6.1　技术简介

压密注浆工艺将具有固化能力和渗透力的浆液通过钻孔挤向土体，占据原来被水占据的空隙，达到提高地质强度，降低渗透性的目的。

压密注浆施工工艺流程如图 12-10 所示。

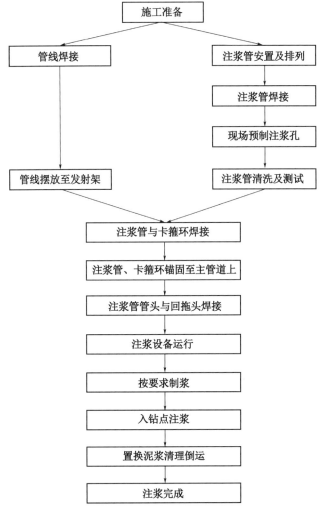

图 12-10　压密注浆工艺流程图

12.6.2　定向钻压密注浆施工工艺要点

（1）施工准备

按穿越压密浆液的工艺要求及地质情况拟定配制表，确定正确的混合次序，按不同的地质条件配制出符合要求的压密浆液。压密注浆配比为水灰比例为 1∶1。

（2）注浆管道的焊接与摆放

穿越主管道焊接完成后，进场对附属注浆管道进行焊接，根据定向钻穿越曲线确定注浆管的焊接长度，从入土端直至整个水平段。如：本次西大堤定向钻长度为 515 m，附属注浆管道选择 φ76×6 的钢管，焊接附属注浆管道 300 m，在管道两端进行封堵。

（3）注浆孔预制

管道焊接完成后,在注浆管道的水平位置段开设注浆孔,每隔 1.5 m 左右开一注浆孔,注浆孔径为 10 mm,并根据地层不同选用不同的打孔方式(直钻、前斜、后斜、喷洒、直喷等),以确保浆液能够更好地适应地层变化,关键部位的密实效果更好。

（4）卡箍环的预制及固定

为防止破坏管道防腐层,使用卡箍将注浆管道固定在主管道上。卡箍环采用 3 200 mm×40 mm×8 mm 的扁钢制作。将准备好的扁钢中心与注浆管道焊接在一起(图 12-11),注浆管道每隔 5 m 设置一个卡箍环,最后将制作好的卡箍环及注浆管道一起固定至主管道上(图 12-12),卡箍环与主管道防腐层之间使用 3 200 mm×300 mm×8 mm 的橡胶垫进行隔离固定,在卡箍环连接头处使用螺母、螺栓进行绞固。

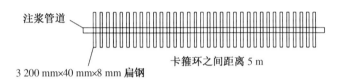

图 12-11　注浆管道与卡箍环焊接示意图

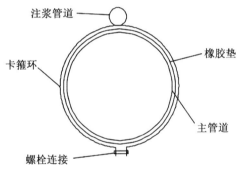

图 12-12　卡箍环与注浆管道固定示意图

（5）注浆设备调试

定向钻穿越施工准备完成后,将注浆管道与回拖头焊接的封头割除,然后将泥浆泵与注浆管道进行连接(图 12-13)。连接完成后开始调试泥浆泵,初次注水压力在 0.2～0.4 MPa 之间,控制流量速度。调试完成后安排注浆工根据配比好的浆液配方配置压密浆。

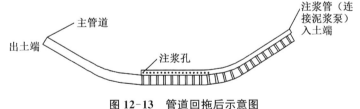

图 12-13　管道回拖后示意图

（6）压密注浆

将发电机、泥浆泵及连接设备调试好后,低转速注入压密浆液,观察泥浆泵仪表的压力显示,稳定值至 0.4 MPa 左右时,加大泥浆泵转速至中速,观察泥浆泵仪表,如仪表压力猛然上升,关闭泥浆泵,重新以低压进行注浆;如仪表压力稳定值在 0.6 MPa 左右时,可再次加大泥浆泵转速至高速,正常注浆。注浆时,回扩孔洞根据返浆情况确认注浆完成度。当管道入土端或出土端有水泥浆返出时,注浆完成。

12.6.3　效果评价

（1）施工工期分析

在主管道回拖完成后通过注浆管道注浆孔,以较高的压力将浆液注入管道穿越地层中,通过分析地层地质情况,合理确定注浆管道的管径、注浆孔的间距及孔径大小,可以有效地减少注浆量进而缩短施工工期。本工程注浆管道的熔接及固定时间为 3 天,注浆孔的预制时间为 1 天,可在管道回拖时同步进行,缩短施工工期。

（2）施工风险分析

管道注浆依据岩土报告和现场实际情况,进行细致的风险分析,制定切实有效的应对措施。为了保证地层的结构以及减少施工对周围的破坏,并同时达到避免地面沉降的效果,应根据注浆过程中相关参数的变化同步调整注浆压力。

（3）经济效益和社会效益

随着非开挖技术在管道铺设中的应用越来越广,其引起的地基变形问题也得到了更多的重视。压密注浆技术是一种操作简便、经济实效的应用方法,通过对穿越管线与扩孔洞之间的缝隙进行密压注浆施工,达到填充缝隙的目的,可以有效解决地面沉降的问题。同时,该工艺可以提高工效、降低施工成本,保证工程质量和施工安全。

参 考 文 献

［1］ 高鹏,高振宇,刘广仁.2019 年中国油气管道建设新进展[J].国际石油经济,2020,28
(3)：52-58.

［2］ 郝洪昌,邢万里.中日韩印天然气贸易多元化和竞争关系研究[J].中国矿业,2019,28
(11)：1-8.

［3］ 谷学伟,吴佩英,刘月婷.江苏省天然气发展[J].煤气与热力,2018,38(12)：14-17.

［4］ 车晓波.江苏省天然气市场发展的高度[J].能源,2019(10)：30-32.

［5］ 高雪峰,董梅,黄巍,等.卫星高强密度研制 AIT 质量管控模式[J].上海航天,2014,31
(S1)：42-44.

［6］ 唐一华.新形势下我国运载火箭发展战略设想(上)[J].航天工业管理,2000(8)：17-18.

［7］ 邹灼.如何提高施工项目管理[J].科技信息,2010(5)：330.

［8］ 王素卿.大力推行工程项目管理和工程总承包:在第二届建设项目管理和工程总承包
经验交流暨表彰大会上的讲话[J].中国工程咨询,2005(12)：7-9.

［9］ 郑常春.矩阵型组织结构模式的应用与常见问题探讨[J].化学工程与装备,2016(12)：
167-171.

［10］ 朱晓轩,朱鹤,冯昕玥.工程招投标与合同管理[M].2 版.北京：电子工业出版社,2017.

［11］ 彭媛.企业建设项目招投标过程控制与管理[J].建筑与预算,2018(4)：18-20.

［12］ 李永福.EPC 工程总承包全过程管理[M].北京：中国电力出版社,2019.

［13］ 陈国龙.EPC 联合体工程总承包模式的管理实践[J].中国勘察设计,2020(5)：37-39.

［14］ 程振华,刘冬林,管荣昌.青宁输气管道工程 EPC 联合体模式应用与实践[J].山西建
筑,2021,47(8)：5-8.

［15］ 贺青.项目前期策划过程中的成本控制建议研究论述[J].企业文化,2016(10)：174-175.

［16］ 田奕丰,薛旭艳,米伟,等.撬装化设计在长输天然气管道站场的应用[J].石油规划设
计,2018,29(6)：34-36.

［17］ 李南.长输天然气管道站场撬装化设计与应用[J].科学与财富,2019(9)：91.

［18］ 周在生.谈管道工程物资采购过程质量管理[J].中国石油和化工标准与质量,2020,40
(1)：38-39.

[19] 王双喜,李雪松,王亚广.输油管道工程 EPC 项目物资采购管理改进研究[J].工程建设与设计,2016(10)：204-205.

[20] 杨博文.关于物资采购 HSE 风险与管控分析[J].中国石油石化,2016(21)：114-115.

[21] 李建波,王文友.浅谈天然气长输管道项目建设中的质量管理[J].中华民居(下旬刊),2014(6)：427.

[22] 裴全斌,闫文灿.天然气长输管道天然气质量管理现状及建议[J].工业计量,2018,28(3)：22-25.

[23] 张天基.长输管道 SCADA 系统的建设实践[J].油气储运,2008,27(5)：55-59.

[24] 宋殿友.天然气输气管道设计中的常见难点解析[J].科技与创新,2015(7)：139-141.

[25] 康军霞.石油化工设计中的创新与应用研究[J].化工管理,2017(24)：219.

[26] 辛艳萍.中国油气管道技术现状与发展趋势分析[J].天然气与石油,2020,38(2)：26-31.

[27] 郑军生,田学辉,魏梦凯,等.输气管道用无溶剂内减阻防腐涂料的制备与性能研究[J].中国涂料,2019,34(8)：29-32.

[28] 程振华,刘晓伟,管荣昌.天然气管道超长距离连续定向钻穿越工程设计与施工[J].石油工程建设,2021,47(6)：66-69.

[29] 魏丹.探究财务管理制度在企业发展中的融合应用[J].中国商论,2018(20)：96-97.

[30] 武晓峰.浅谈当代企业文化建设[J].科技信息,2010(22)：53.

[31] 周海军.青宁输气管道工程 EPC 联合体建设模式实践与成果[M].南京：东南大学出版社,2020.

[32] 李森,张水波.EPC 工程总承包全过程管理[M].北京：中国建筑工业出版社,2020.

[33] 李长虹.油气田地面建设总承包项目物资总体招标采购方案策划[J].招标采购管理,2016(12)：52-54.

[34] 范云龙,朱星宇.EPC 工程总承包项目管理手册及实践[M].北京：清华大学出版社,2016.

[35] 刘晓东.新时代加强国有企业党建工作的思考[J].现代企业,2019(6)：44.

[36] 陈锴,连可.项目管理全寿命周期中前期项目策划管理的实施与价值讨论[J].管理世界,2018(3)：265-266.

[37] 李长虹.油气田地面建设总承包项目物资总体招标采购方案策划[J].招标采购管理,2016(12)：52-54.

[38] 寇江.EPC 总承包项目的采购管理[J].现代商贸工业,2014,26(8)：6-7.

[39] 谢坤,唐文哲,漆大山,等.基于供应链一体化的国际工程 EPC 项目采购管理研究[J].项目管理技术,2013,11(8)：17-23.

［40］孙晓东,刘雨.供应链管理模式下的采购管理研究［J］.中外企业家,2013(17)：90.

［41］马彦锋.EPC 工程项目供应链物资采购模式探讨［J］.项目管理技术,2012,10 (10)：79-84.

［42］李路曦,王青娥.基于供应链管理的 EPC 项目物资采购模式［J］.科技进步与对策, 2012,29(18)：66-68.

［43］刘剑华.EPC 采购监管要走节点策略［J］.石油石化物资采购,2013(3)：70-71.

［44］熊小刚.EPC 总承包项目中物资采购与管理探讨［J］.中国物流与采购,2012 (19)：76-77.

［45］薛杨.石油企业 EPC 总承包项目物资采购管理模式研究［J］.化工管理,2018(14)：252.

［46］高宁,李莉,蔡霞,等.浅谈物资中转现场管理［J］.河北企业,2012(12)：19.

［47］雷惠博,张兴昌.管道物资中转站的管理［J］.石油工业技术监督,2006,22(9)：15-17.

［48］贺青.项目前期策划过程中的成本控制建议研究论述［J］.企业文化,2016(10)：174-175.

［49］黄旭.机载激光雷达技术在送电线路设计中的应用［J］.红水河,2009,28(1)：21-23.

［50］韩改新.机载激光雷达（LIDAR）技术在铁路勘测设计中的应用探讨［J］.铁道勘察, 2008,34(3)：1-4.

［51］中华人民共和国住房和城乡建设部.石油化工工程数字化交付标准：GB/T 51296— 2018［S］.北京：中国计划出版社,2018.

［52］韩超,勒国锋.Smart Plant 在油田地面三维工程设计中的应用［J］.油气田地面工程, 2011,30(6)：73-74.

［53］张文军.SPF 设计集成在石油工程设计的应用［J］.科学与财富,2017(34)：13.

［54］罗晓琳.三维工程设计软件在油田工程设计中的应用［J］.油气田地面工程,2013,32 (8)：49-50.

［55］蒋曼芳.基于石化企业数字化工厂技术研究［J］.信息系统工程,2015(8)：21-22.

［56］闫婉,任玲,宋光红,等.数字化协同设计对智能油气田建设的支持［J］.天然气与石油, 2018,36(3)：110-115.

［57］黄靖丽.三维数字化技术在数字化工厂的应用［J］.中国管理信息化,2018,21 (1)：55-57.

［58］中华人民共和国住房和城乡建设部.输气管道工程设计规范：GB 50251—2015［S］.北 京：中国计划出版社,2015.

［59］丁震.浅谈 SPPID 在石油化工项目中的应用［J］.建筑工程技术与设计,2018, (34)：458.

［60］王云峰.强磁性管道现场焊接消磁技术［J］.石油化工建设,2009,31(1)：71-74.

［61］苏丽珍,何莹,李桂芝,等.高钢级管线钢管环焊缝高强匹配研究［J］.焊管,2009,32(9)：

27-30.

［62］唐家睿.基于应变设计管线的环焊缝断裂韧性研究［D］.西安：西安石油大学,2016.

［63］尹长华,范玉然.自保护药芯焊丝半自动焊焊缝韧性离散性成因分析及控制［J］.石油工程建设,2014,40(2)：61-67.

［64］居兴波.嘉兴市天然气管道阴极保护远程监控系统的实现［J］.上海建设科技,2016(4)：58-61.

［65］关维国,秦志猛,任国臣,等.基于 GPRS 的输油管道阴极保护远程监测系统设计［J］.计算机测量与控制,2015,23(8)：2736-2738.

［66］王建才,闫旭光,刘金川.输油管道阴极保护防腐技术的研究［J］.化学工程与装备,2014(1)：21-22.

［67］陈扬,施养琛,陈晓峰.阴极保护远程监测管理系统［J］.上海建设科技,2016,24(1)：6-12.

［68］周国雨.新建交流输电线路对埋地金属管道电磁影响研究［D］.北京：华北电力大学,2017.

［69］商善泽.直流接地极入地电流对埋地金属管道腐蚀影响的研究［D］.北京：华北电力大学,2016.

［70］王爱玲.750kV 高压交流输电线路对埋地管道的干扰规律研究［D］.东营：中国石油大学,2013.

［71］中华人民共和国住房和城乡建设部.油气输送管道穿越工程设计规范：GB 50423—2013［S］.北京：中国计划出版社,2013.

［72］中华人民共和国住房和城乡建设部.油气输送管道穿越工程施工规范：GB 50424—2015［S］.北京：中国计划出版社,2016.

［73］尹刚乾,汤学峰.磨刀门水道水平定向钻穿越施工技术［J］.石油工程建设,2008,34(6)：38-39.

［74］李效生,刘宪全.定向钻穿越技术在清江河天然气管道敷设的应用［J］.安徽地质,2014,24(1)：56-59.

［75］孙帅,王朋举.水平定向钻管道穿越技术的最新发展［J］.建筑工程技术与设计,2020(6)：587.

［76］郑明高.超长距离复杂岩层定向钻穿越施工技术［J］.石油工程建设,2018,44(6)：60-62.

［77］乌效明,胡郁乐,李粮纲,等.导向钻进与非开挖铺管技术［M］.武汉：中国地质大学出版社,2004.

［78］范培焰.有线控向系统在定向钻穿越中的应用［J］.石油工程建设,1999,25(3)：28-30.

［79］叶文建.水平定向钻穿越施工中的定向控制技术[J].非开挖技术,2007,24(2)：45-50.

［80］李山.水平定向钻进地层适应性的评价方法[J].非开挖技术,2008(1)：39-44.

［81］中华人民共和国住房和城乡建设部.建设项目工程总承包管理规范：GB/T 50358—2017[S].北京：中国建筑工业出版社,2017.

［82］张雪宝.江浙沪水网地区的大管径施工[J].科技与企业,2011(4)：73-74.

［83］韩海荣,王岩.EPC 工程总承包项目全过程安全管理模式研究[J].市政技术,2019,37(3)：258-261.

［84］高艳艳.项目 EPC 总承包施工安全管理初探[J].建筑工程技术与设计,2014(28)：693.